補訂版

道路のデザイン

― 道路デザイン指針（案）とその解説 ―

■編著／道路のデザインに関する検討委員会
■発行／一般財団法人　日本みち研究所

改定にあたって

我が国の美しい国づくり・地域づくりを進めるため、国土交通省が策定した「美しい国づくり政策大綱」を受けて、道路分野における景観ガイドラインとして「道路デザイン指針（仮称）検討委員会」（委員会名簿は巻末参照）が設置され、平成17年に「道路のデザイン―道路デザイン指針（案）とその解説―」を刊行しました。以来一定の成果をあげてきたものと信じますが、道路空間の再構築の検討の必要性が増加するなど社会の要請が変化するとともに、平成28年12月には無電柱化の推進に関する法律が成立するなどその内容の改定が必要となってきました。

このような背景を踏まえて、平成29年３月に「道路のデザインに関する検討委員会」が設置され、同時に刊行された「景観に配慮した道路附属物等ガイドライン」策定の議論と同時に、「道路のデザイン―道路デザイン指針（案）とその解説―」の改定について議論を進め、その結果にもとづき、平成29年10月11日道路局環境安全課長より関係各機関に、「道路デザイン指針（案）」として通知されたところです。

「補訂版 道路のデザイン―道路デザイン指針（案）とその解説―」は、この国土交通省の通知（本書のうち、枠で囲った部分）と共に、必要な参考資料と解説を加え、実際に利用しやすいようにとりまとめたものです。また、本書の適用をさらに推進するため、役割と使い方を参考資料として付け加えました。道路附属物等についてより具体的な実行方法については「景観に配慮した道路附属物等ガイドライン」を参考にしていただきたいと思いますが、本書を活用することによって、美しい道路の整備が進み、美しい国土、美しい地域、美しいまちが実現することを期待しています。

最後に本書の改定にあたって議論をいただきました「道路のデザインに関する検討委員会」の委員の皆様、原稿の作成に協力いただいた事務局の皆様、関係各位に心から謝意を申し上げます。

平成29年11月

道路のデザインに関する検討委員会委員長　天 野 光 一

道路のデザインに関する検討委員会

委員名簿

委員長	天野　光一	日本大学　理工学部　教授
委　員	池邊このみ	千葉大学大学院　園芸学研究科　教授
委　員	佐々木　葉	早稲田大学　創造理工学部　教授
委　員	真田　純子	東京工業大学　環境・社会理工学院　准教授
委　員	平野　勝也	東北大学　災害科学国際研究所 情報管理・社会連携部門　准教授
委　員	福多　佳子	中島龍興照明デザイン研究所　取締役
委　員	吉田　愼悟	武蔵野美術大学　基礎デザイン学科　教授
委　員	松島　進	東京都　建設局　道路管理部　安全施設課長
委　員	松井三千夫 (大石俊一)	静岡県　交通基盤部　道路局　道路保全課長
委　員	西尾　一郎	名古屋市　緑政土木局　参事
委　員	川﨑　茂信	国土交通省　道路局　国道・防災課長
委　員	森山　誠二	国土交通省　道路局　環境安全課長
委　員	井上　隆司	国土交通省　国土技術政策総合研究所 道路交通研究部　道路環境研究室長

(　) 内は前任

目次

はじめに

本「道路デザイン指針（案）」（以下「本指針（案）」という。）を活用し、道路デザインを実践するにあたって、認識しておくべき事項を以下に示す。

道路デザイン指針（案）の目的

本指針（案）は、安全・円滑・快適に加えて、景観面での美しさを備えた道路の整備に関する一般的技術的指針を定め、その合理的な構想・計画・設計・施工、管理に資することを目的とする。

本指針（案）の位置づけと構成

平成15年7月に国土交通省が策定した「美しい国づくり政策大綱」を受けて、道路分野における景観ガイドラインとして、「道路デザイン指針（仮称）検討委員会」（委員長：天野光一日本大学教授・委員名簿は巻末参照）の検討によって平成17年5月に「道路デザイン指針（案）」が作成され、同年7月に「道路のデザイン―道路デザイン指針（案）とその解説―」が刊行された。

「美しい国づくり政策大綱」では、美しい国づくりのための取り組みの基本姿勢として、「美しさの内部目的化」を掲げている。これは、美しさを特別なグレードアップとして捉えるのではなく、公共事業の実施に際して拠るべき原則の一つとしたものであり、本指針（案）もこの考え方に基づき、道路デザインを特別なものとして捉えるのではなく、道路整備にあたっての原則とした。

したがって、本指針（案）は、自ずと、特定の道路に限定して適用するという性格のものではなく、すべての道路に“一般的に”反映されるべきものである。

本書は以下の三編から構成され、本指針（案）の具体的な内容を［網掛け枠］に示すとともに、本指針（案）の趣旨の正確な把握や適正な運用を図るための解説として取りまとめている。

原論編：道路デザインにあたっての原則的な考え方を概説する。
実践編：道路デザインのルールや整備の考え方を示す。
事例編：上記の内容を具体的に理解するための参考として、一貫した努力の下で道路デザインを実践した具体例、および参考となる事例の情報を紹介する。

この度の改定は、平成17年7月の刊行から10年以上が経過し、景観やデザインに配慮した道路整備が一定程度進んできた一方で、内容の更新や充実が必要な部分が見受けられ、時代に合わせた見直しが必要となったことから、「道路のデザインに関する検討委員会（委員長：天野光一日本大学教授）」を設置し、平成28年度より検討を行い、部分的な改定を行ったものである。

なぜ「道路景観整備」ではなく、「道路デザイン」なのか

従来、景観を良くするという意味で景観整備という言葉がよく用いられてきたが、本指針(案)ではあえて「道路デザイン」という言葉を用いた。

道路の景観というものは、景観という観点だけを独立して捉えたり、道路へのお化粧のように付加的に考えるものではなく、道路の構想・計画、設計・施工、管理の一連のプロセスの中で、総合的な観点からフィードバックをくり返して道路と周辺の環境のながめに関わる事項を検討することである。しかもそれは最終的には、言葉ではなくすべて図面を介して「形」で表されるということから、こうした一連の行為（作業）は、単に「道路景観整備」と呼ぶのではなく、「道路デザイン」という言葉で呼ぶのがふさわしいと考える。

また、従来からの景観デザイン、道路景観整備等の用語は、ともすれば修景的な狭い意味に捉えられがちである。デザインという言葉の範囲にも明確な定義があるわけではないが、構想から管理までの道路整備のあらゆる段階で、道路本来の機能や安全、さらには沿道地域との関係まで含めて、総合的に考えて美しい道路を創り出すのがデザインであるということを強く意識して、ここでは「道路デザイン」としたものである。

なぜ「便覧・マニュアル」ではなく、「指針」なのか

本書は、美しい道路づくりのための考え方、方針を示すものであり、特に実践編の本文中の□内の記述は、道路デザインのルールとして、配慮、検討、実施すべき事項を示したものであるため、指針としている。

便覧やマニュアルは参考書であり、何ら拘束力を持たない。また、個々の事項等の取り扱いが詳細に記述されているため、これに従えば何も考えなくとも美しい道路づくりができると誤解される場合も少なくない。しかし、道路デザインのように複雑な思考とプロセスを有するものは、完全なマニュアル化は不可能である。そのため、ある程度の拘束力を持たせるとともに、本書を参考として技術者等に自らで考えてもらうために、マニュアルとしてではなく指針として編纂した。また、現場での適用を一層推進するため、「役割と使い方」を参考資料として付け加えた。もとよりデザインとは、総合的検討と判断の下でなされる創造的プロセスであり、正解は一つではない。

したがって実際には、個々の実施内容はその都度、場所と場面に合わせて適切に工夫し、選択することになる。とは言え、共通の原則的な考え方は変わらないため、道路デザイン本来の趣旨に立ち返って対応することを忘れてはならない。

原論編

第1章
思想

はじめに思想ありき。
美しい道路づくりにおいても、
まずはじめにそのよって立つ
思想が必要である。

1-1

美しい道路づくりの意義と必要性

道路は人々の様々な活動を支える社会資本である。その充実は、文明的な生活を行うために不可欠であると同時に文化的な生活の支えともなっている。わが国においては、1950年代までは極めて貧困な道路状況にあったが、その後約半世紀をかけて高速道路、地方の道路、市街地の道路の整備を進めてきた。その結果安全で効率的な移動をかなりのレベルで達成したといえる。しかし、その姿形はどうだろう。利用者の快適性はどうだろう。一国の文化を誇れるものとなっているであろうか。文明の装置として技術的に高度な存在であると同時に、文化としての価値も有する道路とすることが、真の道路づくりである。

「美しい国づくり政策大綱」にうたわれた「美しさの内部目的化」も同じ趣旨である。美しさをプラスアルファとしての付加価値ではなく、狭義の機能性や経済性とともに満たすべき必要事項の一つとして勘案するということである。このような真の道路づくりを、ここでは「美しい道路づくり」と呼び、そのための構想・計画、設計・施工、管理の一連の行為を「道路デザイン」と呼ぶ。

美しい道路づくりは、文明国であると同時に豊かな文化を有した国として国内外からの評価を得るためには必要不可欠である。なぜならば如何に優れた文化遺産や施設を有していたとしても、それらを訪れるには道路を利用する必要があり、道路そのものが国や地域の体験の基本的空間となるためである。道路はそれ自体が構造物として見られる対象である以前に、美しい風景を体験するための場と機会を提供する装置であることを忘れてはならない。そのため、美しい道路づくりを考えることは、その地域や国の環境の美しさを考えることとほぼ同義となる。

きれいな水や空気が、人々に必要であると同時に安らぎや歓びを与えるように、美しい道路は人間が豊かに生きていくために欠かせない。いかに便利で合理的な装置であっても、それだけではやがて次の新しいものに追い越され、価値が薄れていく。道路という文明の装置も、美しさという価値が備わっていなければ、社会資本としてストックされない。

しかし、このような美しい道路づくりはいま急に始まったことではない。日本最初の高速道路である名神高速道路やそれに次ぐ東名高速道路、また戦前の都市整備や戦災復興事業による市街地の道路の計画・設計といった立派な手本がある。それらにこめられた高い理想と深い思慮、そして情熱を範としながら、一人一人がねばりづよく丁寧な仕事をすることで美しい道路づくりは可能となる。

道路文明を道路文化に。道路環境を道路風景に。こうした思想が美しい道路づくりの根幹をなす。

「輪中堤」という防災のために必要な文明の装置に、桜が植えられ、長年丁寧な管理がされることで、地域の風土と歴史を語る美しい文化となっている。

「風景と土地とは、人の生活と文化の基礎であり、人を養育し文化を育む故郷である。技術者は、社会の基盤を築くものであるという認識を持つならば、風景と土地が保存されるように仕事をし、かつ、ここから新しい文化価値が生まれるように構造物を設計し、創造する義務を有している。」

Frits Todt　初代アウトバーン総監督者
アウトバーンのコンセプト

「街路網は都市聚落の性質、規模並に土地利用計画に即応し之を構成すると共に街路の構想に於ては将来の自動車交通及建築の様式、規模に適応せしむることを期し兼ねて防災、保健及美観に資すること。」

戦災地復興計画基本方針（昭和20年12月30日閣議決定）より

「道路技術者は道路が永久に存続することを知っている。彼等はまた、道路が国民に与える大きな影響を知っている。そしてまた、道路がアメリカの美と偉容を眺める窓口であることを知っている。故に道路技術者は、それにふさわしい道路を造りたいのだ。大自然の美と人工の美を後代に伝えたいのだ。彼等は国民の活動のためと同じく情操のために尽くしたいと思っているのだ。」

Rex, M. Whitton　元アメリカ合衆国政府道路局長

1-2

美しい道路づくりとは

では、具体的に美しい道路づくりとはどのような道路をつくることか。美しいという言葉自体を定義するのは難しく、またここではそれは必ずしも必要ではない。しかし、先述した美しい道路づくりの意義に基づくならば、いくつかの基本的な要件を満たすものとして示すことができる。それが本書の考える美しい道路のあり様である。

その要件とは、以下に集約されよう。

- **地域との調和**
- **利用者の快適性**
- **姿形の洗練**

上記の3点は互いに関連しているため重複する内容もある。またこれらの要件を満たす具体的な方法や形はそれぞれの道路の特性に応じて異なる。よってこれらの要件の意味するところを常に総合的に勘案する必要がある。言い換えれば、以下に述べる美しい道路の要件は、美しい道路づくりにおける基本的なデザイン思想として理解する必要がある。

1-2-1 地域との調和

道路がその地域の体験の基本的空間である以上、その存在は地域の環境に調和し、地域の特性を反映したものである必要がある。

そのためには、以下が重要となる。

- 地形の尊重
- 地域特性の活用
- 環境影響・負荷の低減

地形の尊重

地域はまずもって、その地形によって特性を与えられる。大地の形と構造であるところの地形とは、計り知れない時間のなかで自然の摂理が作り上げた作品である。よってそこには秩序がある。大地から離れて生きることができない人間は、その秩序を読み取り、自らの営みを巧みにその中に位置づけることで、安全に、快適に、合理的に暮らし、繁栄してきた。強靭な技術力によって自由に地形を作り変えることができたとしても、それは大地のほんの一部であり、全体構造までをも変えてしまうことはできない。そしてその部分的改変も度を越せば、随所に生じる不整合が様々な無理を呼ぶこととなる。つまり、地形を尊重することは、まず第一に合理性につながる。

それだけではない。大地の姿である地形は風景となって場所の個性をなす。わが国においては大地の上に根づいた豊かな植生が、より一層その個性を際立たせる。美しい道路はその個性をさらに引き立てるものであり、大地を飾るリボンとも形容される。道路自体が地形をなぞること、あるいは地形を印象深く見せる機会を提供することによって道路は美しいものとなる。

地形を無視した美しい道路など決してありえない。

地域特性の活用

どこにどのように道路を通すかによって、地域はどのように見えるかが決まる。地形を尊重した線形計画は、単に地形を傷つけないだけでなく、積極的に地形の特徴を見せることで人々の地域への愛着を醸成する。そのことで地形尊重の意味がより一層深まる。姿のよい山や木立、水辺の眺望といった自然的な景観資源をよりよく見せる。地域で営まれている人々の暮らしや営みによってつくられた農地や寺社、集落等の文化的な景観資源を的確に把握して、それらを印象的に見せる。また、市街地でも微地形や歴史的な資源を尊重した線形等を工夫する。

つまり地域特性を風景として活用することは美しい道路づくりの重要な要件となり、ひいては美しい地域の環境を考えることとなる。広がりのある地域の中でそれぞれ有機的な関係性をもって存在する地形、地物の特性を読み取り、その関係性を道路が決して傷つけることなく、むしろより認識しやすいように視点を与え、景観体験としてつないでいく。このような地域の景観体験の演出をするという意識をもって道路デザインを行うことが、美しい道路づくりには不可欠である。

また道路やそのパターン自体が重要な地域特性ともなりえる。道路デザインにはそうした先導的な使命がある。

道路デザインとは地域計画でもあることを忘れてはならない。

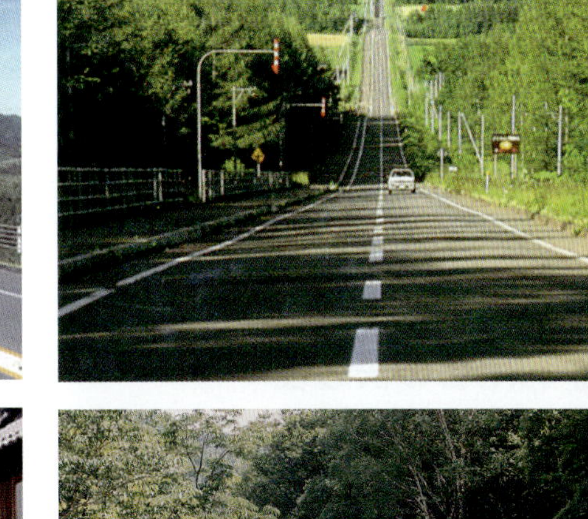

環境影響・負荷の低減

環境影響・負荷の低減は、いまやあらゆる行為の前提であり、特に地域環境との関係は重要である。大地の形状を大なり小なり改変して、様々な資源を用いて道路という構造物を作り、そこを自動車が走る。この一連のプロセスで環境への影響を減らし、使用する資源を最小にする。そのためにいくら使っても環境負荷など発生せず、また枯渇することもない人の知恵を惜しみなく注ぐ。地形の改変量を減らし、構造物の無駄を削り、今あるものを活かし、現場で発生したものをそこで使えば、それはおのずと美しい道路につながる。エコシステムのなかで生息する生き物への慎重な配慮は、道路自体を自然のバランスにより近づけることになるだろう。

さらに、快適な走行は環境負荷を低減する。沿道の人々の暮らしへの影響も、ルート選定と土地利用との連携によって計画的に改善していけば、もともと望まれない存在である遮音壁の意匠の工夫をはるかにしのぐ効果が得られる。市街地の道路（街路）は都市に風と光を呼び込むオープンスペースでもある。つまり、環境影響や負荷の低減を、細分化されたテクニックとして取り込むのではなく、道路を作る際の倫理的な命題として捉えたとき、出来上がった道路は美しいものとなる。

1-2-2 利用者の快適性

道路は人間のために作られる。その利用者の快適性を追及するには、以下が重要となる。

- **快適な移動**
- **生活空間としての魅力**
- **沿道との連携**

快適な移動

道路は移動のための装置であり、空間である。どこかへ到達するためにつくられる。したがって、その移動と到達という体験を人々にとっていかに快適なものとするかは、道路デザインの第一の目的ともいえる。線形の滑らかさは文字通りの安全性と走行イメージを豊かにして快適なドライブを可能にする。走行の緩急、停止や休憩のバランスも重要となる。そしてそこで得られる眺めから、ここはどこか、という場所の認識、あっちはどこだ、というオリエンテーション（方向感覚）の把握を、文字によるサインに頼ることなく、風景によっておのずと知りえることも、快適さの必要条件である。
　未知の場所との出会いの感動がその場所の記憶となり、地域の、ひいては国土の認識を豊かにする。このドラマは道路を利用する際のシークエンスによって生まれる。どこをどのように通っていくか。沿道に広がる眺め、前方に見えるランドマーク、小さな曲がり角の目印、空間の広がりと囲み、坂の上り下りの身体感覚、これらの組み合わせとしての印象的な移動体験を演出する装置が道路であるという考えに立ったデザインが、時に道路そのものの存在を忘れさせるような、真に快適な移動と到達を可能にするはずである。

生活空間としての魅力

「街」も「町」も、ともにその文字は道が交差している状態を表している。集落や都市といった人々が集まり暮らす場所では、地形と方位に対してどのような道のパターンを描くかが、そのまちの骨格を決める。まちの道路（街路）は、すでに歴史的蓄積のなかで築かれてきたまちの骨格を無視し得ない。ことに建物の更新期間が短い日本においては、まちの歴史をとどめるのは街路そのものや沿道の大樹である。街路の線形や交差状態によって可能となる魅力的なシークエンスは、まちの重要な個性と魅力となる。
　さらにより重要なのは、まちにあって道路は生活空間であり、人々の活動の舞台であることだ。歩行者が歩く、立ち止まる、そして集うといった広場的な空間であり、樹木や風や光を蓄えるオープンスペースである。人の賑わい、落ち着いたたたずまい、ハレとケ（非日常と日常）や季節の変化など、まちに暮らす人々の生活空間としての豊かさを道路の魅力とする必要がある。そのためには、沿道の建物との協調や交通マネジメントといった戦略も含めたアーバンデザインとしての取り組みが求められる。
　つまり、道づくりはまちづくりでもある。

沿道との連携

道路はそれを使う人のためにある。したがって、道路に面した場所には家や店が建ち並ぶ。その姿は道路と切り離すことができない。どこに、どれくらい、どのような施設が出現するのか。このことに対して道路は戦略的な対応をとる責任がある。なぜならば道路によって沿道の土地の価値がかわらなければそれらは出現することはなく、また出現するそれらのあり様によって道路自体の機能が影響を受けるためである。土地利用を単に利潤の追求という観点からだけでなく、適正なバランスによる美しい共存関係とするために、場所に応じた沿道土地利用のコントロールと誘導が必要である。

あるいはまた、すでにあるその地域の営みをよりよく見せることができるのも道路である。周辺に広がる樹林地、農地、集落、まちなみ。その魅力を損なった美しい道路はありえない。むしろ道路の開通によって新たに見られることとなったこれらの沿道の土地や地物を、より一層美しくしようという地域の意識の醸成が、美しい道路デザインには欠かせない。美しさとは単に姿形だけでなく、人々の意志の発露としても在るのである。

1-2-3 姿形の洗練

美しい道路づくりのために勘案すべきもろもろの要件を実現するためには、最終的な空間や構造物の姿形のあり様が鍵となる。それには、以下が欠かせない。

- **「形」の安定と洗練**
- **自然に委ねた「姿」の成熟**

「形」の安定と洗練

これまで述べてきたような美しい道路に求められる様々な要件を勘案して総合的に検討された道路デザインの結果は、最終的には出来上がる一つ一つの物の「形」として目に見えてくる。水平や垂直、平行や対称は、人間が認識しやすいよい形である。素直で秩序がある形、合理的で必然性のある形を基本とすることは、実用物のデザインすべてに通じる基本原則といえる。道路の形は図面に描かれた平面的な図形としての形ではなく、どこからか眺めた場合の見えの形であり、細く長いという形状の特徴から両者には大きな隔たりがあることに注意を要する。

道路の美しさの基本は洗練された線形にある。車の走行力学と安全性快適性の追求から決まる立体的な線形は、その見えの形が滑らかで、大地を飾る美しいリボンのように見えるとき、道路ならではの美しい形となる。その全体としての形を乱さず、さらに一層引き立てるように個々の構造物の素材感や色彩もふくめた「形」に意が尽くされたとき、美しい道路のデザインとなる。橋梁、トンネル、法面、擁壁、オーバーブリッジ、舗装、縁石、防護柵等、およそ道路に出現するものの「形」は単独で決められることなく、相互に響きあい、無駄を省き、洗練させなければならない。道路のデザインは線形を決める構想・計画段階でおおよそ決まるとは言え、設計・施工段階で各部の詳細な形に配慮を欠いては実現しない。ディテールに命が宿ることを忘れてはならない。

自然に委ねた「姿」の成熟

人は物や空間の「形」を決めることはできる。しかし、その後の「姿」の変化を直接的にコントロールはできない。また、人は自然を造ることができない。自然が育つ環境を提供することができるだけである。道路の建設によって引き剥がされた緑を回復させるために、木々が自ら育つことができる環境を造る。代替となる水の流れ道を造る。安定した新しい地形を造る。養生する。成長を妨げるものを取り除く。道路デザインにとって重要な要素である植栽計画は、無理に植えたり咲かせたりするのではなく、おのずと育つ力を助ける、という姿勢が基本である。そうすることで美しい人工の自然が生まれてくる。育ちすぎて道路を使うに支障が出ないよう、なだめるように手をいれて、ちょうどよい塩梅にしつらえられた自然の姿が人間にとっては最も美しく感じられる。こうした時間の経緯のなかで道路のデザインが育っていく。

無機質な石やコンクリート、金属にしても、風雨にさらされてエイジングという味わいを帯びていくようなデザインを加えて世に送り出す。

自然の力を借りて美しい道路は成熟し、完成する。

第2章
知識

デザインを行うためには、
まずセンスや感性を問うよりも、
知識が必要である。

2-1 道路の形状特性とデザイン

道路は細長く連なる移動空間である。この物理的な特徴がデザインの考え方を基本的に規定する。そしてこの長さは事業区間や管轄によって区切られるものではなく、人々の体験によって一連のものとして認識されるものである。

道路の見え方は多様である

道路の線形方向と横断方向、見る距離と角度などによって道路の見え方や印象が大きく異なる。基本的には道路を利用する人の視点からの見え方（**内部景観**）と道路外の視点からの見え方（**外部景観**）があり、双方の観点からのデザイン検討が必要である。また視点の存在する周囲の空間を**視点場**といい、景観の印象に大きな影響を及ぼす。

道路は美しい風景を体験する重要な視点場となり、特に市街地ではほとんどの景観体験は道路を視点場としたものとなる。したがって道路デザインでは、外部景観として見られた場合の道路のデザイン、内部景観として道路空間自体が見られる場合の道路のデザイン、さらに道路を視点場として道路外に眺められる景観の演出、の3つの考え方が必要となる。

実際の形と見えの形は異なる

実際の形に対して、ある視点から眺めた場合に見える対象の透視形態を**見えの形**という。細長く、水平方向と垂直方向に変化する線形を有する道路は、図面上の路面の平面的な形とその見えの形とは大きく異なる。これも道路が細長いことに起因する重要な配慮事項である。

よってデザインにおいては常に見えの形としてのあり様を考えて、実際の形を決める必要がある。平面図に目を近づけて見るだけでも、道路の見えの形を想像することができる。

視点の移動に伴う変化がある

固定した視点からの景観を**シーン景観**、移動する視点からの景観を**シークエンス景観**というが、特に内部景観では記憶に残りやすい場所からのシーン景観だけでなく、シークエンス景観も重要となる。また同様な印象をもつことによってひとまとまりと認識される景観を**場の景観**という。延長の長い道路では一定区間が場の景観としてのまとまりや連続性を持つことも重要である。

また、この場合のひとまとまりには、階層性がある。山間部や丘陵地といった地形特性による大まかな立地としてのまとまりから、その中での直線部やカーブ部といったまとまりなどである。よって道路デザインにおいては視点と対象の関係を複数のスケールで多重的に捉える必要がある。

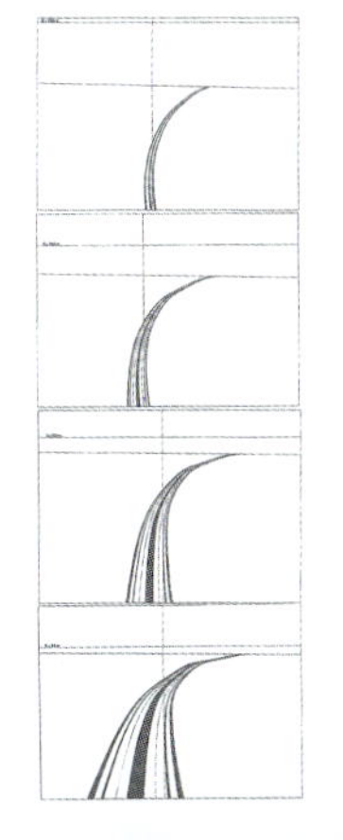
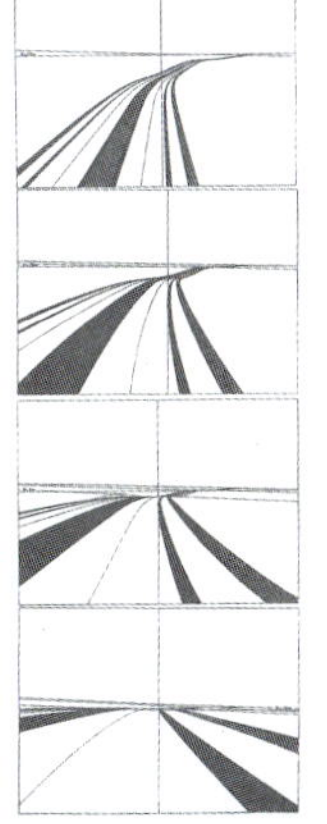

左：上空から徐々に高度を落とし路面近くまで視点を変えた場合の道路の見えの形の変化。
右：図面から見えの形を予測・確認する

道路は地形や周辺空間と不可分である

細長く連なる道路はそれ自体が周辺と独立することが、また完結した形を持つことができず、地形や沿道建物などと不可分の存在となる。連続高架橋の場合は比較的独立しているともいえるが、完全に無縁ではない。そのため、道路自体の形の決定の自由度は高くない。また景観として一体に認識される周辺地形や沿道といった要素は直接コントロールできない。

つまり道路デザインは**受動的な特性**を有する。そのため道路の形の基本的事項はどこにどのような道路を作るかという路線計画の段階でほぼ決まり、また沿道との連携にゆだねる部分が大きい。

道路の形は曖昧で複雑である

前項の点に関連して、道路自体は周辺地形のなかでそれ自体が美しく目立つ形を持つものとはなりづらい。タワーやダムのように形がはっきりしていないからである。そのため、景観の中では、はっきりと形として認識される**図**となるよりも背景の一部である**地**として収めることが重要となる。しかし部分的には**図**となることもあるので、周辺と道路自体の特性、見られる位置と距離に応じて**地**としてデザインするか、**図**としてデザインするかが重要となる。またこの**図**と**地**の区分にも階層性があるため、検討は多重的に行う必要がある。

地と図の反転図形「ルビンの壺」

2-2 道路の利用特性とデザイン

道路は基本的には移動のための空間であるが、その利用主体や利用のされ方は一通りではない。このことからひとつの路線や区間においても多面的に道路デザインを考慮する必要がある。

高速走行から歩行まで

道路の利用には、高速走行からゆっくりとした歩行までの多様な速度とモードがある。一定以上のスピードで自動車利用者が体験する**走行景観**と、歩行者が体験する**歩行景観**では、同じ道路でも印象が異なるとともに、求められる質も異なる。専用道路以外では、双方の観点からの検討と調整が重要となる。**バリアフリー**や**ユニバーサルデザイン**の議論も道路利用者の多様性を考慮した全体の調整として取り組むことが必要である。

いずれの場合も道路空間自体は空地として人や車の走行を可能とする**舞台**であるため、活動の主役を引き立てる控えめな意匠が基本となる。

道路利用と道路機能の多様性

道路の機能にはまず、人や車の移動、通行、滞留といった道路を使うことにかかわる**交通機能**と、収容や緩衝といった道路の存在による**空間機能**とがある。道路の特性と立地によって重視される機能の種類と内容は異なり、それによってデザインに求められる要件も異なる。交通機能としては、高速走行から、沿道建物へのアクセスも含めた移動、さらには市街地の道路で求められる広場的な利用としての落ち着いた滞留までも含まれる。そうした人々の利用に応じて、時に複合的な利用を可能とするデザインを検討しなければならない。

また道路の骨格構造が沿道利用のあり様に影響を与えて空間を規定していくという先導機能もあるため、デザインにおいては現状追従や道路側の観点だけでなく、地域の将来像を予測、展望して描いておく必要がある。

ネットワークとしての利用と認識

利用者はその路線のみを利用するのではなく、**ネットワークの一部**として道路を利用し、また認識している。そのため他の道路との比較、関係において当該道路の特徴が明快であることは、わかりやすく、利用しやすい道路づくりにとって必要である。その特徴とは、線形、幅員、眺望、沿道景観によって大まかに規定されるため、これらがまず道路の個性となる。附属物などの意匠も重要ではあるが個性演出においては副次的である。

またネットワークの**結節点（ノード）**となる交差点や大きなカーブ、あるいは**方向感覚（オリエンテーション）をつかむ手がかりとなる目印（ランドマーク）をどのように内部景観に取り入れるかなど**は、デザイン上のポイントとなる。

富士山に山あてをした街路。江戸のまちづくりでは遠方の景観資源を内部景観に取り入れるように、街路の向きが工夫されていた。

道路の利用体験による地域の認識

前項のようなネットワークとして存在する道路の利用体験によって、人々はその地域の認識とイメージを形成する。つまり**ノード**や**ランドマーク**などの印象的な**シーン景観**、ひとまとまりとして認識される**場の景観**、移動しながらそれらを認識する**シークエンス景観**を道路利用者が体験することによって、道路の存在する**地域イメージ**が形成される。

つまり道路には、**地域認識機能**があるといえる。よって、特に重要な場所のシーン景観だけをデザインするのではなく、路線全体を通じて利用者がどのような景観体験をするかを勘案し、メリハリをつけていくことが必要となる。

道路の利用によって体験される様々な景観

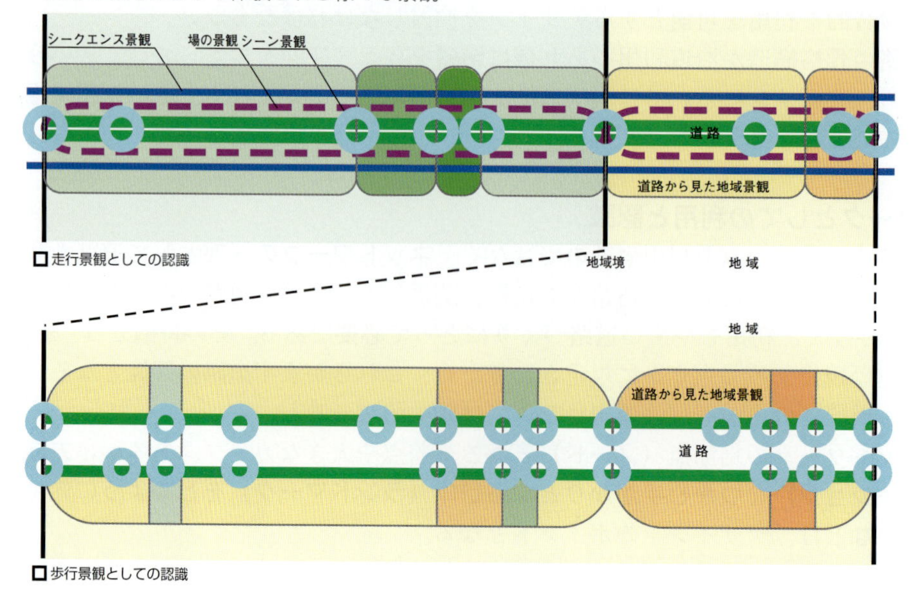

2-3 道路の社会特性とデザイン

道路は社会資本であり、公共空間である。そのために時を経るなかで設計者や管理者の意図を超えた変化をし、また周辺に影響も与える。このことをあらかじめ想定したデザインと適切な手当てが美しい道路を持続的に可能とするために必要である。

利用者にとっての耐久性

社会資本である道路は長期にわたってその機能を損なうことがないよう、耐久性にすぐれていなければならない。壊れないという耐久性のみでなく、利用者の目に映る耐久性が重要である。構造物などがすぐに汚れて見苦しくなるのではなく、時とともに味わいを増す**エイジング効果、飽きのこない意匠、**補修や交換に耐えられる材料、植物の成長を考慮した設計など、デザインでは耐久性に配慮しなくてはならないことが多い。

また時刻、天候、季節、非日常と日常（ハレとケ）による見え方の変化や利用特性をあらかじめ考慮することはデザインの基本である。さらに時代とともに利用者のニーズが変化する場合もあるので、可能な範囲で空間にゆとりを確保することも重要である。

四季による変化

エイジング効果の現れた石積み擁壁

周辺土地利用の変化の誘発

社会資本である道路を造ることによって、周辺の土地利用に変化が引き起こされる。時間軸のなかで変化する景観を**変遷景観**というが、前項の気象や風化という自然による物理的な変化による変遷景観以上に、社会的な影響による変遷景観は劇的である。そのため過去の経験から想定される変化に対して道路として対応できること、沿道利用者や関係者との連携によって対応できることを勘案し、変遷景観が退廃や混乱ではなく、成熟と風格をもたらすよう、総合的に対応することが重要である。

銀座の街並みの変化。時代とともに沿道の建物が変化し、街そのものも変化していく。しかし、道路幅員は明治時代に造られた時と変化していない。

第3章

技術

道路デザインを具体的に
進めていく技術とは工学的な
テクノロジーというよりも、
デザインを実現するために
必要な技であり術である。

3-1 道路デザインの技術

これまでに述べてきた思想と知識からもわかるように、美しい道路づくり、道路デザインとは、特定の事項を順に当てはめていけば実現するものではない。考えるべき事項、重視すべき事項も状況に応じて変化し、それを満たす解決方法も一様ではない。さらに経済性も含めて最適な判断をしなければならない。

また道路の立地も山間地から田園、市街地と多岐にわたり、道路自体も高速道路から歩行者優先道路までと多様である。こうした個々別々の現実的な条件を尊重しなければならない。

また構想・計画、設計・施工、管理のプロセスでは多くの主体が関与し、それぞれにおいても事業者、地域住民、利害関係者など多様な主体の調整が必要である。

以上ような特性をもった複雑な仕事を実現していくために必要な技術には、以下のような3種類のアプローチが考えられる。

- **統合的な思考を可能にする**
- **リアリティを得る**
- **システムとして機能させる**

それぞれにさまざまな技法があるが、以下に道路デザインのために重要な事項を例として示す。これらは相互に関連があるため、単独で取り組むのではなく、同時に実践することでより効果が高まる。

3-1-1 統合的な思考のために

まず手書きで描く

コンピュータが自由に使える手足のような道具となった現在では、逆に無意識のうちにコンピュータの枠のなかで思考をまとめてしまいがちである。論理や数量、位置関係などを頭の中で統合的に勘案していくときには、イメージスケッチやデッサン、大まかな形、ときにはダイアグラムを**フリーハンド**の手書きによって形にしていくことが大切である。

そのためには日頃から思いついたことをすぐその場で紙に描くこと、議論の際も次々と形を描きながら進めることを習慣にする。形、それもフリーハンドで形を描くことは、単に幾何学的な形態や大きさを表すだけでなく、構造や見え方の表情、それが規定する空間のボリュームなど多様な情報を総合的にイメージしながら思考することにつながる。こうした形で思考することがデザインには欠かせない。

名神高速道の設計指導者ドルシュ氏が現地でフリーハンドで検討している様子。

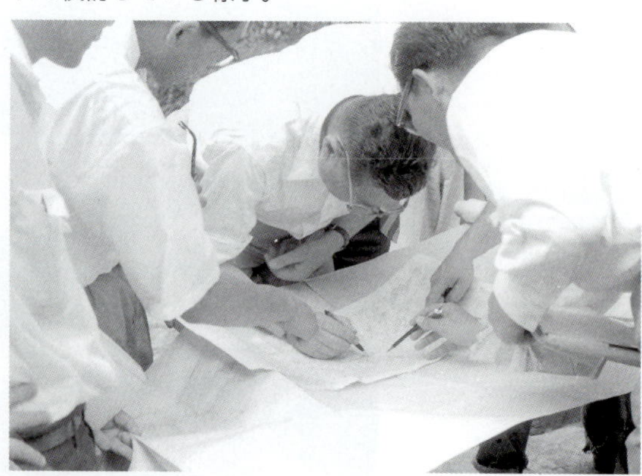

また道路の形をのびのびと描くには大判の紙が必要であり、地形図、平面図などもゆったりとした紙面で、それを目の前にひろげて作業することは道路デザインの作業環境として欠かせない。

東京湾アクアラインの換気塔デザイン時のスケッチ。三次曲面や二次曲面の対置による、空気力学的機能から考えられる様々な形のスタディ。

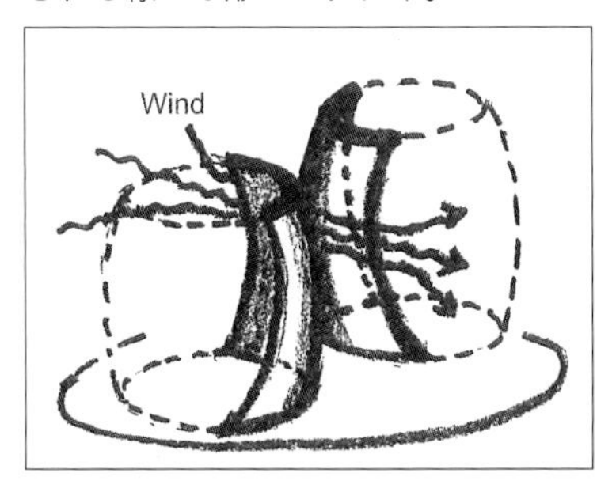

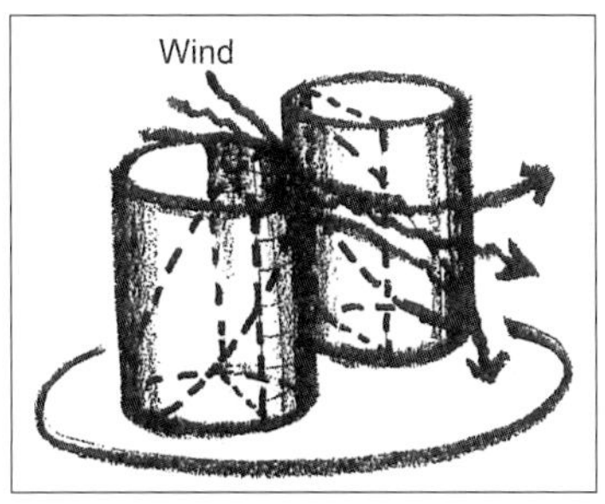

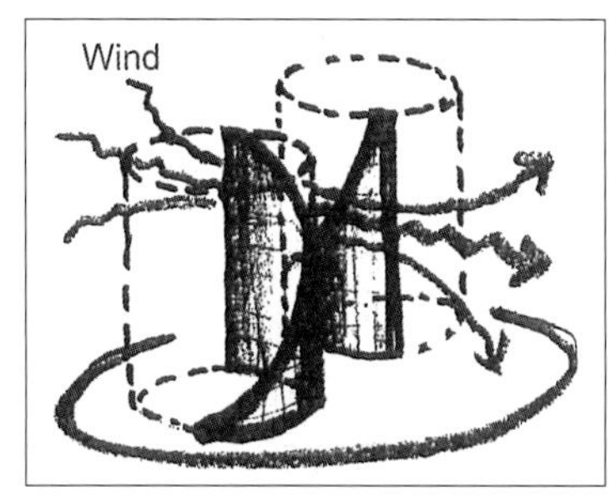

時間的・空間的フィードバックを怠らない

時間的フィードバックとは、通常構想から管理へと一方向に流れる作業手順の中に存在するさまざまな段階を、1ステップときに数ステップさかのぼってみながら検討することである。**空間的なフィードバック**とは、通常は小縮尺から大縮尺へ（たとえば1/25,000から1/5,000へ）というように全体から部分へと一方的に進むことが多い検討を、部分的な詳細検討の結果をより小縮尺の広範囲のなかで確認する、というように、適宜検討の縮尺を拡大、縮小して検討することである。また特殊部などの検討が路線全体のなかでどう見えるかを確認するように、延長方向においても行きつ戻りつしながら検討することである。

これらを繰り返すことで、設計条件を改善して素直で魅力的な形を経済的に生み出すこと、全体の整合性や問題発生のチェックをおこなうことが可能となる。つまり与えられた枠の中だけで問題を検討、解決するのではなく、別の角度からその問題を捉え、解決の方法を検討しようとすることが重要である。

大縮尺で検討したルートは、往々にしてミクロな地形の変化にこだわりがちとなるので、再度小縮尺の図面におとし直して、ある一定区間での曲線のバランスを大局的にチェックする必要がある。

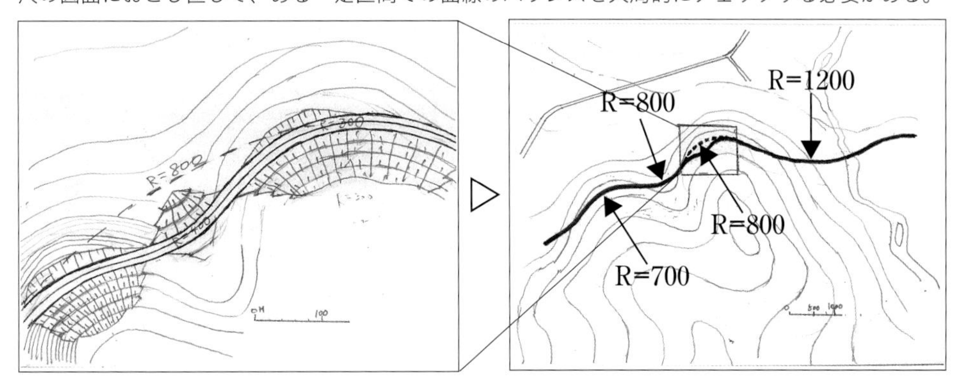

比較案の検討を繰り返し行う

ひとつのものを見ただけではわかりづらい特徴も、他と比較することによって明確となる。ルート、線形、構造形式、橋梁のスパン割、色彩など、複数の案を比較しながら最適なものを選択することは道路デザインの基本である。

なお、比較案の作成には、考え方や条件を大きく変えた場合の比較案の作成と、一定条件のもとであり得る形等の案の作成とがある。**さまざまな段階とレベルで繰り返し**適切な比較案を作成し、それらを**複合的な観点から比較評価**して案を練り込むことが必要である。

比較案を得る方法としては、設計競技（デザインコンペ）もある。その際には、要件として何を提示するか、どのような観点から評価するかが重要となり、これを議論することでデザインに求められる本質的に重要な事項を明らかにすることができるという利点もある。

橋梁の構造形式・バリエーションの比較事例。通常このロケーションにアーチ形式等の自己主張の大きい形式は比較案として挙がらないため桁形式の中で比較をしている。

標準形のみで考えない

道路構造令に示される幅員構成や高架橋の構造形式、のり面の断面など、道路デザインのプロセスにおいて、標準断面図などで表された標準的な形を用いることが多い。しかし現実には地形や交差道路、沿道の特性などに対応するため、線形方向に標準形がそのまま連続するわけではない。特殊部とよばれるさまざまなコントロールポイントに対応しやすい形の選定や標準形のバリエーションを次々と検討することが不可避であり、結果的に標準形の意味が薄れてくる。

つまり、まず標準形を決めるという思考プロセスではなく、多様な特殊部を同時に勘案しながら、**全体のトーンを調整**していくという思考プロセスがデザインには求められる。

例えばＹ型橋脚を標準形と考えても、道路の線形などによってそのプロポーションは変化する。さらにランプ部など特殊部では基本形状も変化せざるを得ないことが多い。

3-1-2 リアリティを得るために

現地踏査による情報収集・思考・確認

同じ等級、同じ幅員構成の道路であっても、立地が異なる以上、同じ道路は世界に二つとない。それを端的に理解するためには、現地に立つことである。地形図や写真、文書から当該地の特性を読み取る訓練は必要であるが、現地に足を運び、予定地を歩くことで、もっともリアルで総合的な情報が得られる。

「望むらくは３往復」といわれるように現地を繰り返し往復することで、地形や植生の特色、四季や天候による変化、街の雰囲気などを感じ取り、それをデザインに活かすことができるようになる。景観資源を活かした眺望の発見などは、現地では容易にできる。歩きながら情報を収集すると同時にデザインのアイディア、方法を思考する。またある程度決定した構造物の形態や色彩などのイメージを現地で再確認することは、スケールのバランス、周囲との調和などをリアルに確認でき、高度なヴィジュアル・シミュレーションよりも簡易で確実な効果が得られることが多い。地域住民などの関係者とともに現場を見ることは、情報の共有と相互理解の早道ともなる。

現場を知り、現場で考え、現場で決めることが基本である。

検討現地踏査により保存すべき樹木を確認している様子。

地域住民との意見交換

公共事業やまちづくりにおいて必要とされる地域住民との連携、協働は、道路デザインにおいても重要な意味をもつ。特にデザイン上配慮すべき情報を直接的に地域住民から得ることは、リアリティのあるデザインのために必要である。たとえば、当該地域の四季の移り変わりや自然災害の経験、地域の文化的な風習や利用特性など、部外者では把握が困難な情報を地域住民から具体的に得ることができる。また利用者の要望を把握してデザインに活かすと同時に、道路への理解、沿道の管理やマネジメントへの協力などを期待するためにも必要なことである。

その際には、地域住民とできる限り**直接、公開の場で意見交換**をすることが、結果的には効率的がよく、また効果的である。その際には現地確認をともに行うなど、ワークショップの手法を取り入れることも効果的である。なお、最終的なデザインの決定には、得られた要求や情報をそのまま直接的に採り入れるのではなく、技術者が翻訳して他の要件と統合するという、総合的な観点からの検討が必要である。

橋の拡幅改修を検討するワークショップ。

ヴィジュアル・シミュレーションの適切な利用

デザインの過程では図面、計算書、言葉による説明などと合わせて、視覚的な媒体を用いた検討（ヴィジュアル・シミュレーション）が行われる。デジタルデータの充実とコンピュータの性能向上によって、より高度な検討が行いやすくなったが、検討したい事柄にあわせて適切な媒体と精度を選択することが重要である。時には不必要な情報を排除した簡易な表現の方が、高度にリアルな表現による検討よりも有効となる場合もある。

いずれにしても、簡便であっても何らかのヴィジュアル・シミュレーションを行い、それを用いて形を確認しながら、デザインの検討を行う必要がある。また地域住民との意見交換の際にも、模型などの視覚的な媒体が必要となる。デザインにおいてはこれが**コミュニケーションの媒体**となるためである。

形状把握を目的としたCG（左上）と将来景観を予測可能なCG（右上）。
形態スタディー模型（左下）とシルエットを確認する構造物模型（右下）。

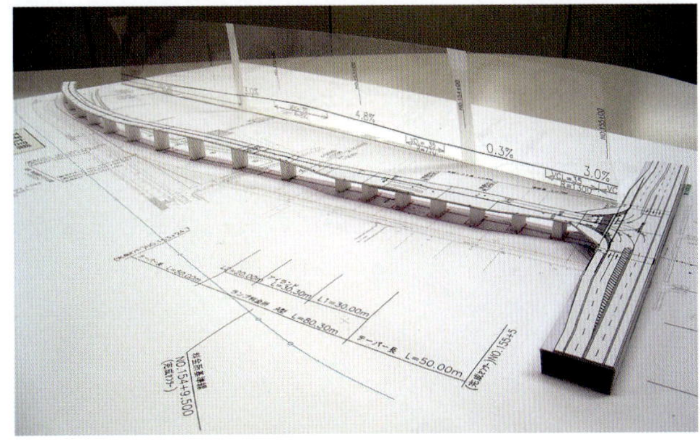

3-1-3 システムとして機能させるために

構想・計画段階からデザインを始める

道路の基本的な骨格は、どこにどのような道路を作るかを決める段階でほぼ定まる。したがって道路デザインは構想・計画段階から始まる。それを諸所の制約条件のなかで具体的な形として実現するために、設計・施工、管理段階でデザインがさらに工夫される。設計・施工段階になってから付加的に美しさへの配慮が加味されるわけではない。時間的なフィードバックを行うとしても、構想・計画時に決定された骨格を、設計段階以降で修正することは容易ではない。よって、デザインは構想・計画段階から始める必要がある。

時間的な継承性と空間的な連続性を担保する

前項では構想・計画段階でデザイン検討をスタートさせることの重要性を指摘した。それが計画、設計が進む過程で首尾一貫して継承されることと、路線の区間や構造物の種別などの空間的区分を横断して連続性を保つことが必要である。もちろん一度決めた方針を変えない、どの区間にも同様の対応をする、という意味ではない。道路デザインにおいて情報の継続的共有に基づいた統合的な判断を、各段階と場所とで行うことである。現状では終始関与できる関係者が必ずしも存在しないので、その担保となる場や文書、人的ネットワークを確保することが必要である。

関係主体の連携を促す場の担保

道路デザインでは事業者のみでなく、多くの関係者の連携が重要となる。そのためにはすでに述べた地域住民との意見交換をはじめとして、利害関係者を含む関係者が一同に会して情報共有と連携の方法・内容の検討や調整を行う場の存在が必要である。近年アリーナと呼ばれることもあるこうした場の担保は、さまざまなレベル、期間で同時並行的に行うとともに、やはり節目節目で全主体が一同に会することは重要である。

とはいえその中にあって、発注機関の意欲こそが肝要であり、あらゆる段階で時宜を得た取り組みと優れた受注者の公正な選定も含めて、デザインが1つのシステムとして機能するために必要な場や機関の設置と運用の実践が最も重要である。

第4章

実践のイメージ

思想・知識・技術は、
実際の道路デザインにおいては
渾然一体となって対象に適用され、
具体的行為として現れてくる。

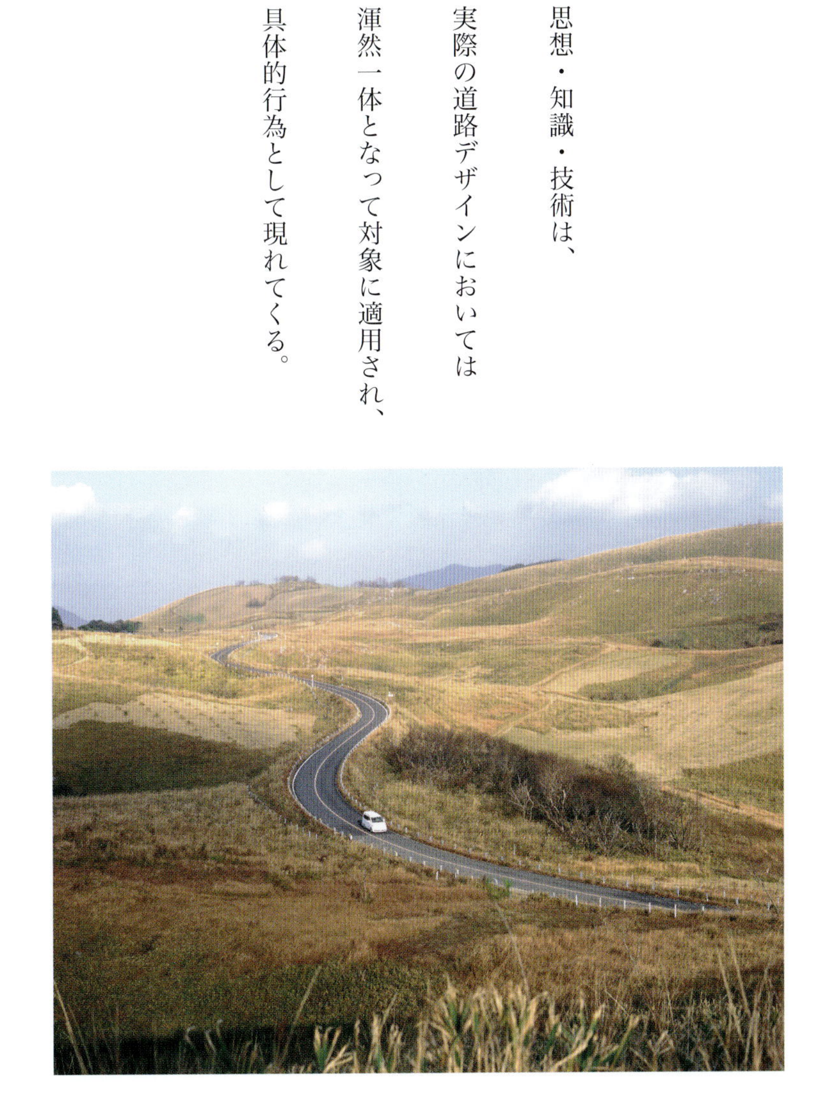

ここでは、実際に道路デザインを行う際にどのように美しい道路の要件をとらえ、形にしていくのかのイメージを示すために、山間地及び田園地域を通るバイパス道路の整備と集落内の道路改修のスタディのプロセスを模式的なビジュアルイメージによって示す。32ページ以降の図は検討の段階にそったものである。

1．道路整備が要請される区間の現況と整備目的を示したイメージ
2．通常検討される道路整備計画素案とそれに対する道路デザインの観点からの課題
3．課題の解決を目指して検討した道路デザインのイメージ
4．さらに道路デザインの努力を進めたイメージ
5．上記のプロセスによって可能となる道路デザインの成果

また本ビジュアルイメージの中には、以下の３種類の道路の整備イメージが含まれている。

A　山間地を抜けるバイパス

山すそから平地の集落の中心を通っている既存の道路のバイパスとして、主に山間を通る道路を計画する。ここではできるだけ地域に調和するとともに、利用者が快適なドライブを楽しめるよう、線形と道路構造を中心に検討する。

○地形の尊重
・のり面を縮小し、自然改変量を減らすための線形の採用

○地域特性の活用
・地域の名山に「山アテ」した線形の採用
・湖を内部景観として取り込む、水辺の眺望を楽しめる線形の採用
・水辺における休憩スポットの設置
・眺望確保のための上下線分離とアースデザインの検討

○環境影響・負荷の低減
・貴重な自然を保護するための道路構造
・地域が見通せる道路構造

○快適な移動
・全体にスムーズな走行と変化のあるシークエンスを楽しめる線形の採用
・トンネル・橋梁や休憩ポイントの修景植栽と指標・緑陰等の植栽の検討

○「形」の安定と洗練
・地域景観と調和するトンネル・擁壁等の構造物デザインと表面処理

○自然に委ねた「姿」の成熟
・のり面のアースデザインの検討

B　田園地を走るバイパス

集落内の通過交通を分担するためのバイパスとして、田園地を通過する道路を計画する。ここでは既存の集落から距離をとることで集落の構造と環境を保全し、沿道の無秩序な開発をコントロールするとともにスムーズで魅力的な走行を可能とするよう、道路の断面構成と沿道のコントロールを中心に検討する。

○地形の尊重

・規模は小さいが集落等から目立つのり面を回避するための線形の採用

○環境影響・負荷の低減

・遮音壁の出現を予防する沿道植樹帯の確保と植栽の充実

○快適な移動

・植樹帯の植栽の充実

○沿道との連携

・沿道の土地利用や看板等の設置への先行的なコントロールの働きかけ

C　集落内の中心的な道路

集落の骨格をなす中心的な道路の幅員構成の見直しを含めた改修を計画する。快適な歩行空間を確保するための幅員構成と、集落の中心軸に相応しい景観の創造を検討する。

○生活空間としての魅力

・見通しの利くシンボリックな線形・幅員の採用

・街並みを見通せるような道路の横断構成と植栽の充実

・アイストップに相応しい建築前面広場等の植栽の検討

○沿道との連携

・沿道建物や看板のコントロール等による一体的な景観整備の働きかけ

以上のような点を重視し、それぞれの道路に相応しい形を探求した美しい道路デザインを行うことによって、魅力的な地域景観の創造を図る。

1　道路整備の要請区間の現況と整備目的

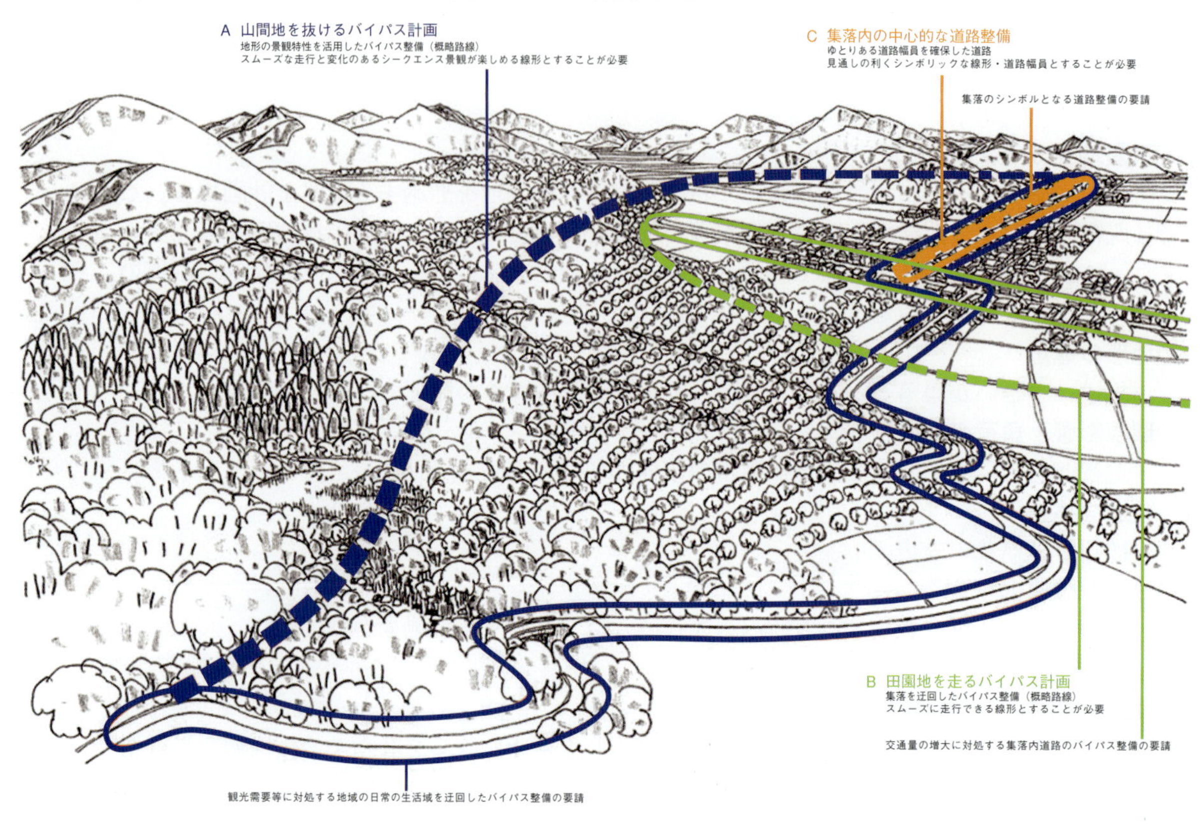

図4.1　道路整備が要請される区間の現況と整備目的を示したイメージ

2　道路整備計画素案と道路デザインの課題

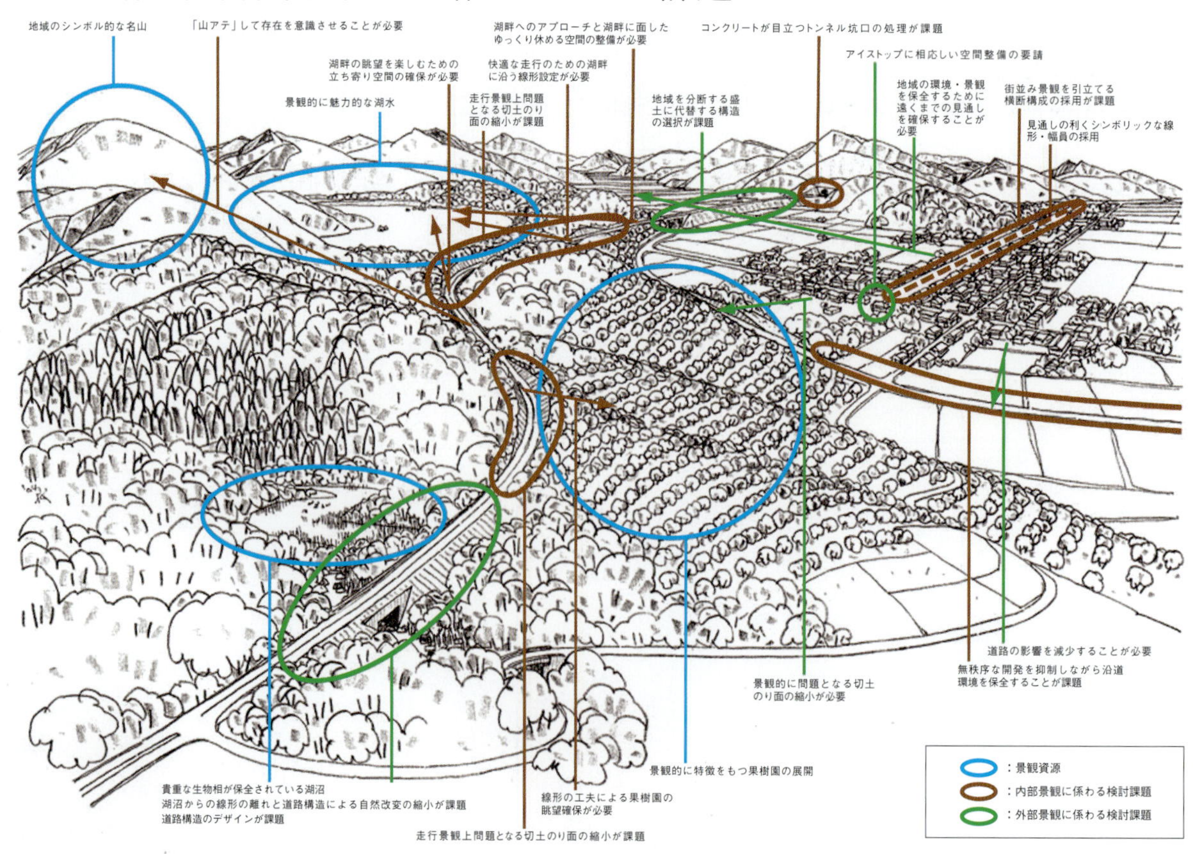

図4.2　通常検討される道路整備計画素案とそれに対する道路デザインの観点からの課題

3　道路デザインの検討

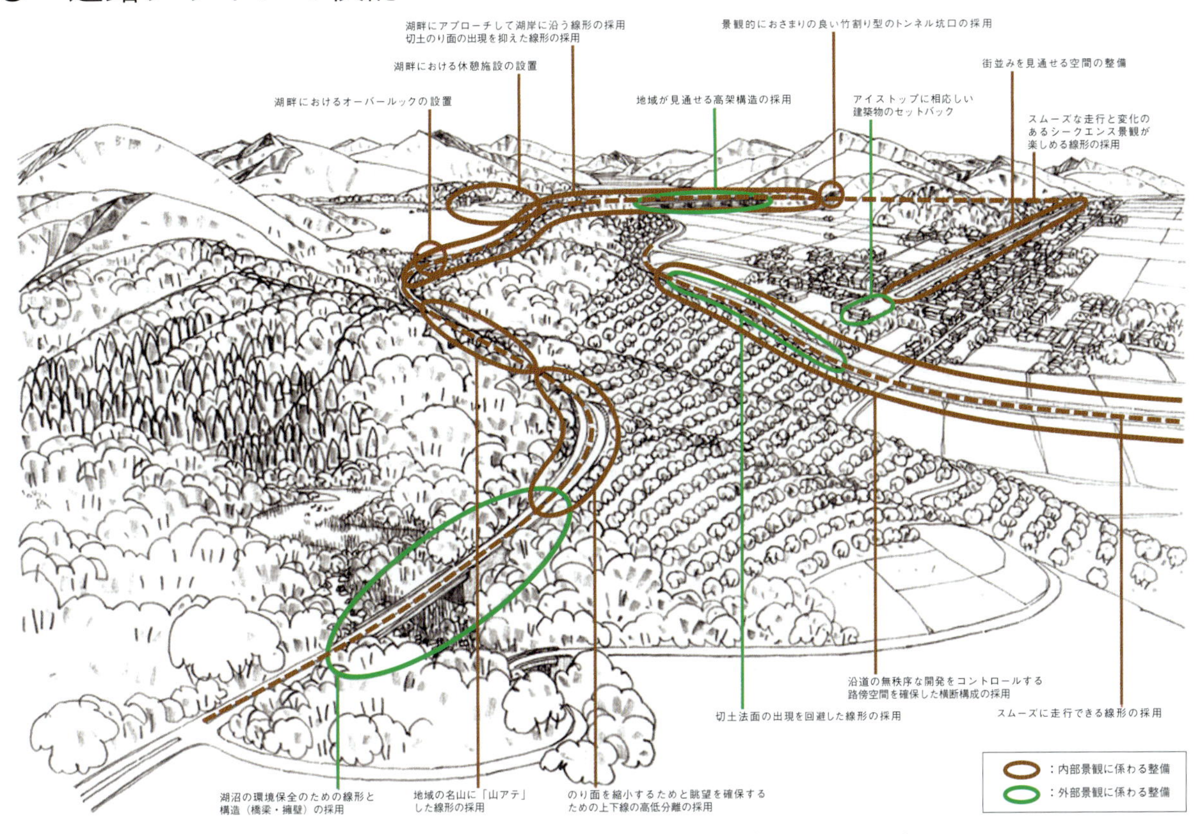

図4.3　課題の解決を目指して検討した道路デザインのイメージ

4　道路デザインの更なる検討

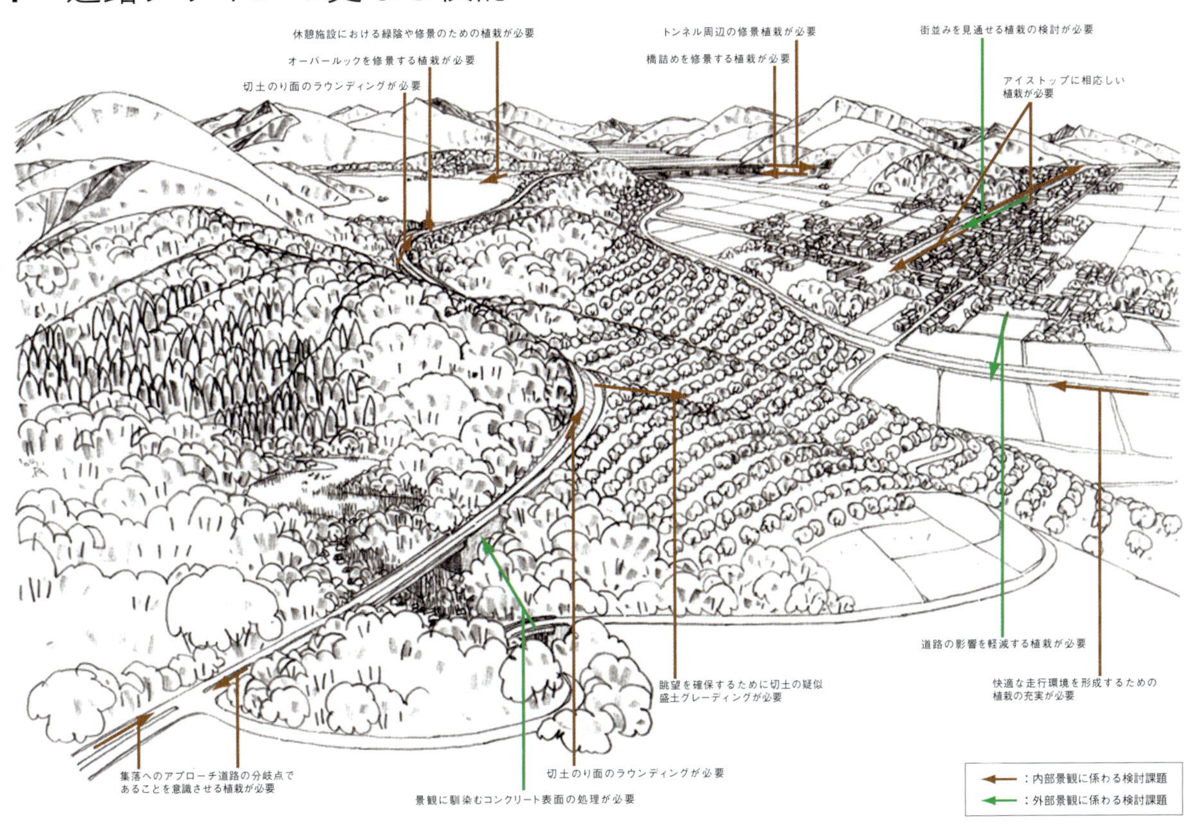

図4.4　さらに道路デザインの努力を進めたイメージ

5　道路デザインの成果

図4.5　上記のプロセスによって可能となる道路デザインの成果

実践編

第1章
道路デザインの目的と方向性

道路デザインは、道路自体を
機能的で使いやすくするとともに、
地域に根ざした道路の美しさを追求して、
道路がもともとそこにあったかのように、
必然性のある存在として
地域におさめることを目指す。

1-1

道路デザインとは

道路デザインとは統合的な行為である。すなわち、道路景観に対する配慮を道路の構想・計画、設計・施工、管理と分離して考えるのではなく一体のものと考えること、その配慮は道路内に留まることなく周辺地域をも一体に考えることにほかならない。

道路デザインの意義は、以下の４つの観点から捉えられる統合性にある。

第一には、道路計画・設計と道路景観に対する配慮を一体のものとすること、つまり、景観に対する配慮を道路の計画・設計の内部目的とすることである。

第二には、道路自体に偏りがちであった景観検討を、本来の景観の概念に立ち返って、周辺地域も含めて一体的に考えることである。

第三には、ある路線範囲において、のり面などの土工や、橋梁やトンネル、擁壁などの道路構造物、防護柵などの交通安全施設や遮音壁、植栽、道路占用物件に至る、道路空間に出現する様々な部品を一体的に考えることである。

そして第四に、構想・計画、設計・施工、管理段階に至るまで、一貫した考えを貫くことである。

これまでの道路における景観への対応を考えると、こうした道路デザインの意義は極めて大きい。

写真1.1.1
道路景観に対する配慮を内部目的化し、周辺地域を含めて一体のものとして考え、美しい道路景観を形成している。

1-2

道路デザインの目的と対象

道路デザインの目的は、道路の構想・計画、設計・施工、管理の流れの中で景観に配慮し、機能的で使いやすく、周辺景観も含めて美しい道路を創造することであり、さらには美しい道路づくりを通して、美しい国土を創造することである。

新設、改築のみならず、現道の景観改善も美しい国づくりに大きな影響をもたらすため、その取り扱いにあたっても、道路デザインを行うものとする。

(1) 道路デザインの目的

道路デザインの目的の根幹は、美しい道路を創造することであり、さらには美しい道路づくりを通して、美しい国土を創造することである。

道路の美しさは、美しい線形と周辺景観との調和が醸し出す美しさが基本となる。こうした道路の美しさには、様々なあり様が考えられるが、人がどのような位置で道路を見るかという観点で分けて整理すると、次の３種類がある。

①道路外にいる人が、道路を含めた景観を見たとき、美しいと感じることができる道路(外部景観：道路外から道路を含めた景観を見ること)

②道路を通行している人が、道路周辺の美しい景観を感じることのできる道路（内部景観－１：道路内から道路外を見ること）

③道路を通行している人が、沿道の建物や道路内部の構造物等を、美しいと感じることのできる道路（内部景観－２：道路内から道路空間を見ること）

すなわち、一つの道路に対して、これら３つの観点から美しい道路づくりを考える必要がある。ここで注意すべきことは、美しい道路は道路のみで完結せず、周辺景観との関わりの中で、はじめて成立するのであり、道路構造物や舗装等の道路の構成要素のみでは美しい道路は実現できないことである。ここに道路デザインの本質と特徴があるといってよい。

また、道路の美しさの現れ方は道路の種類によっても大きく異なる。都市間道路は通過型の交通で自動車の利用が多くなるため、上述の観点では、①や②が中心的課題となる。一方、市街地の道路は買い物客等の歩行者の利用が多くなるため、②、③が重要となる。このように、道路の種類によって、主に検討されるべき観点が変わってくることにも留意が必要である。

(2) 道路デザインの対象

道路の新設、改築の場合のみならず、現道の整備を含めた、すべての道路の整備において本指針（案）に基づいた道路デザインを行うものとする。現道については、これまでも景観整備に取組んできたが、未だ景観上の問題を抱えている場所も少なくなく、その改善を図ることは、美しい国づくりにおいて極めて有効である。しかし、すべての現道を短期間で改善することは困難であり、地域の中で景観的に重要な地区の道路から順に、再整備を行うことなども検討すべきである。

また、災害復旧においても、道路デザインに配慮した対応を検討すべきである。

（３）災害復旧時における景観配慮の考え方

災害復旧は、原形復旧が原則とされている。ただし、特別な景観的配慮が必要な地域（１－３（４）p. 43参照）をはじめ、その他の地域においても、地域の将来の姿が実現可能なまでに具体化したプランとしてあり、それが既に地域における同意を受けている場合は、災害復旧時にその実現を図ることが望まれる。その際、全面的な展開は困難であっても、可能な範囲での実現が望まれる。また、具体化したプランが無い場合でも、災害発生以前に問題提起がなされていた場合には、地域との協議の上で実現を図ることが望ましい。また、災害の状況によっては移転して整備することも考えられるが、その場合には従前の環境との相違を十分に考慮して整備することが重要である。

さらには、広域にわたり幾種類もの災害復旧が重なる場合には、地域全体としての調和に配慮した調整を行うことが重要である。

災害復旧にあたっては、地域の特性を踏まえたデザインとすることも重要である。災害復旧は、迅速に対応し、一刻も早い地域の復旧に資することが求められるが、迅速な対応を理由とした安易な判断は避ける必要がある。例えば、原形復旧を優先するあまり原位置での復旧にこだわると、景観を大きく損なう構造となることが懸念される。ルート変更を含めて検討することで、景観への配慮のみならずコスト、工期の節約につながる可能性もあり、このような観点を持つことが重要である。

なお、災害復旧を迅速に進めるためには、計画の作成に向けた手続き等を速やかに進めるための努力が求められる。

また、災害復旧において、迅速に機能復旧しなければならない施設等は仮設で対応することがあるが、その場合においても、景観への配慮が望まれる。

1-3

道路デザインの方向性

道路デザインの基本的方向性は、道路の機能を踏まえ、道路を地域に馴染ませること、景観的一貫性を保持すること、控えめで洗練された道路景観を創造すること、過剰なデザインを排除することである。

（1）道路の機能

美しい国づくりのためには、国土や地域の骨格をなす幹線道路から生活感がにじみ出る細街路にいたるまで、道路を美しいものとしなくてはならない。

その前提として、当然、道路の機能を満足したものでなければならない。道路構造令等にて通常いわれている道路の機能は以下の２つに大別されている。

- **交通機能**
- **空間機能**

交通機能は、安全、円滑、快適に通行できるという通行機能と、目的地に直結するというアクセス機能、さらには自動車が駐車したり歩行者が滞留できる滞留機能を含めたものである。

空間機能は、交流・レクリエーション空間、防災・緩衝空間、環境空間としてのオープンスペース機能と、エネルギーや情報等の供給・収容空間、環境要素の循環空間としてのインフラストラクチャー機能を含む。

また、自然環境が有する多様な機能（生物の生息・生育する場の提供、良好な景観の形成、気温上昇の抑制等）を道路に取り込むことで、単に道路内のみならず、周辺も含めた自然環境の再生・強化に資することが可能であり、こうした観点からの空間機能の活用が期待される。

（2）道路デザインにおける道路の機能

美しい国づくりを進めていく上では、上記の他に、特に以下の機能に注目する必要がある。

- **先導機能**
- **地域認識機能**

先導機能は、道路の存在が沿道の空間構成や景観整備を先導する機能であり、地域や都市の基本構造を規定し、これによって景観の骨格の形成を促される。こうした先導機能を有するために、道路は地域づくり、まちづくりにおいて極めて重要な役割を果たす。

地域認識機能は、道路の利用者が沿道の景観を眺めることによって地域を認識する、という意味である。自動車利用者も歩行者も、移動しながら景観を体験するため、面的に広がる地域を認識する。こうした機能を有するため、道路デザインが地域や街の特徴やイメージ形成にとって重要な役割を果たす。

（3）道路デザインの方向性

道路の機能を踏まえた道路デザインは、道路を地域のなかに馴染んだものとしておさめ、地域におのずと受け入れられるものとしなければならない。特異で唐突な存在としてはならず、万人にとって使い勝手の良い障害物のない空間を確保して、飽きのこないシンプルなものとする必要がある。

つまり道路デザインの方向性は、以下の4点に集約される。

・地域における道路の機能に根ざした必然性のあるおさまり
・道路の特性に基づく景観的な一貫性の保持
・公共空間としての控えめで洗練された道路景観の創造
・付加的で過剰なデザインの排除

道路デザインの実践にあたっては、これらの事項を基本的方向性として進めるものとする。

写真1.3.1
道路はもとより並木や沿道建築物などの景観的な一貫性を保持することで、地域における道路の機能に根ざした必然性のある道路景観が形成されている。

写真1.3.2
参道としての品格の高さを確保しつつ、神社の森との一体性に配慮している。参道という道路の特性に基づく景観的な一貫性を保持して、シンプルでゆとりのある快適な道路空間が確保されている。

写真1.3.3
過剰なデザインを排除して、公共空間として控えめで洗練された道路景観が創造されている。

（4）特別な景観的配慮が必要な地域

道路の種類、性格等を問わず、また地域の状況等にかかわらず、美しい道路をつくり、それを守り育てていくためには、道路の構想・計画、設計・施工、管理、改築等のあらゆる段階で、美しい道路を念頭においた施策に取り組む必要がある。

しかし、現実的には道路の路線や区間によって、景観的配慮の重要度は異なる。重要度の必ずしも高くない道路においても景観的配慮は必要であるが、重要度の高い道路では検討を十分に行う必要がある。

以下に、法令等のもとに定められる特別な配慮が必要な地域を例示したが、これら以外にも地域の状況によって重要な場所があり、そのような場所では十分な検討が必要である。

- 景観法等：景観計画区域、景観地区、準景観地区、地方公共団体が制定した独自条例等に基づく指定地区、景観重要公共施設に指定された道路
- 都市計画法：風致地区
- 文化財保護法：伝統的建造物群保存地区、重要文化的景観
- 地域における歴史的風致の維持及び向上に関する法律（歴史まちづくり法）：歴史的風致維持向上計画に定める重点区域
- 古都における歴史的風土の保存に関する特別措置法：歴史的風土特別保存地区
- 明日香村における歴史的風土の保存及び生活環境の整備等に関する特別措置法：第一種／第二種歴史的風土保存地区
- 都市緑地法：緑地保全地域、特別緑地保全地区
- 首都圏近郊緑地保全法：近郊緑地特別保全地区
- 生産緑地法：生産緑地地区
- 自然公園法：自然公園内の特別地域
- 港湾法：修景厚生港区
- 屋外広告物条例により定められた区域
- 「日本風景街道」の主な道路
- その他、緑地協定、建築協定等が存在する地区

例えば、文化財や史跡・旧跡等の周辺の道路は、それらを眺める視点場としての役割も有しており、その道路景観はそれら資源の評価にも影響を与えることから、当該施設管理者と協議の上、必要な景観的配慮を行うことが基本である。

また、道路そのものの位置や線形、道路パターンが歴史的な価値を有していることも多く、石積擁壁や橋梁、トンネル、一里塚等の歴史的な道路の構成要素と合わせて、地域と道路の歴史を今日に伝える貴重な財産である。これらについては、道路の文化財としてその価値を認め、その構造や外観の保全を行うことを基本とする。

第2章

道路デザインの進め方

道路デザインを行うには、
その前提として道路技術者個人の
日常のたゆまざる努力と情熱が必要である。
日頃から意識して美しいものに接して
感覚を磨くとともに、発想を柔らかく、
豊かにすることが大切である。

2-1 道路デザインの心得

道路デザインにあたっては、現地の地形、状況等を十分に把握すること、検討に際し常にフィードバックを怠らないこと、道路利用者や住民の立場に立って考えること、地域の意見を把握すること、が重要である。

（1）道路デザインに携わる者の心構え

道路デザインには、幅広い教養と見識が求められる。

それゆえ、第一に、

- たゆまざる努力と情熱をもってことにあたることが必要である。そして、さらに以下の点が重要である。
- 日頃美しい本物にふれて眼を養っておくこと
- 美しい道路づくりの技法等を認識しておくこと
- 手間暇を惜しまず考えること
- 困難があってもあきらめずに、ねばり強く検討すること

美しい作品を鑑賞して、日頃から眼力を養うことは重要なことである。例えば、安藤廣重が描いた由井（現在は由比）の版画がある。これを繰返し見ることによって、眼力が養われる。その養われた構図等に対する眼力が道路づくりに反映されて、美しい構図を意識した路線選定や線形設計が道路デザインとして実践できるようになる。現に東名高速道路では、構想・計画時に由比の海岸に路線を選定した時点で、富士山の見え方についての検討を行い、広重の版画の構図とほとんど変わらないような風景を、走行景観として楽しむことができるようになっている。

図2.1.1　東海道五十三次之内由井（安藤廣重）

図2.1.2　東名高速道路の建設時に作成したサッタ峠のフォトモンタージュ

写真2.1.1　完成後の東名高速道路上り線・由比PA 付近の走行写真

(2) 道路デザインの実践方法

道路デザインは地域との関係が重要であり、現地を熟知して道路デザインを実践する必要がある。当然、資料等を収集、整理して地域を知ることが求められるが、まず、

・地形図から大局的に、地形・地物を読みとること

・現地調査等を通して、詳細に地域特性を読みとること

から始め、地域の熟知を前提に、

・道路の姿をイメージしてフリーハンドで中心線を入れること

が望ましい。

また、現地の状況が確認できる場合には、

・道路の姿をイメージしながら、現地を十分に歩くこと

によって、現地の地形、地物、状況等をよく頭のなかに入れる必要がある。このとき、比較線のすべてを歩く必要があり、他の道路や市街地から、また、見通しの良い立地や展望台等、遠望が可能な視点に立って道路予定地を見る必要があり、少なくとも現地を往復（内部景観を想定できるためには上り下りの両方向）することが重要である。経験豊かな技術者の間では昔から「望むらくは現場は3往復」といわれるように、現地を繰返し歩くことによって地形が頭に入り、沿道条件とそれらの四季の移り変わり、天候、時間のなかでの変化等を感じ取ることが可能となり、美しい道路のイメージを頭に描くことができる。

なお、現地を歩くことは、構想・計画段階にとどまらず、設計・施工段階、管理段階においても必要である。

重要なのは美しい道路のイメージをもつことであり、いきなりコンピュータに設計条件と数値を入れて操作しても、美しい道路ができる可能性は極めて低い。また、市街地の道路では、透視図あるいは鳥瞰図的なスケッチ等によって、おおよそのイメージを明らかにするところから道路デザインを始めることが有効である。このように、アナログのスケッチからスタートして、デジタルな計画・設計図へという流れを実践することが重要である。

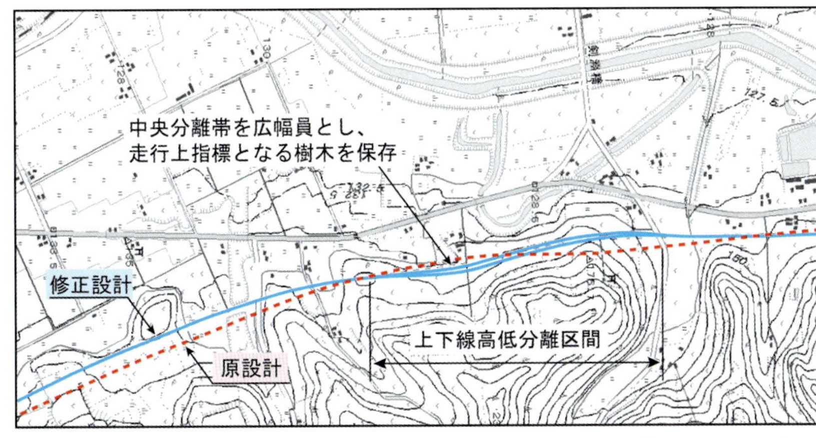

図2.1.3
写真2.1.2
現地を踏査することで、地形・地物に馴染んだ道路のイメージが描かれる。この写真の例は、なだらかな地形に馴染んだ中心線（写真左山裾を本線が縦断）と、高低分離設計の妥当性を現地で確認したものである。その他、走行上の指標となる樹木（写真左方のドイツトウヒ）を中央分離帯の中に取込むことも、現地踏査で決定している。

フリーハンドの線形ないしスケッチ等によるイメージを確定していく検討の段階では、

・繰返しフィードバックして検討すること

を怠ってはならない。

例えば、1/1,000の縮尺の検討結果の図面を、1/25,000の縮尺の図面に落とし直して全体を大局的に確認するなど、現地での検証を行うことが必要である。また、接続する道路を含めて、地域の道路網の中における位置づけの見直しなどをする必要がある。こうした空間的検討に加えて、作業手順において再度、前の段階に立ち戻るなど時間的にフィードバックしての検討が重要となる。これによって、見落としを発見できたり、より良い形が見つかることもある。

また、線形の検討は、必ず複数の比較線によって行う必要があるが、そのとき美しい道路を選択する観点が重要である。比較線は多くの条件を多面的に捉えて提案されるが、道路デザインにあたっては、多くの観点からの検討を総合的に勘案することが重要であり、この段階で橋梁のスパン割りを含めた形式までも想定した比較検討を行うなど、美しい道路を実現させるために、

・道路内・道路外の将来の姿を想定した比較検討を行うこと

が必要である。

(3) 利用者の立場に立った検討

道路デザインにあたっては、常に、

・自分が道路を見たり利用したりする立場になって検討すること

が重要である。当事者意識をもたないと、リアリティのある十分な検討がなされないからである。

そのことと同時に、

・様々な人の意見を汲み取ること

が必要である。関係する技術者の意見ばかりでなく、パブリック・インボルブメント（以下、PI）を行うなど、道路利用者や地域住民などの意見を真摯に受止めながら、道路デザインを行う必要がある。(PIの手法等については「市民参加型道路計画プロセスのガイドライン（平成14年8月　国土交通省道路局)」参照)

また、地域の住民は、歴史的なことから比較的最近の変化についても、地域の特性を熟知している。そうした情報を積極的に収集して、道路デザインに活かすことが有益である。昔からよくいわれるように、土地の古老の話を聞くというのもその方法の一つである。

そして、

・エンジニアのもつ知見等による読み直しを加えること

が重要である。

2-2 道路デザインの手順

道路デザインは、周辺の関係機関等と十分な協議を行いながら、道路の構想・計画、設計・施工、管理の各段階において一貫した考えのもとに適切に行うものとする。

道路デザインにあたっては、まずその道路がどのような特性を持った地域を通過し、またどのような特性を持つか把握する必要がある。そのような特性を把握することが適切なデザイン方針の設定にとって必要である。

構想・計画時の道路デザインとは、都市計画決定等の道路の骨格を決定するまでの道路デザインである。ここでは通過する地域や景観資源等との関係性、道路のフォーメーション、線形、横断形状、道路構造物の位置や延長など、道路景観の骨格を形成する事項が決定されると同時に、大枠のデザイン方針を設定することになる。そのため、この構想・計画時における道路デザインは慎重に行われなければならない。また、その途中で景観上の問題が生じた場合には、前段に立ち戻って検討する必要がある。

設計・施工時の道路デザインは、ある程度骨格が固まった後の道路デザインである。道路景観の骨格が好ましいものであっても、そのデザイン方針が踏襲されない場合や、施工時に生じる問題も含めて、細部のデザインに問題がある場合には、好ましい道路景観は達成されないため、設計・施工時における道路デザインも構想・計画時の道路デザインと同様、慎重に行う必要がある。この場合も、前段に戻ることが必要なことは、構想・計画時と同様である。また、構想・計画時に決定された事項であっても、この設計・施工時に大きな問題が生じた場合は、構想・計画時の決定に関わる事項の再検討を行うことも考慮する。

管理時においては、デザイン方針に基づき適切な管理が行われることが道路デザインとして求められる。

道路デザインは、前述のように、地域や道路の特性把握にはじまって、道路の構想・計画、設計・施工、管理の各段階において一貫したデザイン方針のもとに、例えば、図面の縮尺や調査の詳しさなど、各段階の精度に応じた形で行う必要がある。

道路デザインにあたっては、道路の計画・設計に関わる様々な基準等に従いながらデザインを進めていくことになるが、各基準等の細部のみに囚われると、前述の道路デザインの統合性を失いかねない。基準等に従う場合、各基準の精神に則り、道路デザインとしての統合性を失わないよう配慮することが重要である。

なお、各段階の検討においては、パブリック・インボルブメント（PI）をはじめ、多様な方法で住民参加を図ることが重要である。

2-3 道路デザインの表現方法

道路デザインにあたっては、その検討段階と目的に応じた適切な表現方法を用いるものとする。

（1）視覚的な表現方法

道路デザインにあたっては、その検討段階や検討内容に応じて、透視図、フォトモンタージュ、コンピューターグラフィックス（以下「CG」という。）、模型等の視覚化手段を適切に選択し、活用する。また、これらは原則として道路本体だけでなく、地形・地物を含んで作成するものとする。

表2.3.1は検討段階と目的に応じて、どの視覚化手段が適するかを示す。同時に同じ透視図、あるいはスタディ模型であっても検討目的に応じて簡易型から精密型まで使い分けることが望ましい。

視覚化手段により複数案を作成して比べてみると、評価が容易になる。例えば、橋梁形式を選択する場合、地形の模型にいろいろな形式の橋梁模型を置いてみることで、地形と橋梁のおさまりを評価することなどができる。

表2.3.1　視覚化手段の適用上の特徴

ラフスケッチ	街路の幅員構成や街路樹等の初期検討に適する。簡易なプレゼンテーションにも使用できる。
透視図	透視図は、運転者が前方道路とその周辺を見る場合の透視図（内部景観検討用）と、道路とその周辺が生み出す新しい景観を道路外の視点から見る透視図（外部景観検討用）がある。道路の構造については、他の手段よりディティールにわたって検討できるが、道路周辺の眺望についてはフォトモンタージュほど正確には描けない。
スタディ模型	街並みとの調和を検討する街路のデザインや、道路構造の選択、さらには道路構造物のデザイン検討に適する。 内部景観の検討も専用の道具（モデルスコープ等）を用いて正確な検討が行える。紙、スチロール等による簡易な模型が主流である。
フォトモンタージュ	視点等は透視図に同じ。背景が現地写真となるため、透視図よりも再現性に優れる。 道路デザインのプレゼンテーションに適する。
CG（コンピューターグラフィックス） VRCG（ヴァーチャルリアリティ・コンピューターグラフィックス）	フォトモンタージュと同様に再現性は高く、視点は自在に変更できる。内部景観検討では透視図の連続表示によってシークエンス景観の検討にも適し、走行速度にあわせた動画を作ることができる。 VRCG では、現地形や既設構造物、および比較対象の構造物等を3次元で構築することにより、様々な視点からの検証が容易にできるため、景観検討や新たな形態のアイディアを検証、比較検討するツールとして適する。
展示用模型	アクリルや石膏等の硬質な材料を用いた展示用模型は、デザイン作業には不向きである。

図2.3.1
市街地の道路のプロポーションを確認するためのラフスケッチ

図2.3.2
高低分離区間でやむをえず非対象となる跨道橋の見え方を検討するために作成した透視図

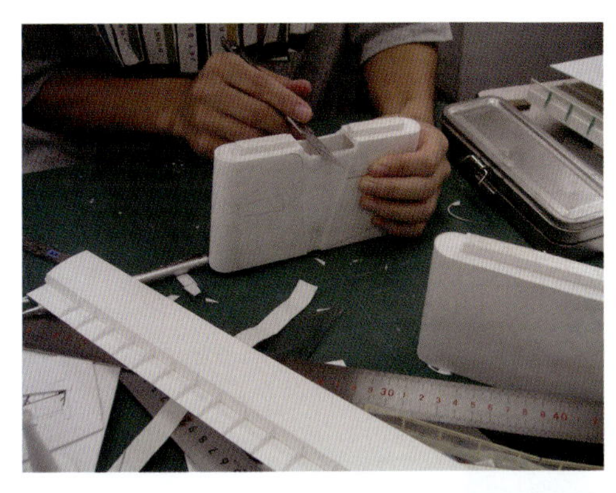

写真2. 3. 1
スタディ模型（縮尺 1 /100）による橋脚デザインの過程。模型材料を気軽に操作することで、想像力を膨らませ、イメージを形に昇華させる。構造本体を操作する道路構造物のデザインには、この様な操作性に優れ、形の把握が容易な検討方法が相応しい。さらに、自分の考えを人に伝えやすいというメリットも有している。

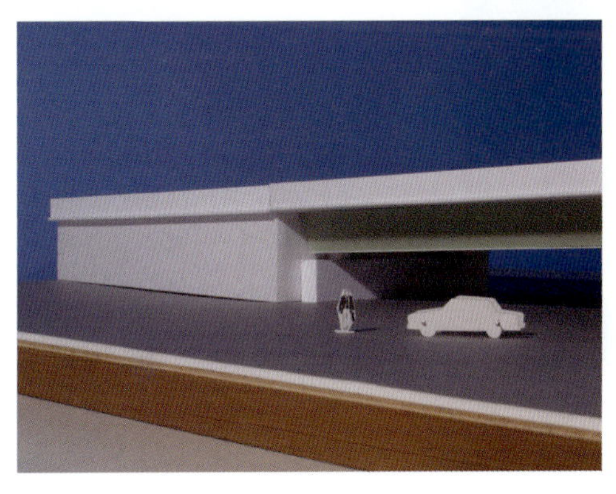

写真2. 3. 2
高架橋の橋台部のスタディ模型（縮尺 1 /100）。スチレンボード（発泡スチロール材）や紙などで、簡単に構造を視覚化し、その形態や存在感を確認しながら、最適案を検討する。慣れさえすれば操作性も良く、形態を操作するデザイン作業に最も向いた検討方法である。

写真2. 3. 3
出現する道路構造物（盛土、切土、擁壁、橋梁、等）を総合的に検討するための比較的大規模なスタディ模型（縮尺 1 /500）。周囲の地形や景観までも取り込み検討することで、より正確で具体的な検討が可能となる。将来景観を予測し難いダム湖の湖岸道路等の計画検討や、山岳道路の比較ルートの検討等に、特に有効である。

写真2. 3. 4
CG 動画の一場面。周辺景観と構造物データから見えの形を作成することで、様々な視点から実際のドライバーと同じシークエンス景観をあらかじめ確認することができる。道路線形や道路構造物の見え方の確認はもとより、道路附属物等の見え方や遮音壁による圧迫感の程度等も検討できる。

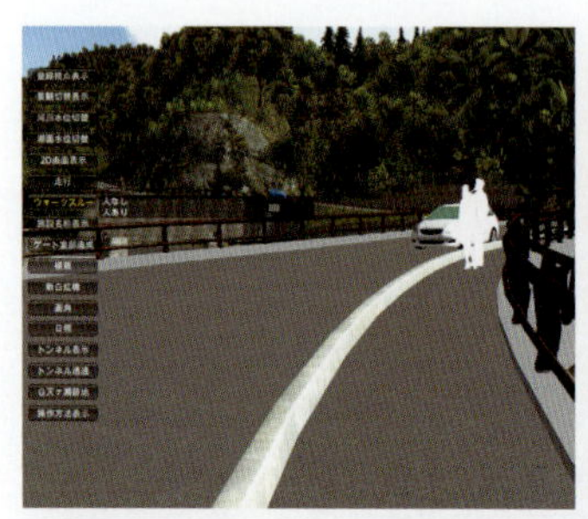

写真2.3.5
VRCGの画面イメージ。検討対象はもとより周辺の地形地物も3次元データ化するため、これらの将来景観を自在に眺め確認することが可能となる。景観課題の抽出や比較案の確認に有効であり、CG動画の役割も兼ねることができる。

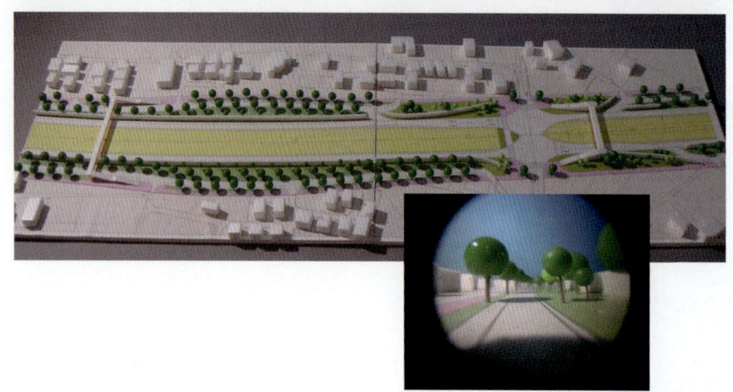

写真2.3.6
植樹帯のスタディ模型（縮尺1/500）。色つきの平面図にピンを刺すだけでも、より具体的なイメージ検討が可能となる。さらにモデルスコープ（医療用の内視鏡技術を模型観察用に改良した道具）を用いると実際の見えの形に近い像を得ることができる。

写真2.3.7
フォトモンタージュの事例。現地の写真に建設予定の道路構造物等を、その位置や大きさを正確に当てはめることで、将来景観を予測する。再現性に優れるため、プレゼンテーションに向いている。

（2）数値的表現方法

地形の改変の程度を表す数値および景観に関係する数値を景観検討に活用する。

○数値的な表現方法の例

- 切土、盛土、高架・橋梁、トンネル等の構造物延長と切土量、盛土量
- 切土、盛土の小段数別の箇所数と延長とのり面積
- タイプ別の特殊のり面工の面積
- 沿道建築物の高さ等

第3章
地域特性による道路デザインの留意点

道路の景観は、道路が通る
地域によって異なる。
道路デザインにおいては、
地域の特性に相応しい道路の
あり方を十分に検討する必要がある。

3-1 山間地域における道路デザイン

3-1-1 自然への影響の軽減と地形の尊重

山間地域では、のり面の出現等の地形改変が景観に及ぼす影響が大きいため、地形改変を極力抑えるよう、地形を尊重するデザインをしなければならない。その方法としては、線形に対する配慮が最も重要であるが、盛土と橋梁・高架構造、切土とトンネル構造など、道路構造を適切に選択すること、横断面構成に配慮することなども忘れてはならない。山間地域において地形改変を伴う場合は、可能な範囲内で、改変した箇所の自然復元に努める。

(1) 自然への影響の軽減

山間地域では、自然の生物相が豊かに展開しており、貴重な自然の環境要素が分布している可能性も高い。このような対象に対して道路整備がもたらす影響について、十分なアセスメントを実施して、影響の回避ないし緩和を検討することが必要である。

こうして、地形の改変を極力抑え、自然への影響を軽減することが景観面からも必要である。

(2) 地形を尊重した線形

山間地域の魅力は地形の変化とその上に展開する自然にある。このような立地では、地域景観の基盤をなす地形を尊重することが重要であり、道路の線形を地形に違和感なく馴染むものとすることで、地域景観への影響を最小限にとどめる必要がある。

線形を地形に馴染ませるためには、のり面の発生による景観への影響を考慮しつつ、道路線形を地形に近づけ、線形をスムーズなものとすることが最も重要である。山間道路では、地形に従ったスムーズな道路線形は自ずと美しいものとなることを、十分認識しておく必要がある。

(3) のり面の出現の抑制

山間地域における道路では、のり面が景観上の問題となることが多い。そのため、のり面の出現を極力抑えると同時に長大なものとしないことが重要となる。大切なことは切土と盛土の土量的なバランスに加え、絶対量の縮小化を図ることである。植生回復が比較的容易な盛土のり面はさほど問題はないが、回復に時間を要する切土のり面の検討が最も重要である。

のり面の段数は、少ないことが望ましい。日本における標準的な山間地形の場合、大きな違和感の少ない5段程度までに抑えるとよい。ただし、地形や周辺の状況によっては、ごく短い区間等であれば7段程度ののり面も考えられる。

この時、盛土に対して橋梁・高架橋や擁壁・桟道等、切土に対してはトンネル、覆道等の構造を選択することで、のり面の出現は抑えられるが、コストも含めてあらかじめ構造を代替することも視野に入れた線形の検討が望まれる。

のり面のコンクリート処理は景観上大きな問題であり、コンクリート処理を行わないことが原則である。コンクリート処理が必要な場合には、その処理についての景観検討を行わなければならない。

なお、歩行者の利用がほとんどない道路では、歩道を設置しないことで、のり面の出現を抑制することもできる。

写真3.1.1　高架構造にして自然改変を縮小している。

写真3.1.2　線形を地形にそわせるとともに谷の貫入部分は橋梁構造とすることで自然環境を保全している。

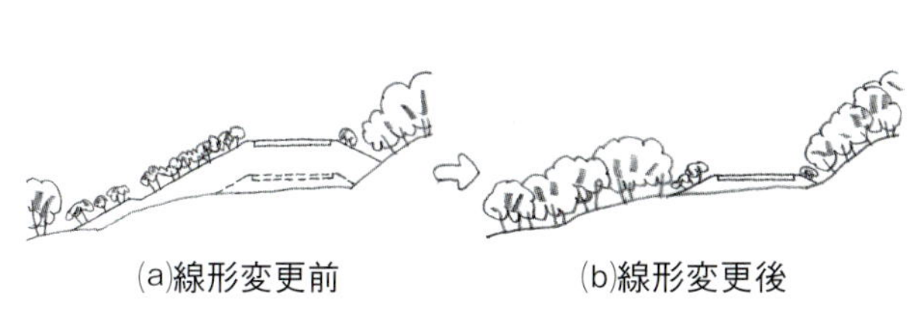

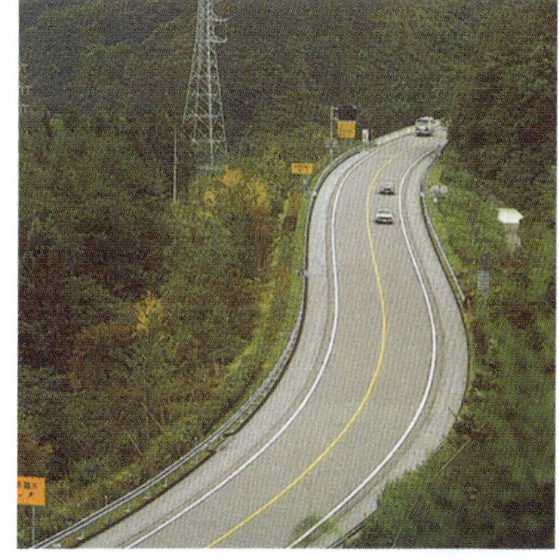

図3.1.1
写真3.1.3
自然環境及び景観を保全するために、谷側線形を振出し、縦断線形を下げ、大規模な地形の改変を回避している。

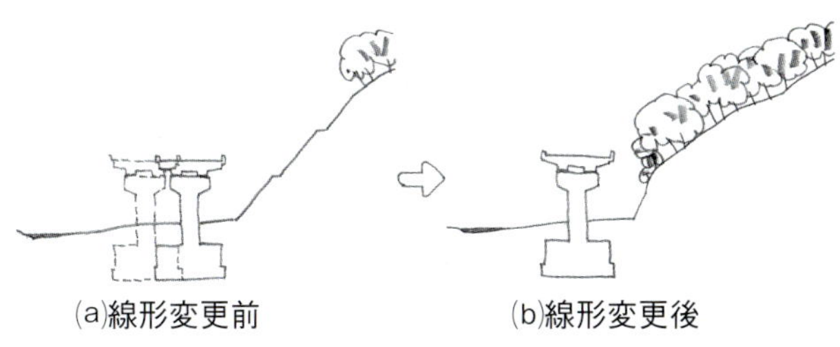

図3.1.2
写真3.1.4
計画段階では掘削まで検討せず、のり面は出現しなかったが、設計段階で橋脚の掘削を検討すると3段の切土が生じたため、道路線形を谷側へ振出して切土の出現を回避している。

（4）自然の復元

地形への影響を回避、緩和してもなお、道路を整備する以上何らかの自然改変を伴うことはやむをえない。のり面をはじめとする自然改変は、必ずしも最小であることが最良の方法ではなく、自然を復元することが可能な範囲とすることを原則とする。なお、のり面に対して、地域景観と馴染ますためにアースデザインを加えることになる。アースデザインによって、確実に自然改変の面積は増すことになるが、地域の状況を踏まえ、自然改変の度合いと自然復元の可能性を勘案してアースデザインの範囲を考える必要がある。（アースデザインについては5-2　p.104参照）

なお、完璧な自然を人為的に復元することは極めて困難なことから、植生的には自生種の進入が容易な基盤を造成した上で、当面は人為的に植生を定着させておき、その後は自然の大きな復元力に期待することとなる。自然の復元を阻害することのないように留意しておけば問題はない。

（5）橋梁構造・トンネル構造等の採用

山間地域においては、自動車の走行性を優先した線形を採用すると、地形との乖離が大きくなって、長大のり面が出現することが多い。そのような場合には、橋梁構造・トンネル構造等を採用することで、長大のり面の発生を回避し、自然改変を抑える検討を行うべきである。

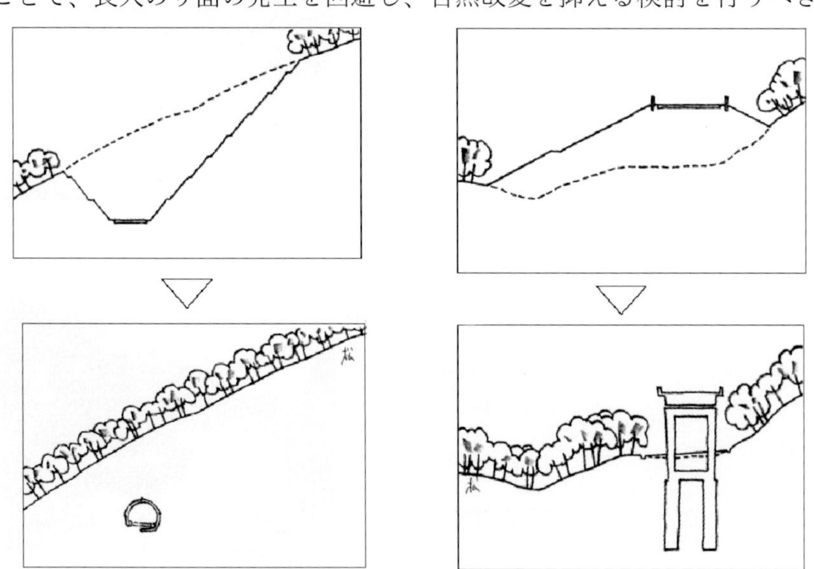

図3.1.3　切土とトンネル構造、盛土と橋梁構造における自然改変への影響

（6）工事用道路の復旧

山間地域では工事用道路が必要となる場合が多いが、仮設の工事用道路は原則的に原状復旧しなくてはならない。ただし、何らかの理由によりそれが残ることとなる場合には、本線と同等の配慮をもって整備する必要がある。

3-1-2 地域の景観資源の活用

山間地域では、印象深い山岳や山並み、河川や谷地、特有の植生等の景観資源が存在することが多い。道路の内部景観へ地域の景観資源を取り込むよう検討する必要がある。

(1) 景観資源の活用

山間地域に限らず、道路を走行する時、現在地がどこであるかを知ることは運転者の安心感に結びつく。山間地域では、一般に、山間景観の中にいること自体で地域認識がなされるが、往々にして山間区間が長く、際立った景観対象が存在しないと、現在地をはっきりと認識できなくなる。山間地域では、地域特有の地形構造の連続、著名なあるいは秀麗、奇観を呈する山、印象的な河川や特徴的な谷地、大きな崖地、特有な植生等の景観要素があり、これらの資源の発見と道路景観としての活用が望まれる。地域の景観資源を自動車で走行しながら意識できるように、景観資源を内部景観の一部として活用することが重要である。

(2) 借景と見え隠れ等の演出

借景は日本の伝統的な景観の演出手法であり、敷地の外の地形地物を景観的に取込んで印象深い景観をつくりあげるものである。道路デザインでは、地域の景観資源を借景として活用するために、以下のような検討が必要である。

- 眺望対象を的確に捉えるための線形（山アテ等）の検討
- 眺望を阻害しないような道路構造の検討
- 道路敷地内の視点から見たときに遠景を引き立てるような視点場付近の前景の検討

線形の検討で考える山アテとは、道路線形を山に向けて、印象的な山姿を道路景観に取込む借景の手法である。その際、特徴的な小さな山の山アテの場合には、接近してから急展開で眺望させたり、大きな山に対しては下り坂等で引き（ある程度の距離）をとって正対して捉えたり、見え隠れとして見せるといった借景をより効果的にするための工夫が必要である。

写真3.1.5　地形のひだに合わせた線形設計により、地形の変化ある展開によってもたらされる地域景観が内部景観に取込まれている。

写真3.1.6　姿が良い山にアテた線形になっている。

　また、印象深い河川や谷地形を見せようとすれば、橋梁における壁高欄の採用はひかえるべきである。また、魅力的な視対象が切り残された小山で見えない場合には、その除去を検討することも必要である。なお直接的に眺望を阻害しなくても、視点場となる道路に切土のり面が出現することは望ましくない。さらに、眺望を引立てるために路傍の低木ないし地被植栽によって前景を整えることも必要である。

　このように、眺望を活かすあらゆる手段を考えて対応する必要がある。当然、道路線形は地形を基本として決定されるが、そうしたなかでも地形との折り合いで種々の対応の可能性が考えられるため、より効果的な借景を工夫するのが道路デザインの手腕である。

3-2 丘陵・高原地域における道路デザイン

丘陵・高原地域では、沿道にのびやかな地形があり見通しが良いため、道路景観と地域景観との一体性に配慮するとともに、地域景観が効果的に認識されるよう配慮する必要がある。道路を地形の起伏に沿わせ、滑らかで美しい線形を実現したり、のり面が出現することなどによる景観の阻害を回避することが望ましい。

(1) 地域の景観特性との調和

丘陵・高原地域の地形はのびやかにうねっているために印象的である。また、そこに展開する地物も歴史的な時間経過の中で人が住み継いで加えられた営みによって培われたものであり、心安らぐ景観を呈する場合が多い。それらは道路利用者にとっても快適な地域景観として捉えられる。このような地域の景観特性を保全し、道路を地域景観に馴染ませると同時に、地域景観を効果的に見せることが道路デザインでは重要である。

(2) 線形の工夫による地域資源の演出

丘陵・高原地域では、沿道に広がるのびやかな地形の一部とすると同時に、道路空間内からそれらが効果的に認識されるようにすることが道路デザイン上重要である。そのためには、緩やかな地形的特徴を引出す必要があり、三次元的に見て滑らかで美しい道路線形を連続させることが基本となる。それに加えて、

①丘陵・高原地域の地形を見通せるように線形を引くこと
②高い視点から広く俯瞰眺望が得られるようにすること
③地形の展開が意識されるように線形を引くこと
④地形を印象づける地物を内部景観として取り入れる
⑤地形の特徴が見える位置に休憩ポイントを確保すること

等の検討が必要となる。①では稜線か谷に沿わせて通す線形、②では地形の頂部に誘導する線形、③では地形のひだに沿った線形等の検討が考えられる。

写真3.2.1　滑らかで見通しの良い道路線形によって安全で快適な走行が確保されていると同時に、丘陵・高原地域の特徴的な印象を強調している。

写真3.2.2　おおらかな道路線形で緩やかな高原の景観をうまく取込んでいる。地形を認識しやすく、快適な走行ができる。

基本的には、こうした検討の成果として、地形に逆らわないスムーズで美しい道路線形が得られることが必要である。ただし、ゆるやかな地形のひだを横切るような線形も、地形の凹凸が意識されやすいため、丘陵・高原地域の地域認識には効果的な場合もある。

なお、丘陵・高原地域が視界を遮る樹林等で覆われている時も、おおらかな道路線形を採用することが効果的であり、進行方向に道路が代り開いた樹林帯の林縁を美しく見せることも有効である。

写真3.2.3　なだらかな地形に沿った道路線形によって、地形の展開が意識できる開放的な走行景観が確保されている。

写真3.2.4　山アテする線形を採用して、山を大きく見せる演出を行い、地域の認識を印象的にしている。

（3）遠景の活用

丘陵・高原地域では遠くまで見通しが利き、地域に親しまれてきたような形のよい山等が遠望される場合が少なくない。なめらかな地形変化の中で、道路を通す位置が地形的に制約されることが比較的少ないため、遠景の活用を積極的に検討して、地域を印象的に演出する必要がある。

(4) 歩行者の眺望への配慮

丘陵・高原地域の道路利用は、自動車が主体と考えられるが、歩行者利用も十分に考えられる。歩行者が地域景観を享受するには、車道と分離した自動車の影響を受けない位置に歩道がある方が好ましいため、車道と歩道の分離等の検討を行う必要がある。

写真3.2.5　快適な歩行環境を確保するために、車道から離して、樹林のなかに歩道を通している。

(5) のり面の出現の抑制

線形の検討に加え、道路構造についても地域とのスムーズな連続性を確保する必要があり、のり面を最小限に抑えることが重要である。その上でアースデザインの手法を駆使して、地形とのすりつけに工夫することが必要である。ことに田園地域から丘陵・高原地域に向かう場合、丘陵・高原地域の道路は田園地域からよく見えやすいため、十分な配慮が必要である。また、丘陵・高原地域の中に大きな高低差がある場合で下の地盤から見上げられる斜面地の道路や、どこからでも眺められる盆地を取り囲む山腹の道路についても、同様に十分な注意を払う必要がある。(アースデザイン手法については5-2　p.105参照)

丘陵・高原地域の地形は山間地域に比べて長大なのり面を出現させることは少ない。しかし、局地的には高いのり面が出現する可能性もあり、極端に深い谷等の横断には当初から橋梁を計画する手順で検討しなくてはならない。全般的にはゆるやかな地形展開となるため、丘陵・高原地域の道路におけるのり面は2段程度以内にとどめることが望ましく、延長の短いのり面であっても3段程度以内におさめることが道路景観を阻害しない目安となる。

写真3.2.6　等高線と直交する縦断線形を採用することによって、凹凸のある特徴的な丘陵のダイナミックな地形を意識させている。

写真3.2.7　地形に沿わせた路線選定と線形設計により豊かな自然環境とゆとりのある走行景観が保全されている。

3-3 水辺における道路デザイン

水辺の景観は、それ自体が人々に潤いをもたらし貴重であることが多い。道路デザインにあたっては、水景の保全・活用を図るとともに、水辺の景観整備と一体となった整備を検討することが望ましい。

（1）水景の保全・活用

道路が水景を遮蔽することは地域景観の価値を大きく損なうことになる。遮蔽しないまでも水景と調和しない道路が地域景観に侵入することは極力避けなければならない。また、景観資源として貴重で印象的な水景が近くに存在するにも拘わらず道路から眺望されないことは、地域景観の魅力を体感できないことであり、道路デザイン上問題がある。特に都市のウォーターフロント等では、人工的な都市環境に潤いをもたらす水景の積極的な活用が望まれる。そのため、路線選定に留意し、線形を工夫して水景の保全・活用に努めなければならない。

海岸や湖畔等の水景を保全・活用するためには、

- 地域の主要な視点場からの水景への眺望を阻害しないようにすること
- 道路から水景が眺望できるような路線を選定すること
- 良好な眺望が得られるようにすること

等が重要である。

また、道路外の視点から水景を見渡す視界を妨げないように、また水景の障害とならないように、道路の横断構造を検討する必要がある。そのためには、

- 水辺側に小山状に残る地形が水景を遮蔽しないこと
- 出現するのり面には水景に調和するアースデザインを加えること
- 水際の道路ではその構造を水景に馴染むものとすること
- 地域景観の品格を決定づける橋梁には十分な検討を加えること
- 構造物等は水辺のスケールに合ったものとすること

等が重要である。

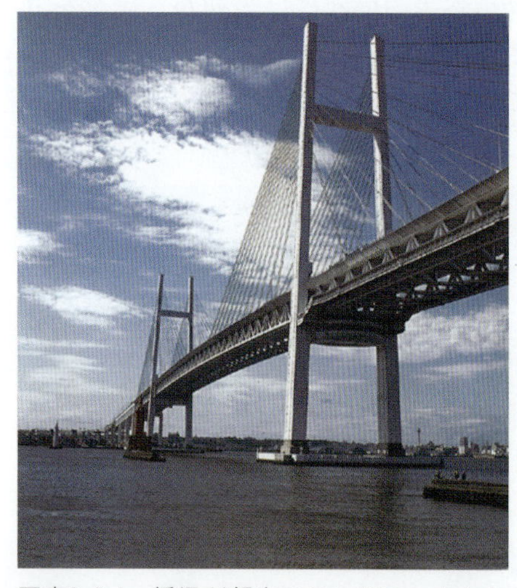

写真3.3.1　橋梁が都市のランドマークとなり迫力のある海辺の景観をつくりだしている。

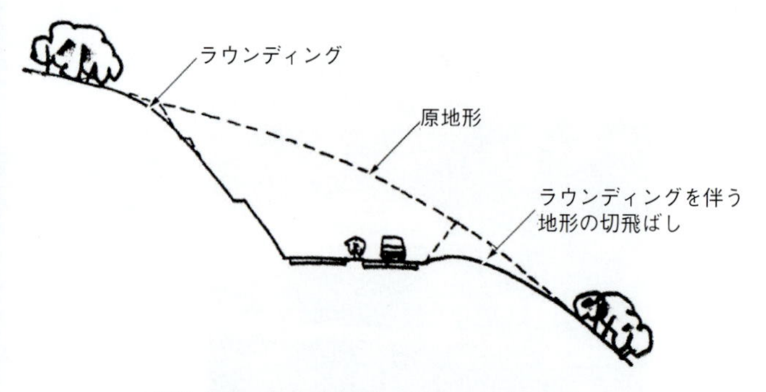

図3.3.1　小山状に残る地形の切り飛ばし

写真3.3.2
日本最後の清流といわれる四万十川に沿う国道を拡幅改良するにあたり、巨大な逆T擁壁でなく、桟道形式にすることで、河川景観が保全されている。

(2) 水辺景観整備との一体整備

水辺を通る道路がより一層の景観的な効果をあげるためには、海岸、河川等と一体整備を働きかけることも考えておく必要がある。なお、一体整備とならない場合でも、道路と水辺との境界部の扱いが、良好な道路景観とする上で極めて重要である。敷地間の空間的連続性を阻害する柵類がある場合には、眺望を阻害しないものとするなど、二つの空間の一体化に関して、事業者間、管理者間での協議、調整を行うことが必要である。

写真3.3.3
幅100mの大通りと幅30mの橋梁とをスムーズに連続させるため、橋詰に半円形を向き合わせた広場を配している。さらにそこから、川に降りられる階段を整備し、道路と橋と河川をつないでいる。

3-4 田園地域における道路デザイン

田園地域では、道路の内部景観へ田園やその背後の山並み等の地域の特徴的な景観要素を取入れるように配慮するとともに、道路が地域景観を分断せず、違和感が生じないように配慮する必要がある。

（1）地域の景観特性とその活用

田園地域では、地域の自然に対して人為が継続的に加えられ、永い時間経過の中で集落が形成され、河川等の自然を伴った風景が広がっている。また、その背後に人為の色彩の強い里山が展開し、程よい囲まれ感のある空間の構造を有している場合が多い。地域によっては遠くに自然の豊かな山岳が眺望できる。田園地域では、これらの地域景観を効果的に認識できるようにすることが重要であり、

- ・広がりのある景観を見通せるようにすること
- ・集落、河川・水路、里山等の地域の特徴的な景観要素を効果的に捉えること
- ・眺望を阻害しないために、防護柵を必要としない道路構造を検討すること

等に対する配慮が必要となる。

そして、特徴的な景観要素を活かすために、例えば、地域の特徴となっている山岳を山アテするような道路線形の工夫や、田園地域のたたずまいを眺望できるような植栽等を工夫すること等が望まれる。

また、樹齢の高い独立木１本にしても、線形的にそれに接近させ、視軸をアテることで、走行景観に大きなアクセントを与えることになり、田園景観が印象的なものとなる。

写真3.4.1　線形とガードケーブルの採用とが相まって、田園地帯の空間の広がりがよく見通せ、遠方の山並みを強調したダイナミックな内部景観が得られている。

（2）地域景観との調和

田園景観は地域にとって特に貴重なものであり、その景観秩序を保全することが強く望まれる。

そのため、田園地域における道路では、

- ・象徴的な景観要素への影響を抑えること
- ・広がりのある景観を道路が遮断しないようにすること
- ・集落の秩序を尊重すること

を考えておかなくてはならない。

具体的には、田園地域の道路の平面線形は、田園の区画形態に倣った線形が望ましいものとなる。また新設道路では、集落等への接近は問題となりやすいため、迂回させることを原則とし、既存道路では集落の街割り・地割りを乱さないことが望まれる。詳細には、町外れの１本杉、道祖神等の人々の生活の記憶を形に残しているようなものは、たとえ文化財的価値が低くとも対象を含めた空間を保存するなど、慎重に扱う必要がある。

写真3.4.2　シンプルなデザインの高架構造を採用したため、広がりのある田園景観が保全されている。

（3）景観コントロール等

道路整備が従来の地域構造を一変させる例は多い。田園景観の保全を行う場合には、沿道の土地利用の規制や景観コントロールも視野に入れた配慮が必要となる。その際には、地元自治体の都市計画の担当者等と連携をとり、その実現に努めることが望まれる。

3-5 都市近郊地域における道路デザイン

都市近郊地域では、道路の整備に伴い、沿道の住民生活や企業活動等が新たに発生、または変化することが多いため、整備後の景観の変化に留意して、道路構造の工夫による対応を図るとともに、土地利用および景観の誘導・コントロールについて、地方公共団体等の協力を得るなど適切な景観形成を図ることが望ましい。

（1）道路の空間構成・構造による景観の変化の抑制

都市近郊の道路は、本来、市街地を離れたのどかな地域景観の中を快適に走るものとして整備されることが望まれるが、バイパス整備等では、道路整備を契機として沿道が無秩序に開発され、屋外広告物の乱立等、景観に大きな変化が生じることもある。また、一旦開発された空間が放棄されて荒廃した沿道景観が生じる場合もある。

そのため沿道に立地する施設の景観への影響を緩和する空間構造を考える必要がある。例えば、

- ・道路と沿道を景観的に遮断する連続的な植樹帯の整備
- ・沿道要素の景観的影響の緩和に資する広幅員歩道の確保
- ・道路の主交通の影響を抑制する側方分離帯の植樹帯を伴った地先道路の付加
- ・歩道と車道の高低分離等、道路から沿道に直接アクセスすることを制限する横断面構成の採用
- ・地形・河川・その他の自然の要素等の活用

等を検討する。重要なことは、地域の状況を把握し、類似例も参照した上で、道路整備後の景観変化の可能性を十分予測して、あらかじめそれに対応できる整備方法を検討することである。また整備に時間を要する場合は、地域を取り巻く状況の変化に応じた整備方法の柔軟な検討を行なうことである。

写真3.5.1　隣接する生活環境を保全するための切土のり面の植栽とゆとりのある道路構造により良好な内部外部景観となっている。

写真3.5.2
沿道要素の景観的影響を緩和するには、歩道部が狭すぎる。

写真3.5.3
道路の規格と街路樹とのアンバランスにより景観的な遮断がなされていない。

(2) 沿道の土地利用及び景観の誘導・コントロールの検討

都市近郊の道路において、市街地の道路と同様に、沿道建築物も含めて良好な景観を形成するためには、地方公共団体等と連携した一体的整備による秩序ある沿道開発や、建築物の高さ、色彩、屋外広告物等に対する景観コントロールの導入によって、当該地域に相応しい適切な景観形成を図ることが望ましい。特に屋外広告物に関しては、一度設置されてしまうと撤去が容易でなくなるため、広告物の規制・誘導のための手立てを事前に講じておくことが必要である。(道路と沿道の一体整備については4－4－4　p. 92参照)

3-6 市街地における道路デザイン

3-6-1 道路ネットワークと道路デザイン

市街地の道路デザインでは、沿道地域の特性に加え、市街地の道路ネットワークにおける当該道路の役割を踏まえた検討を行う必要がある。

(1) 都市の成り立ちと履歴の尊重

長い年月を積み重ねてつくられ、営まれてきた都市には、その都市の成り立ちや履歴が刻み込まれている。これこそが都市の個性であり、尊重すべき対象である。特に城下町、宿場町、門前町等、歴史的な街には、街割り、建築様式、色彩等の面で一般の市街地とは異なる道路景観を呈している。

市街地の道路デザインでは、これらの都市の成り立ちや履歴を尊重することが原則である。

(2) 道路ネットワークの中での道路の性格

都市生活者はネットワークを構成する道路全体を舞台として都市生活を営み、それぞれの道路が有する性格によってそれぞれの道路のアイデンティティや都市のわかりやすさを認識している。市街地の道路は、交通容量や機能によって1級から4級に区分されており、また市街地における道路の階層構成等や沿道の地区特性等によっても類型化される。これらも道路の性格の一面を表したものであるが、市街地の道路デザインにあたっては、道路ネットワーク上の位置づけ等を重視し、かつ日常道路を利用する市民の生活実感に即した類型化である道路の格を参考にすることが望ましい。道路の格には、大通り・目抜き通り・細街路等の位置づけ・規模に応じた区分や、表通り・裏通り・横丁路地等の位置づけ・雰囲気に応じた区分、官庁街・業務街・繁華街・商店街・住宅街等の沿道土地利用に応じた区分、参道・公園関連道路・水辺道路等の性質に応じた区分等があり、これらを道路デザイン方針へ結びつけることが好ましい。

なお、市街地の道路では、行政上は1本の路線であっても、道路の性格としてはいくつかの区間に区分される、あるいはその逆となる場合もある。このような場合には、道路ネットワーク上の位置づけを踏まえつつ、道路の性格を十分に考慮した道路デザインを行うことが重要である。

表3.6.1　道路の性格の類型化

市街地における道路の階層構成等	主要幹線道路、幹線道路、補助幹線道路、区画道路、歩行者・自転車道、緑道　等
沿道地区特性	都心地区、業務地区、商業地区（商店街）、駅周辺地区、居住地区、文教地区、歴史的地区　等
道路の格	大通り（シンボルロード）、繁華街（賑わいの通り）、目抜き通り、表通り・裏通り、横丁・路地、参道、公園道路・水辺道路　等

（3）道路のプロポーションと景観の性格

道路の幅員と沿道建築物の高さの比（D/H）は、市街地の道路の景観の性格を大きく左右する。D/Hによってもたらされる印象には一定の目安がある。D/H＝4以上では囲繞感はなく、D/H＝1～2程度では心地よい囲繞感が存在するといわれている。D/H＝1～1.5付近で均整がとれ、D/H＜1となる場合には、親密な居心地の良さが感じられるとされている。例えば、駅前の大通りではD/H＝3程度となろうし、幅員が狭い道路沿いに商店が建ち並ぶような状況ではD/H＜1程度となる。市街地ではその囲繞感の大きい細街路と、囲繞感の小さい広場との組合わせが頻繁に入れかわって出現し、それが歩行者シークエンス景観にドラマチックな変化を与えることにもつながる。

沿道建築物については、用途地域指定の状況、建ぺい率、容積率の指定の程度によって、建築される建築物の高さをある程度想定し得るが、一般には高さには相当のばらつきが生じる。沿道建築物そのものは、道路デザインの直接の対象とはならないものの、良好な都市景観形成の観点から、地域状況をはじめとする景観コントロールについて、地方公共団体と連携を図り、道路管理者としても積極的に働きかけることが望まれる。

市街地の道路では、このような道路のプロポーションを考慮した道路デザインや街並み形成を考慮する必要がある。

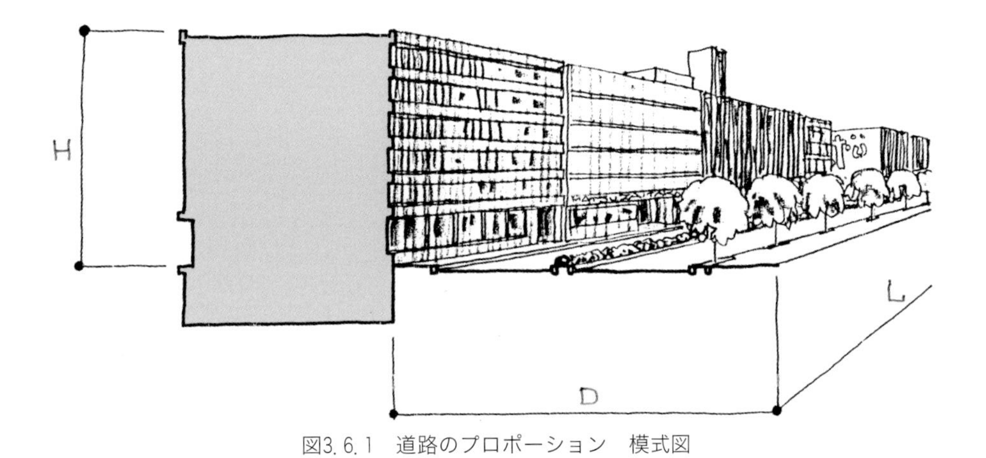

図3.6.1　道路のプロポーション　模式図

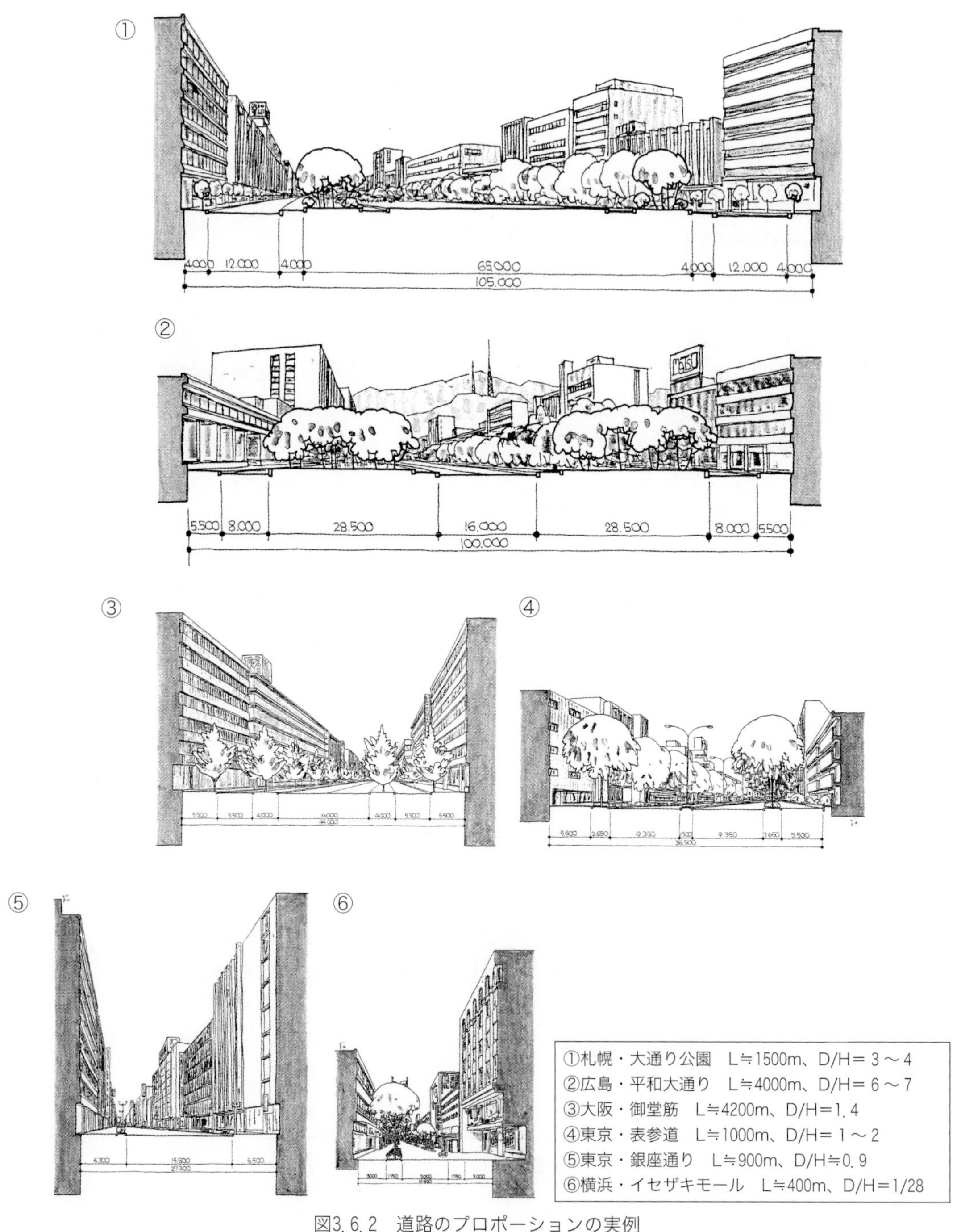

図3.6.2　道路のプロポーションの実例

（４）道路ネットワーク上の役割分担を考慮した道路デザイン

市街地の道路において、道路空間をより効果的に活用するべく、幅員構成の変更を伴う整備や、市街地の改変を伴う現道の拡幅等を行う場合には、道路ネットワークの適切な役割分担を念頭に置いて、歩行者に特化する道路、歩行者を優先する道路、および車両の通過交通を受け持つバイパス路線等の道路の特徴づけを十分に考慮しながら積極的に検討する必要がある。

例えば、歴史的な街並みが残る宿場町や城下町では、その街並み保全を図るために、また、中心市街地の商店街や生活道路、観光地の道路では、歩行者等が快適に通行できる空間とするために、通過交通の排除等が求められることが多い。このような場合には、他の道路との交通機能の分担を図りながら道路ネットワークにおける交通配分も考慮した検討を行う必要がある。

3-6-2 道路の性格に応じたデザイン

市街地の道路では、都市活動との関係、歩行者の視点、沿道土地利用、沿道建築物や広告・看板等の影響、都市計画・都市交通計画等を考慮した道路デザインを行うことが必要である。

（1）市街地の道路デザインにおける基本スタンス

市街地の道路は、沿道施設（沿道建築物、看板等）や道路占用物件等、道路以外の要素により景観が大きな影響を受ける。市街地の道路の景観は、道路と沿道建築物のプロポーション等により基本的に規定される場合が多いので、沿道建築物に対する規制誘導は非常に重要である。

また、道路占用物件や道路附属物は、一般的には景観を阻害する場合が多いので極力整理し、沿道も含めて洗練させ、整然とした空間を目指すことが望ましい。これらを設置する場合には、その形、大きさ、素材、色彩等に十分配慮し、相互のデザイン的関連性をもたせつつ、道路利用者にとって使い易く、快適な空間を形成することが基本である。

ただし、例えば歩行系の低規格道路（裏通りや横丁・路地）で、既に長い年月をかけて庶民文化が培った独自の空間（界隈）が形成されている箇所では、新たな景観デザインとして公共による空間改変（改造・規制等）を行った場合、逆に地域の独自性や個性を消失させる結果になりかねないことから、個々の地区にとっての景観阻害要因を検討し、道路景観の個性、特徴に十分に配慮した上で、必要最小限の対応にとどめることも検討すべきである。

（2）道路の性格への配慮

市街地における道路デザインでは、日常的に道路を利用する市民の生活実感に即した道路の様々な性格を十分把握した上で、それぞれの道路の性格を特徴としてより印象づけることが基本である。例えば、都市を代表する大通りならば、沿道の建築物のコントロール等に加えて、それらと一体となった、シンプルで控えめな都市の顔としての品格が求められ、横丁や路地では、沿道の生活と密着した道路空間イメージの維持、演出に対する配慮が求められる。また、住宅地ならば、沿道敷地の生垣を内部景観として取り込んだ道路デザインの展開も考えられる。

地域が市街地の道路をどのように捉えているかについては、市民に市街地の道路や各種施設を含めて地図を描いてもらうイメージマップ調査等によってその傾向を把握することができ、その結果を活用して道路の性格を強調することを検討することが可能である。

（3）地域の個性を活用した強調

道路を特徴づける個性を市街地の文脈（歴史、風土）から読みとって、活用する手法もある。オリエンテーション（方向感覚）を与えるもの（地域のシンボルとなっている山岳、一定方向への傾斜地形、鎮守の森や大木、塔状構造物など）の存在、テリトリー感を与えるもの（谷地形、丘地形、繁華街や歴史的街並みなど）の存在、相反する極（寺神森と繁華街、商店街と住宅地など）の存在、面的な空間と線的なもの（海浜や湖沼、河川、水路、鉄道など）の存在を確認し、このような道路を特徴づける地域の個性を活用することが必要である。

例えば、遠景を活用する山アテ等の手法は道路景観において地域の個性を強調するためにも有効な手法である。また、地形に沿った平坦な道路と直交する坂道との組合せ、街路の終点や結節点における大木のアイストップ活用、街割り・地割りの尊重や、歴史的街並み等の不整形な道路の保全・活用、対極にある街の核を連結する街の象徴的な大通り、水景を意識した水辺のプロムナード等、地域の個性ある景観資源の活用を図るための十分な検討を行う必要がある。

なお、道路の個性の強調は、道路空間を大きくとらえて、道路のプロポーションや線形、アイストップに対する配慮などのレベルで行うべきであり、舗装やストリートファニチュア等の個別の細部設計段階での個性の強調は、派手な演出に繋がりがちであるため慎むべきである。

写真3.6.1　街のシンボルとなる姫路城にアテて、街の個性を強調している。

写真3.6.2　伝統的な街並みのたたずまいを損なわず、道路をシンプルに整備している。

（4）植栽による強調

道路ネットワークの中で、植栽のあり方を検討し、それぞれの道路に特徴を付与することで、都市道路ネットワークの景観に統一感やメリハリを与え、道路の性格を強調することができる。植栽密度・緑量の多寡、植栽形式の選択、樹高・枝巾・樹形・性質等の異なる樹種選定等によって道路を互いに調和しつつも特徴づけることができる。（植栽については5-11　p.153参照）。

例えば、駅前の大通りでは、格調高く整然とした樹形で緑の豊かさをアピールできる樹高の高いケヤキやイチョウの並木によって道路の個性が強調でき、商店街ではヤナギのような柔らかな緑が道路に親しみをもたらす。また細街路等では、あえて植栽しないことで、道路の特徴づけを明確にできる場合もある。

写真3.6.3
柔らかな印象のシダレヤナギの並木が、商店街を親しみのあるものとして演出している。

写真3.6.4
幅員の大きな幹線道路で、道路の性格に相応しい格調をケヤキ並木によって演出している。

第4章

構想・計画時のデザイン

構想・計画段階は、道路の線形や横断形状等の道路の骨格を規定する重要な段階であり、ここでの方針がその後のすべての段階に影響を及ぼすことから、十分なデザイン検討を実施することが求められる。

4-1 道路デザイン方針の設定

構想・計画時の道路デザインにおいては、道路工学的な観点等からの調査に加え、景観調査によって、景観資源として保全・活用すべきものや、影響を回避すべきもの等を抽出し、総合的に計画条件を検討した上で、道路デザイン方針を設定する必要がある。

（1）調査のポイント

計画条件を設定するにあたっては、コントロールポイントが何処になるのか等の道路工学的な観点からの調査に加え、道路デザインの実施に必要となる調査をする必要がある。

道路デザイン上重要な調査のポイントを以下に示す。これらの調査結果をもとに、地域景観を道路景観との係わりの中で評価し、道路デザインとして尊重すべき要素などを抽出し、デザイン方針の設定に活かすこととなる。（道路デザインの方向性については1－3　p. 41参照）」

①地域の景観的基調

道路景観は、地域景観と密接な関係を有しており、例えば地域の特徴的な姿や歴史・文化など地域の景観的基調を把握することは必要不可欠である。景観的基調の把握にあたっては、地形図による判読、現地調査、各種の計画(地方公共団体の景観計画、都市計画マスタープラン、土地利用基本計画など）やその他の既往文献資料の精査を通して行う。

特に市街地においては、都市の成り立ちの履歴についても十分に把握しておく必要がある。

②景観資源の把握

ここでいう景観資源とは、道路デザインにおいて活かし得る景観要素である。一般には、山岳、湖沼、河川、海岸や、歴史的街並み、歴史的建造物・建築物、その他大径木などの景観要素であり、これらの要素の内容、及び対象道路との位置関係を把握しておく必要がある。（特別な景観的配慮が必要な地域については1－3（4）p. 43参照、③も同様）

③各種条例及び景観法などにより良好な景観を有する地区などとして指定を受けている地域・地区

景観法に基づく景観地区や都市計画における風致地区、景観条例などによる何らかの指定を受けている地区については、あらかじめ、その範囲と指定内容を関係機関に問い合わせ、把握しておく必要がある。

④沿道のまちづくり計画、道路空間の利活用ニーズの把握

中心市街地等では、沿道のまちづくりと道路整備とを連携して行う事例が多くみられる。道路のデザインにおいては、沿道のまちづくり計画やまちづくりの動向、および道路空間の利活用に対するニーズ等を的確に把握し、自然環境が有する多様な機能を取り込み道路空間の快適性等を向上させるなど、道路空間の再構築も含めて整備の方向性を定める必要がある。

（2）道路デザイン方針

構想・計画時における重要な検討項目の一つが道路デザイン方針の設定である。

道路デザイン方針は、その後の設計・施工、管理に至るすべての段階において揺らいではならないものであり、特に以下の３点について十分検討のうえ定める。

・地域景観の特徴をどのように道路デザインにおいて尊重・反映させるのか
・道路空間の利活用ニーズをどのように実現するか
・地域の中での道路の姿はどうあるべきか

これらの検討結果が道路デザイン方針である。

道路デザイン方針は、キャッチフレーズ的なものではなく、後の段階においてもその内容が理解されるよう、明快にデザイン意図が伝わるものでなくてはならない。

4-2 構想・計画時における道路デザインの重要性

構想・計画時の道路デザインは、地域、都市の骨格形成に大きな影響力をもつ。また、構想・計画時の道路デザインは、道路景観の骨格を規定し、後の段階に大きな影響をもつため、後の段階で手戻りのないよう、慎重に検討する必要がある。

（1）道路による地域・都市の骨格形成

道路の骨格は、道路とその周辺環境をあわせた美しさ・快適さ・環境影響などに加え、交通安全・防災性も含めた周辺地域の道路ネットワーク、さらには、市街地や地域のあり方にも大きな影響を及ぼす。

このような道路の有する骨格形成力に十分注意を払い、道路景観を含めた地域・都市のあり様を見据えた道路デザインを行うことが重要である。

（2）道路の骨格

構想・計画時に決定されることは、道路の平面線形、縦断線形、横断形状（道路幅・切土や盛土ののり面の形と寸法）、幅員構成、橋梁・高架橋の長さや地盤からの高さ、トンネル延長等、道路の骨格を具体的に示すものとして重要なものが多い。特に道路からの眺望はこの段階でほぼ決まることをはじめとして、道路景観の骨格がこの段階で規定される。そのため、構想・計画時の道路デザインの検討は、後の段階での手戻りがないよう、地域景観のなかにおける道路のおさまりを慎重に検討する必要がある。

（3）道路の骨格と沿道景観との関係

道路の骨格の決定は、土地利用、河川・湖沼等の水辺、海岸、山等の道路計画地周辺に存在する様々な要素によって構成される地域の景観に大きな影響を及ぼし、道路景観の骨格を規定する。場合によっては従前の景観を改変する可能性もある。そのため、沿道景観の状況を精査し、道路の骨格と沿道景観とが、どのように関わるのかについて十分な検討を行うことが必要である。

例えば、緩やかに蛇行する小河川が流れている田園地域で、里山を背後に控えた集落を通過する道路のバイパスを整備する場合には、歴史的に培われてきた地域景観を尊重した道路計画を検討する必要がある。河川環境を保全し、河畔の樹林等を分離帯や路傍に取り込んだりすることで地域景観との調和が図られる。こうした配慮なしに、道路に沿って小河川を付替えるような機械的な河川との一体整備を検討して道路の骨格を決定した場合と比較すると、その景観効果は明らかである。

なお、地域景観の象徴となっている小山に山アテする線形を検討したり、その小山や河辺の景観を活用する休憩ポイントを計画する等によって、道路利用者に地域をアピールすることが重要である。

写真4.2.1　城をランドマークとした道路が都市の骨格を形成している。

写真4.2.2　前方の山とその噴煙を前方に見据え、高原地形を生かした路線を選んでいる。

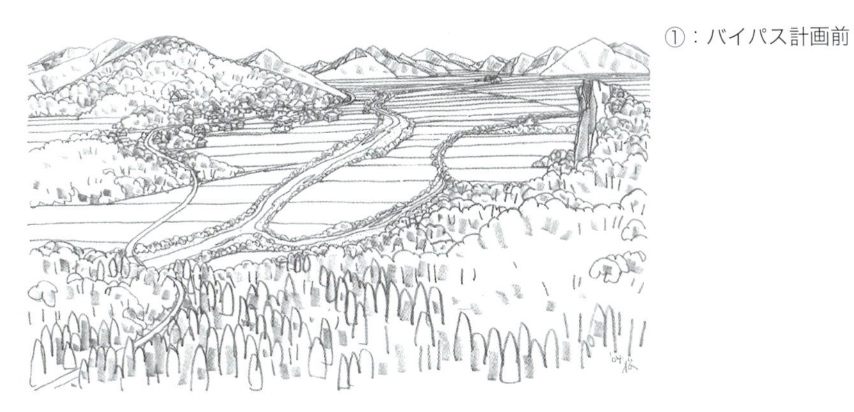

①：バイパス計画前

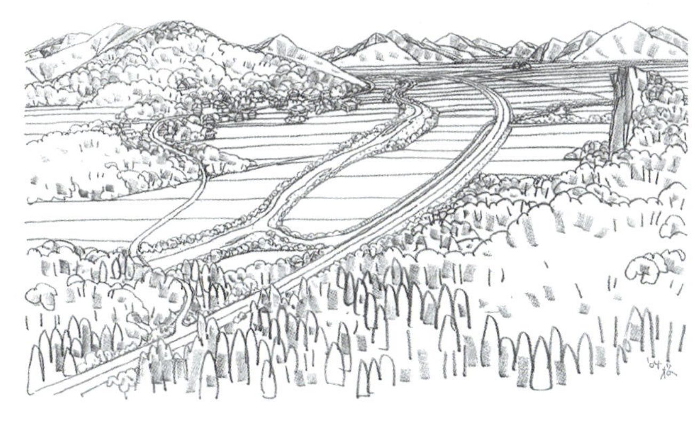

②：機械的に考えたバイパス計画

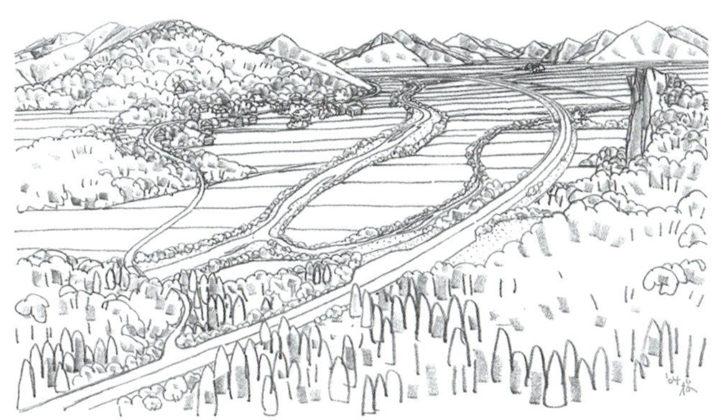

③：地域景観の保全・活用を図ったバイパス計画

図4.2.1
①穏やかな田園地域において、②地域景観に配慮せずに機械的に整備したバイパス計画と、地域の空間秩序を保全した上で、地域景観を活用したバイパス計画とでは、その景観効果は比較にならない程の違いがある。

4-3 地方部の道路の計画

4-3-1 比較ルートの検討

地方部の道路の路線計画においては、複数の計画意図に基づく比較ルートを設定し、景観的観点を含む総合的な評価に基づいて、最適案を決定する必要がある。

(1) 路線計画における比較ルートの設定

路線計画においては、計画意図の明快な複数の比較ルートを設定し、それぞれについて線形、横断、道路構造物まで含めて総合的に検討する必要がある。

その時の比較ルートは、一般にその数が多いほどより良い解を得やすいが、単に数を増やすのではなく、地域景観の特性を踏まえた道路デザイン方針に基づく計画意図をもったものである必要がある。(地域の景観特性については第3章　p. 53参照)

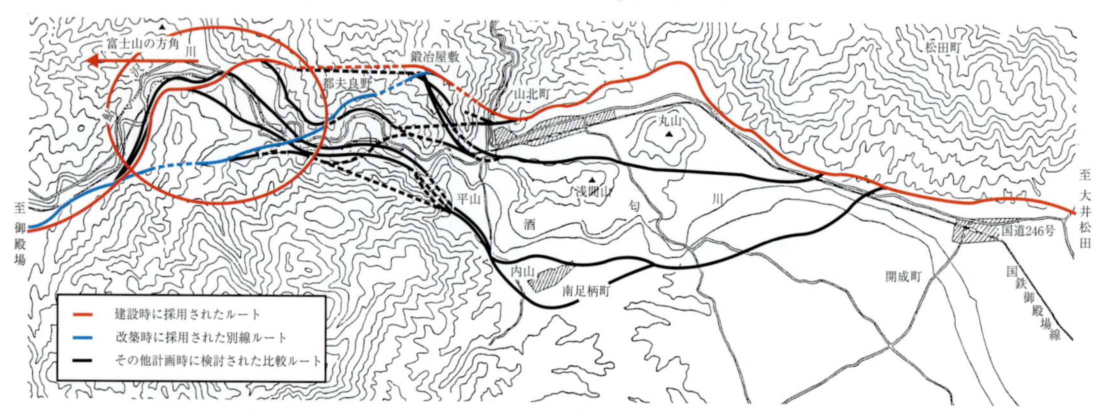

図4.3.1　様々な計画意図のもとに多数の比較ルートが検討されている。建設時に採用されたのは赤線のルートであるが、比較ルートの評価に景観的評価を加えたものとして記録されているのは富士山の眺望についてであり、青線のルートは赤丸印の区間で富士山の見えないことを理由に不採用となっている。

(2) 比較ルートの評価項目

道路デザインからみた比較ルートの評価は、道路デザイン方針に照らして行うことが必要である。

具体的には、比較ルート上に出現する切土、盛土、橋梁、高架橋、トンネルなどの構造物の延長や規模などを比較し、それらが道路デザイン方針において尊重する地域景観に与える影響、工事量、工事費などが評価の指標となる。ただし、個別評価の総和の高いものが必ずしも最善案となるとは限らないため、総合的評価を行うよう注意をする必要がある。

例えば、以下のような道路デザインからみた比較ルートの評価項目が重要となる。

①道路景観

- 道路を走っていて快適か、景観阻害要因となりうる道路構造が出現しないか
- 優れた地域の景観資源を取り込んで、走行景観が楽しめるか
- 外から見て道路が周辺の地形や街並みに調和して、全体として良好な景観を形成しているか
- 歴史的建造物や自然資源などの景観が保全されているか
- 適切な休憩ポイントがあるか

②環境影響

・学校や病院を含む生活環境に及ぼす影響に問題はないか

・生物の生態系に問題はないか

③土地利用や道路網への影響

・地域分断、市街地開発などへの影響、将来的な道路網整備との整合性等

④コントロールポイント

・神社・仏閣・文化財などのコントロールポイントの消失の有無や距離等

⑤経済性

・事業費及び管理費

・幹線道路においては、デザインの評価を加えた費用便益の分析

⑥技術性

・難しい技術の必要性、工期の長短。何らかの災害の可能性とそれらへの対策と費用等

4-3-2 線形計画

地方部の道路の線形計画においては、地形との調和と道路線形の透視形態上の円滑性の確保が重要である。

また、休憩ポイント等の景観的に重要な地点については、特段の配慮をする必要がある。

(1) 線形計画の重要性

比較ルートの検討は、線形計画、横断計画、道路構造の選択を含めたものとなる。特に地方部の道路の線形計画では、横断計画や道路構造の選択段階での検討も勘案しつつ、地形に調和し、より美しく滑らかな線形を検討する必要がある。

なお、地形との調和については、大きなのり面、ことに大規模な切土は景観的に問題であるため、線形計画におけるのり面の回避、縮小を検討しなければならない。

(2) 地形に調和した線形計画

地方部の道路では、地形に調和した線形計画とすることが重要である。その留意点は以下のとおりである。

・高さ間隔で概ね100mピッチで見た大スケールの等高線の曲り方と同じ方向に曲る平面曲線が支配的になるようにする。

・そのため、道路線形は大スケールの等高線の曲り具合に概ね等しいか、それより大きい平面曲線半径を選択する。

・縦断線形は、高さのコントロールポイントに留意しつつ、地盤高と計画高との差が小さくなるように計画する。

・地形が急峻な区間で雄大な平面線形を使うと、一つの平面線形のなかで凹凸を繰り返すような内部景観上好ましくない線形となるため、平面曲線の数は地形の急峻さに応じて増やす必要がある。

・平面線形設計、縦断線形設計、横断設計の結果は、必要に応じて平面線形の修正にもフィードバックする。

地形に調和した良好な線形かどうかは、線形だけでは確かめられない。のり面を含む道路の横断設計、周辺の植生や土地利用、さらには、高圧線の鉄塔など周辺建造物と道路の関係が判明してはじめて正しく評価することができる。そのため、透視図等の視覚化手段による評価においても、線形だけの透視図ではなく、特に道路の前方の見通しを妨げる切土のり面など周辺の環境条件まで加えて検討することが必要であり、模型であっても地形、地物の極端な簡略化は避けるべきである。

写真4.3.1　原地形は、丘陵の鞍部に相当する湾曲した尾根筋である。これに走行上無理のない線形をあてはめて、のり面の少ない地形に合ったなめらかな道路を創出している。曲線で越える切通しは次の展開を期待させ、平凡な丘陵の景観が、この道路によって印象深い景観となっている。

(3) 第3の平面線形要素としてのクロソイド曲線の積極的活用

一般にクロソイド曲線は、緩和曲線として扱われることが多いが、直線、円曲線と並ぶ第3の平面線形要素として積極的に活用する。ここで、第3の平面線形要素はクロソイドを力学的条件ではなく、視覚的条件で決めることをいっている。

- クロソイド曲線のパラメータの大きさを接続円曲線半径の1／3～1倍とする。
- 連続する平面線形要素の長さと大きさを急変させない。

写真4.3.2
クロソイド曲線を第3の平面線形要素として用いることで、流れるような道路線形が得られるとともに、地域景観を引き立たせる。

(4) 立体的な線形検討の実施

平面図や縦断図は設計の便宜上使用しているのであって、運転者が実際に見る線形は透視形態（見えの形）である。線形を立体的に見ることが大切な理由はそこにある。

運転者から見て、透視形態的に線形が美しい、あるいは安全であるというポイントは、一般に次のとおりである。

・平面曲線と縦断曲線をなるべく重ね合わせる。
・運転者が自分の走ってゆく道路の行先を知覚しやすいようにする。
・一つの平面線形要素の中で凹凸を繰り返さない。
やむを得ず凹凸を繰り返すときは、途中の切土がそのような視覚的デメリットを隠すかどうかをチェックする。

これらの透視形態的に良好な線形は、結果として地形の改変量縮減や交通安全面からも良好なものとなる場合が多い。また、橋梁等の構造物の線形は、道路の一部であり、構造物の前後の道路線形と一連のものとして決定される必要がある。

(5) 内部景観に配慮した線形計画

内部景観に配慮した線形計画として、地域の良好な景観要素の取込みを考えておく必要がある。山アテ等はその代表的な手法である。その他、特徴的な果樹園等の農耕景観や水景等が良く眺められるような線形を採用する。これらの眺望を得るためには、線形計画の適否の検討が第一である。なお、横断計画でも眺望確保を検討することが望まれる。

そして、山アテ等のシーン景観に対する工夫ばかりでなく、道路上の移動によって得られるシークエンス景観に対する配慮が重要である。地域の眺望の展開を効果的にとらえる工夫が線形計画の課題となる。

写真4.3.3
踏査中に富士山が正面に見えることに気づき、路線を約10m振って、富士山が真正面に見える距離を多少なりとも長くした。また、左右の切土高さをほぼ同じにし、間知石を積んで風景を額縁のように枠取る効果を生み出している。

(6) 外部景観に対する配慮

外部景観に配慮した線形計画としては、まず線形自体を美しいものにするとともに、のり面に代表される地形の改変量を最小にすることである。このように計画することで、外部景観としても美しい道路の線形が地形に刻まれることになる。

道路は、主に俯瞰による中景、遠景として眺められる場合に、一般的に地域景観の中で特に目立つことなく、ゲシュタルト心理学でいう「地と図」の考え方によれば地の一部をなすことが多く、またそうあることが望ましい。しかし時には茫洋とした広がりを引き締めるような「図」としての役割を果たすこともできる。いずれの場合も路面の見えの形と地形との接点のおさまりが重要となる。

近景として眺められる道路構造物は「図」となりやすいため、大きなのり面や擁壁等が出現しないように、また、橋梁・高架橋の形が美しくなるような線形計画の検討が重要である。

（7）景観上重要な地点への配慮

線形の計画にあたっては、平面交差点の位置や基本的形状、眺望に優れた路傍の休憩ポイントの配置の可能性なども加味して検討を行うことが必要である。

特に、ルート上の休憩ポイントは、地域の姿を落ち着いて眺め、美しい国土の姿を実感できる重要な地点であるため、計画の当初からその適切な配置について意識しておくことが望まれる。

4-3-3 横断計画

地方部の道路の横断計画においては、地形の改変等による景観的影響の低減、良好な道路環境の創出等の観点を総合的に検討し、設計・施工、管理の段階で必要となる十分な断面を確保することが望ましい。

（1）平面分離計画

平面分離は、安全かつ円滑な交通を確保するために用いられることが一般的であるが、道路デザインとしても有効な方策である。既存の一里塚などの歴史的な資源や地域を表象する樹木を移設、移植することなく、道路景観に取り込んで効果的な景観演出ができる。

なお、大きな平面分離を図ると、上下線が別線となる。これも地域環境の保全に大きな効果をもたらすと同時に、地域景観への影響を軽減し、良好な道路景観を創出する有効な手法である。

歩道と車道との平面分離もあり、歩行者の安全性や快適性を高めることができる。このような平面分離による道路デザインの効果を十分に考慮し、活用していくことが望まれる。

写真4.3.4　分離帯に既存林を残しながら、平面分離することで良好な道路空間を創出している。

写真4.3.5　歩行者自転車道と車道をわずかに高低分離して、安心してゆとりのある空間を歩行者、自転車に与えている。

（2）高低分離計画

道路計画地が、一定方向の傾斜地形を横断する場合には、以下の景観上の利点を認識して高低分離を検討する。

- 地形に逆らわない感じとすることで、運転者に道路のおさまりの良さを感じさせ、圧迫感を軽減する。
- 地形改変量を最小化でき、特殊のり面や防護柵などの人工構造物を削減できる。
- 分離帯に既存林を残したり植樹をしたりすることができる。

ここで、既存林の効果的な保存は、路面高を原地盤高と近づけることによってはじめて実現することに留意する必要がある。縦断線形検討→横断面チェック→再び平面線形検討、というようにフィードバックした検討が重要である。また、路面高と地盤高を近づけることは、同時に地形改変量を最小にする効果をもたらす。

高低分離区間における橋梁などは、その側景観が目に付きやすいため、ねじれた感じを与えないように平面的にも縦断的（計画高さ）にも往復車道をおおむね平行にする必要がある。また、跨道橋が連続する場合には、跨道橋の上部工を変断面にすると、各橋の縦断断続勾配の相違や平面的な方向の相違によるねじれた感じをやわらげることができる。

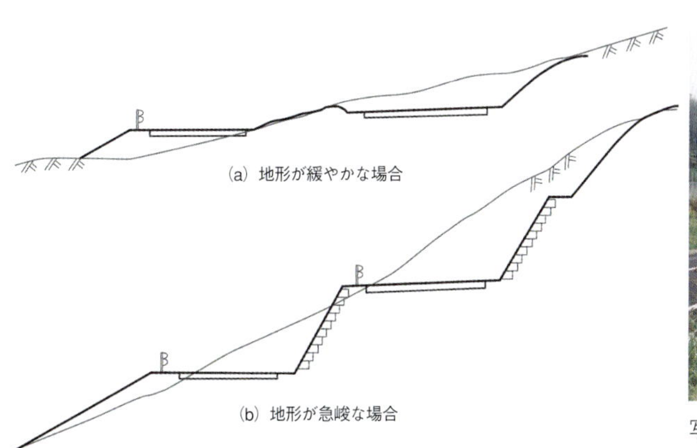

図4.3.2　往復車道の高低分離の模式図

写真4.3.6
往復車道の高さを地形に合わせて変えるとともに、分離帯に既存林を残している。人工構造物（防護柵）の削減にも貢献している。

写真4.3.7
高低差7ｍ級の高低分離を行っている。分離帯においた1：0.5のブロック積みに蔦がからまり違和感がないが、これによって左右に生じたはずの長大のり面を防いだ効果の方が大きい。

写真4.3.8
高低分離区間では橋梁などが平行に違和感なく見えるようにしている。ただし、橋の側面に設置された排水管がせっかくの連続性を阻害している。

(3) アースデザイン

ラウンディングやグレーディングなどののり面のアースデザインは、道路と周辺景観との関係性を向上させる景観的効果がある。

構想・計画段階においてもラウンディング、グレーディングなどのアースデザインの必要性や方法などについて十分検討し、都市計画などに反映させる必要がある。用地幅が確定している設計・施工時の対応では限界があるため、都市計画決定等で用地幅が決まる前に十分検討することが重要である。(ラウンディング、グレーディングについては5-2　p. 104参照)

(4) 休憩ポイントの計画

自動車による道路走行は緊張感があるために、休憩、飲食、トイレ、情報収集、給油等の需要に応える道の駅やパーキングエリア・サービスエリア等の休憩ポイントを用意しておく必要がある。また、ちょっと立寄るようなオーバールックやレストスポットのような、ごく小規模な休憩ポイントの設置も望まれる。歩行者に対しても休憩ポイントの用意は必要である。例えば、ほんの一服する程度の、街中のポケットパークのような簡易な整備でも利用者への効果は大きい。

休憩ポイントでは自動車内といった閉鎖空間からの解放が必要で、立地条件として、開放的なゆとりのある空間が確保されることが重要である。なお、休憩ポイント自体での対応が無理でも、そこから良好な広い眺望が得られることによってゆとりは得られる。

道路から離れて休憩する場所として、特徴的な地域景観が眺望される場所に休憩ポイントを設置することも重要である。眺望対象が際立ったものでなくとも、俯瞰景観は十分に魅力的であり、地域と比高差のある高い基盤が確保できる場所に設けることが効果的な休憩ポイントの条件となる。

さらに、休憩ポイントでは、地域特有の景観資源を活用することが効果的である。例えば、特徴的な地形や風土的な農林景観や集落等が展開する場所を休憩ポイントとして選定する。また、安定的な樹林等の活用が可能な立地に休憩ポイントを設置すると効果的である。

4-3-4 道路構造の選択

道路構造物の存在は地域景観に大きな影響を及ぼすことが多い。道路構造物のデザイン検討に先立って、地域景観の中で道路構造物の果たす景観的役割を検討し、道路構造を選択し、後の段階でも検討を継続することが重要である。また、出現する可能性のある道路附属物にも配慮する必要がある。

(1) 構造物の景観的な役割の検討

道路構造物の景観的な役割は、周辺景観のなかで主役となりうる「図」となるものか、あるいは周辺景観の一部となる地となるべきものかに大別される。例えば、大きな川や谷をまたぐ橋梁はスケールが大きく、その存在が目立つため、「図」となることが多い。また、山間部を縫うように走る道路の擁壁や切土、そして小規模な橋梁などは、背景となる地形や風景になじむ地とすべき道路構造物である。

しかしながら、線形決定時における道路構造物に対する検討が不十分な場合には、地とすべき道路構造物のスケールが大きすぎるためにその対策に苦労したり、「図」とすべき道路構造物でありながら複雑な線形が道路構造物を美しく仕上げることを妨げるといったことも起こりうるため、注意が必要である。

したがって道路構造の選択は、沿道の状況や道路利用者の体験する景観を想定しながら、早い段階から検討を行うことが望ましい。

上記のような「図と地」という考え方から想定される景観的役割に応じて道路構造物の存在感のあり様が問題となるが、これについては強調・融和・消去という周辺景観に対する対象構造物の位置づけに対する古典的な考え方も参考にして、構造物の存在感の程度を操作することが有効である。

検討方法としては、構想・計画段階から視覚化手段を用いて、景観的な役割や存在感の度合いを確認し、道路計画全体の中で個々の道路構造物の位置づけを設定することが有効である。

写真4. 3. 9
新設ダム湖の全体景観検討模型（上：S＝1/2000の全体模型。下：モデルスコープによる観察事例）を用いて、数多く出現する橋梁や切土のり面など、各種道路構造物の景観的な役割を、将来景観を事前に予測・把握しながらそれぞれの役割や存在感の検討を行う。

（2）道路構造の選択

道路構造の基本は土構造である。これは経費的に安いことが大きな理由であるが、土構造は自然復元が可能な構造であるために景観的にも問題は少ない。ただし大規模な切土のり面の発生は、周囲の風景から遊離して景観的に違和感が大きくなり、内部景観上もその違和感が快適な走行を妨げる。また、トンネルもその延長が長いと単調で面白味のない内部景観となる。

道路構造の選択に際して景観上から求められる留意点は、道路構造物が決まってからそのデザインを考えるのではなく、道路構造を考える時に同時に道路構造物の姿を内部・外部景観から想定しながら計画を行う必要があるということである。

道路構造の選択では、比較ルートの平面・縦断線形によって、土工か橋梁・高架橋かトンネルかがほぼ決定する。すなわち、長大のり面を避けるために高架橋を選択する、あるいはトンネルで通過するという選択肢がある。なお、これらの選択は画一的なものではなく、実際には擁壁とのり面の併用や複数の構造の組み合わせを検討することも必要である。

一般に盛土高さは20mを超えると景観的に違和感が大きくなるため、おおむね20mを超える盛土については、高架橋やトンネル等との比較検討を行った上で構造を決定すべきである。

なお道路構造は、通常計画段階で決定され、それ以降で変更する必要は生じないはずだが、その後の現地地形測量をはじめとしたより詳細な検討の実施や状況の変化から、道路構造の変更が必要になることもある。その場合においても、道路デザイン方針を踏まえた継続的な検討が必要である。

東名高速道路浜名湖橋　高架案
右岸下流から
フォトモンタージュ

東名高速道路浜名湖橋　盛土案
右岸下流から
フォトモンタージュ

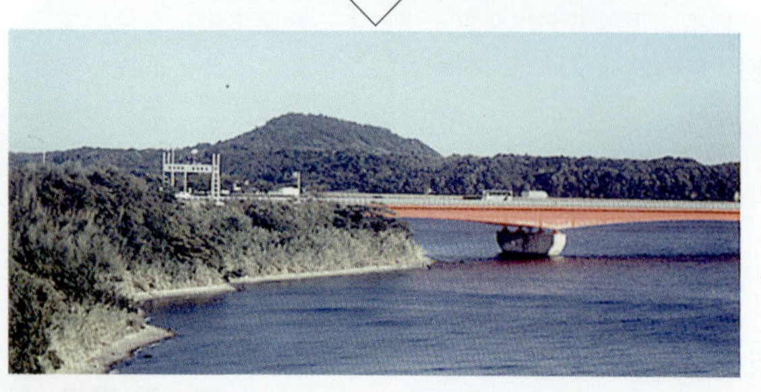

東名高速道路浜名湖橋　完成後の姿

写真4.3.10
高架案と盛土案を比較した結果、景観による評価と経済性評価が一致して盛土を採用している。端部桁高3.0mの浜名湖橋に、桁高1.2mの高架橋を直結するのは連続性に欠けるものと判断して盛土案を選択した。現在は盛土に植生が入り込み、あたかも岬の突端に橋を計画したかのように、自然な景観となっている。

4-4 市街地の道路の計画

4-4-1 地域資源・街割り・公共施設等の配置と道路の線形

市街地の道路デザインにおいては、道路と地域資源・街割り・公共施設・公共空間との位置関係に配慮することが重要である。

（1）地域資源・街割り・公共施設・公共空間との関係性への配慮

道路の個性は、沿道に立地する様々な施設や街並み、自然景観等との関係性によって醸成されることが多い。市街地の道路の線形を考えるにあたっては、こうした地域の個性を特徴づける地域資源を十分に考慮することが重要である。

道路を特徴づける上で活用すべき地域資源としては以下のものが想定される。

- ・オリエンテーション（方向感覚）を与えるもの（地域のシンボルとなっている山岳、一定方向への傾斜地形、鎮守の森や大木、塔状構造物等）
- ・テリトリー感を与えるもの（谷地形、丘地形、繁華街や歴史的街並み等）
- ・相反する極となるもの（寺社林と繁華街、商店街と住宅地等）
- ・面的な空間と線的なもの（海浜や湖沼、河川、水路、鉄道等）

こうした考え方に基づくデザイン方針の具体例を以下に示す。

- ・遠景を活用する山アテ等の線形
- ・地形に沿った平坦な道と直交する坂道との組合せ
- ・街路の終点や結節点における大木のアイストップ活用
- ・街割りの尊重
- ・歴史的な道路の保存及び活用
- ・街のシンボルとなる大通り
- ・水景を意識した水辺のプロムナード　等

（2）平面的位置関係

水辺や公園に沿った道路、歴史的な施設をアイストップとする道路等、公共施設、公共空間、都市のシンボルとなる施設の配置と道路の平面線形との関係に配慮することで、印象的な都市の景観を創出することができる。道路の整備、あるいは公共的施設の整備にあたっては、それらの施設と道路の平面線形を考慮した計画とすることが望ましい。新市街の開発においては、地区の顔づくりの観点から、より積極的に検討することが望まれる。なお、平面線形による留意点は以下の通りである。

①直線

直線道路は、その軸線上に地域を代表する山や丘、城、神社（鳥居）・仏閣、重要公共施設等のアイストップが存在することによってビスタを構成する。したがって、直近の道路の突き当りや遠景を含めた、道路の軸線上の景観資源が重要となる。

②曲線

曲線道路は、進むにつれて変化するシークエンス景観をもたらす。移動に伴いランドマークが見え隠れすることもシークエンス景観の好ましい特徴の一つであり、道路から眺望できる遠景の要素は曲線道路においても重要である。また、曲線道路では、沿道の建築物がよく眺められるため沿道要素の重要性はより高くなる。

③折線

折線の場合は、屈曲部の要素には視線が集中して目立つ場合もあるため重要である。

写真4.4.1
真正面に絵画館を据えて格調の高い良好なビスタを構成している。4列のイチョウ並木の四季それぞれの美しさ、イチョウ並木の高さと車道幅のバランスが良いこと、2列のイチョウ並木に囲まれた歩道のゆとりある空間が確保されていることなどの理由によって、好ましい道路景観となっている。

写真4.4.2
市街地でカーブする道路は、シークエンス景観の変化をもたらす。

（3）縦断的位置関係

平面的な位置関係に加え、縦断的な位置関係を考慮することで、さらに印象的な都市景観を創出することができる。例えば、道路を見上げる登り坂の頂上付近にランドマークとなるような建築物等があると、その建築物がより印象的に見えることとなる。また、坂道を見下ろす場所では、近くの街並みを前景にして遠くの山や海、川の眺望を楽しむことができる。また、地形に沿った坂道は勾配の変化に伴う景観変化も大きく、ほとんど平坦に見える勾配から、緩やかな坂道、視覚的圧迫感を与える急勾配に至るまで、個々の勾配のもつ特性に応じた道路デザインを検討することが重要である。

写真4.4.3
神社の鳥居が坂の下から絶好のアイストップとなっている。

写真4.4.4
海などの地域資源に向う直線の下り坂は、特徴的な道路景観を呈する。

4-4-2 都市活動に対応した横断構成

市街地の道路においては、様々な都市活動の舞台に相応しい横断構成となるように配慮する必要がある。

（1）道路の性格に応じた横断構成

市街地の道路は、その性格に応じて様々な使われ方がなされる。道路の性格に相応しい横断構成とすることで、視覚的にも分かりやすくメリハリのある都市の個性を表現することができる。

例えば、都市を代表するような大通りでは、沿道建物の風格・スケールに見合うだけの道路幅員や街路樹を有する道路景観が求められ、相応の歩道幅員や植栽帯幅が必要である。一方、裏通り及び横丁・路地といった歩行者系の道路では、多様な断面構成が想定されるが、ヒューマンスケールを維持しつつ、防護柵による無闇な歩車道分離は行わず、歩行者に心地よい囲繞感と親密感を与えることが求められる。

このような考え方を踏まえつつ、ゆとりある歩行空間の確保、望ましい植栽整備を可能とする空間の確保に留意することが必要である。ただし、歩行者の賑わいに比べて歩道が広すぎると、逆に寂れた感じが強くなるとともに管理が困難になりがちであるので、歩行者の利用に見合った適切な幅員構成とすることが重要である。なお、植栽については道路幅員にゆとりがない場合には、単に邪魔になるだけで、植物のもつ本来の美しさも発揮されないため、植栽しないという選択を検討する必要がある。また、人のにぎわいが特徴であるような道路では、植栽がその特徴を弱める可能性も高く、そうした特徴に配慮して植栽を検討しなければならない。

写真4.4.5　車が中心の道路。都市の骨格を形成する街路にふさわしい空間が創り出されている。

写真4.4.6　歩行者が中心になる道路。歩行者が主役になるような道路では親密さやまとまり感が求められる。

（2）横断構成の見直し

市街地の道路では、限られた道路幅員のなかで、美しく快適な道路空間となるよう、求められる都市活動を考慮して横断構成を適切に見直すことが重要となる。（道路空間の再構築については4－5　p. 94参照）

写真4.4.7
副道を歩道としたことで、快適な歩行空間と、ゆとりある内部空間が創出されている。

（３）道路のプロポーション

景観に関わる道路と沿道の関係性については、以下の指標に基づく道路プロポーションの考え方が整理されている。これは市街地の道路の形態的特徴（横断・縦断条件及び沿道建物との関係）から、道路景観の特性を明らかにし、道路の性格に相応しい景観形成に向けた基本的な道路空間構造の目安を示したものである。横断計画の検討に際しては、この道路プロポーションの考え方に基づく一定の目安を踏まえて行うことが重要である。例えば、道路の幅員と沿道建物の高さの比（D/H）は、道路空間のバランスと開放感・囲繞感を規定するファクターで、都市の顔となるような大通り等ではD/H＝１～２程度が、裏通りや横丁のような親密感が求められる道路ではD/H＜１程度が望ましい。またD/H＞３となる道路では、間延びした印象になりやすいため、複数列の並木による空間の分節化など、視覚的な引き締めに留意する必要がある。（道路のプロポーションについては３-６（３）p.69参照）

（４）環境施設帯等の設置の検討

交通量の極めて多い幹線道路では、沿道の土地利用に対応して環境施設帯の設置が求められ、これは植樹帯、路肩、歩道等からなる。環境施設帯は本線車道の利用者には開放感や緑に富んだ景観を与えると同時に、歩行者には自動車交通と分離された空間の利用、安全性の向上、たまりの空間の形成による憩いの場を提供等、道路デザインとしての効果が高いことから、将来の沿道土地利用の変化を見込んだ上で、整備内容の検討を行うことが望ましい。

また、幹線道路から直接沿道にアクセスをさせない手法として副道の設置が考えられるが、これはゆとりのある道路空間の確保や良好な道路デザインのためにも有効なため、検討が望まれる。

写真4.4.8
舗装は検討の余地があるが、環境施設帯の中に歩行者のたまり空間を形成している。

写真4.4.9
副道を設置したゆとりある道路デザイン。

4-4-3 道路構造物の考え方

市街地の道路構造物の検討にあたっては、多様な視点の存在や地域の履歴に特段の配慮を払う必要がある。特に、歩行者の存在が重要であるため、ヒューマンスケールに配慮した検討を行う必要がある。

(1) 市街地の道路構造物のデザイン検討の視点

市街地では、通常の車道・歩道上の視点に加え、高所からの視点、船上からの視点、道路構造物下の視点など、多様で身近な視点の存在に十分配慮し、ヒューマンスケールを重視して道路構造を考えるべきである。

(2) 市街地の道路構造物の特性

市街地には、立体交差や高架橋など、相対的に大規模となる道路構造物が出現することがある。これについては、歩行者などの視点や沿道景観との関連性を考慮し、トンネルや掘割りなどの半地下的な道路構造を用いることによる景観阻害の回避の可能性を、コストなどを含めた総合的な評価を行った上で積極的に検討するとともに、道路構造物の規模や位置などについて、構想段階から慎重な検討を行う。

また橋梁の計画にあたっては、その橋梁自体のあり方とともに、その川にかかる橋梁群としてのあり方の検討が必要となる。

写真4. 4. 10
計画当初は高架構造で計画されていたものを、アーバンデザインの観点から地下化した。都市内高速道路を掘割構造としたことが、この地区一帯の良好な景観の骨格を決めた。

写真4. 4. 11
帝都復興事業では、立地および橋の規模等の観点から特定橋梁に対して特別な予算を設ける等メリハリをつけた。その結果隅田川の橋梁群は現在も東京の顔となっている。

写真4. 4. 12
高架橋のデザインの善し悪しにかかわらず、高架橋の存在そのものが地域の歴史や街の成り立ちを景観から感じ取ることを妨げている。

（3）空間のおさまり

市街地内の高架橋は、ヒューマンスケールをはるかに超えて、地域を分断する可能性もあるため、日照阻害や騒音問題、桁下空間の圧迫感など、都市空間の快適性を著しく損なうような場合には、代替案を含めた慎重な検討が必要となる。

（4）地域の履歴を考慮した道路構造物の考え方

伝統的街並みや歴史的建造物・土木構造物等、都市の歴史を表象する対象には、道路デザイン上特段の配慮が求められる。

道路構造物がこれらの対象に影響を与えないよう配慮することが道路デザインの基本である。影響を及ぼすおそれがある場合には、ルートの変更も含めた代替案の検討が求められる。また歴史的な橋梁など道路構造物自体が有する歴史性は保存する。（歴史的建造物の保存については5-15-1　p. 171参照）

4-4-4 道路と沿道の一体整備

市街地の道路では、景観協議会を活用することなどにより関係者と連携を図りつつ、沿道施設との一体的な整備を働きかけるとともに、景観計画の策定、屋外広告物規制、地区計画の策定の推進などの手段が適切に活用されるよう地方公共団体等と協力することが望ましい。

市街地では、道路区域内のデザインと合わせ、景観協議会や地方公共団体の協力を得て、以下の手法等を導入して沿道の建築誘導や屋外広告物の規制等を検討することが重要である。

- 都市計画法の地区計画、建築基準法の建築協定、景観法の景観計画・景観地区
- 屋外広告物法に基づく屋外広告物条例
- 景観に関する地方公共団体による条例（景観条例、まちづくり条例等）

その際以下の点に留意すべきである。

- 建築敷地については、街並み形成、歩行者空間拡充の観点に基づく土地利用コントロール
- 建築物については、街並み景観の根幹的要素である沿道施設に対するデザインコントロール
- 建築附属物については、沿道建物とのデザインの共通性・統一性のコントロール

なお、沿道景観の整備は、民有空間における敷地や建物の整備が基本となり、特に道路区域と民有地の中間領域としてのセミパブリックスペースの整備、創出が重要である。そのため、協働による道路デザインとして、沿道建物や沿道敷地に関する協定締結等を図りつつ、地権者意向に極力応えられる事業手法や支援方策を検討・導入していくことが必要である。

また、市街地において、地方公共団体や沿道のまちづくり協議会とも協調して、沿道まちづくりと道路空間のデザインとを一体的に行う取組みも重要である。道路協力団体やエリアマネジメント組織が道路空間の積極的活用や維持管理への協力を行うこともある。このような沿道と道路との一体整備は、市街地の再生、活性化を図る重要な方法のひとつである。

写真4.4.13　道路と沿道空間とを一体的に整備し、使いやすい空間を実現した例

写真4.4.14　一階部分の壁面線をセットバックして、中間領域の充実を行っている。

表4.4.1　道路デザインにおける沿道施設・建築物等の配慮事項

<table>
<tr><th colspan="2">項目</th><th colspan="2">内容</th><th>想定手法例</th></tr>
<tr><td rowspan="2">建築敷地</td><td>建物の共同化</td><td colspan="2">・敷地・建物利用の効率化、オープンスペースの創出</td><td>市街地再開発事業
民間任意事業　等</td></tr>
<tr><td>最小敷地の制限</td><td colspan="2">・有効利用の困難な小規模敷地の制限</td><td>地区計画　等</td></tr>
<tr><td rowspan="5">建築物</td><td>敷地利用</td><td colspan="2">・容積率・建ぺい率の制限
・壁面位置指定（壁面後退によるセミパブリックスペースのオープンスペース化等歩行者空間の拡充）等</td><td rowspan="5">地区計画
景観計画・景観地区（景観法）
条例・協定　等</td></tr>
<tr><td>形態</td><td colspan="2">・建物高、軒高の設定</td></tr>
<tr><td>意匠</td><td colspan="2">・屋根形状・勾配の指定
・ファサードの誘導
・外壁の色彩・色調、素材等の指定
・商業施設に対する閉店後の意匠制限
（ショー・ウィンドウの設置等）等</td></tr>
<tr><td>用途</td><td colspan="2">・地区特性に応じた建物用途の規制誘導
・1階部分の用途規制　等</td></tr>
<tr><td>その他</td><td colspan="2">・既存建物の保存・修景（歴史的地区等）
・建物駐車場の出入口位置の制限　等</td></tr>
<tr><td rowspan="2">建築附属物</td><td>屋外広告物</td><td colspan="2">・形態、規模、素材及び色の制限
・取付け装置の規模、設置基準の設定</td><td rowspan="2">景観計画・景観地区（景観法）
条例・協定　等</td></tr>
<tr><td>日除け類</td><td colspan="2">・形態及び色の制限</td></tr>
<tr><td colspan="2" rowspan="3">沿道街区全体の一体整備</td><td rowspan="3">・基盤整備手法と上物施設整備手法（建物共同化、セットバック等）の一体的適用</td><td>基盤整備手法</td><td>土地区画整理事業
沿道区画整理型街路事業
沿道整備街路事業　等</td></tr>
<tr><td>上物整備手法</td><td>再開発系事業　等</td></tr>
<tr><td>民間誘導手法</td><td>各種助成・融資制度　等</td></tr>
<tr><td colspan="2">沿道景観の創出を重視した道路整備</td><td colspan="2">・地域の特性を活かした道路及び沿道街区の一体的景観形成</td><td>都市再生整備事業　等</td></tr>
</table>

4-5 道路空間の再構築

景観や歩行者への配慮から、現況幅員の中でも歩道や植栽帯を広げるなど道路空間を再構築することを積極的に検討することが必要である。

（1）道路空間の再構築の必要性

道路においては、自動車をはじめ、歩行者・自転車、公共交通の通行や、沿道利用者の駐停車等、様々に利用があるが、市街地の道路では自動車以上に歩行者に対する配慮が必要であり、景観への配慮、沿道環境の改善がより重要と考えられる場合が多い。

この場合、道路幅員を拡幅することが困難な場合は、例えば、都市全体での将来交通の需要や配分の見直しを経ること等により、当該道路の役割分担を見直した上で、車線数の削減を行い、その空間を歩道や植栽帯にあてるなど、道路空間を再配分して幅員の再構成を図る検討を積極的に行うことが必要である。

また、都市再生、観光地や中心市街地の活性化等の課題への対応等としては、賑わいを再生、創出することを目的に、街なかの公共空間である道路を市民が利活用する空間としても利用することが有効であり、積極的に取り組むことが求められる。

（2）道路空間を再構築する場合の考え方

道路ネットワークに求められる交通機能は絶えず見直す必要があり、その中で当該道路が担うべき機能も変化する。交通環境の変化により自動車交通量が低下する場合だけでなく、代替路線の整備によって、当該路線への交通負荷を軽減することが可能であれば、自動車の通行機能を削減し、アクセス機能や滞留機能等、他の機能に空間を振り分けることが可能になる。

例えば、歩道幅員の不足による歩行環境の悪化や無秩序な路上駐停車等がみられる路線における歩道の拡幅、停車帯の集約・廃止、自転車利用環境の拡充等、あるいはまた、公共交通の優先施策を採用する場合のトランジットモールの設置等が考えられる。

また、歩車道区分を基本的に廃して、自動車や自転車、歩行者が相互に配慮しながら道路空間を利用する考え方に基づく道路整備が、歩行環境を改善し交通事故を削減する対策として注目されている。

こうした見直しにより、安全で快適なゆとりある歩行空間や、植栽空間が確保され、当該道路に求められる機能に相応しい空間構成への再編が可能になるとともに、道路空間の利用方法が大きく変わることで、周辺のまちづくりにも大きな変化を与えることができる。

なお、現況幅員のなかでの再構築は、沿道利用への影響も大きい。道路空間の再構築とあわせて沿道の一体整備を行うことで、より良好な空間を創出できる。（道路と沿道の一体整備については４－４－４　p. 92参照）

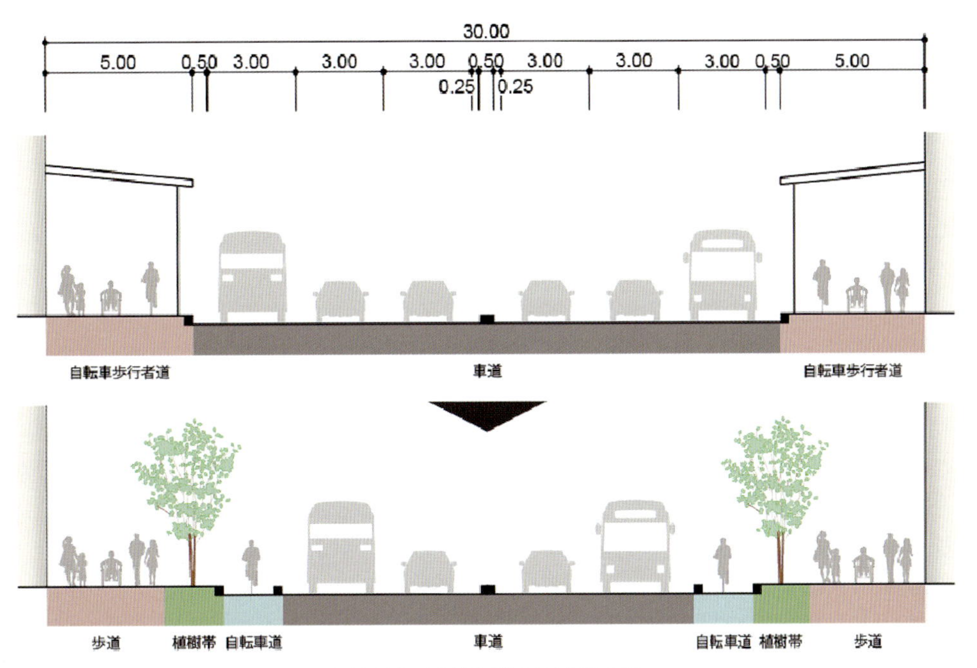

図4.5.1　道路空間の再構築の例

写真4.5.1　緩速車道の廃止により、ゆとりある歩道空間が確保された。

写真4.5.2　車道を2車線から1車線に縮小し、歩道を拡大した例。同時に無電柱化、歩道のフラット化、およびアーケードの撤去を実施して、沿道環境が改善した。

4-6 現道拡幅の際の考え方

現道拡幅の際には、街並みが大きく変化することが多いため、景観協議会等を通じて、関係者と連携をとりながら、良好な街並み景観形成を図ることが重要である。

（1）現道拡幅の特徴

良好な道路景観を目指すことに関しては、現道拡幅においても新設の場合と同様である。しかしながら、事業化のプロセスは計画時点の情報量や周辺環境により相違する。道路デザインの観点からみた現道拡幅の留意点を以下に示す。

・拡幅計画時は新設時と異なり沿道に居住者や事業者が存在しているため、拡幅後の景観について関係者が協議し、その目標像を共有することが重要である。
・拡幅後の道路景観に最も影響を与える重要な要素の一つは、新しくなる沿道の建築物のファサードである。現道拡幅を契機として、地区計画や建築協定あるいは景観協定などを締結することにより、良好な街並み形成を図ることができる。
・拡幅にあたっては、無電柱化を併せて検討することが重要である。
・保存すべき建造物が存在するときには、線形を工夫する必要がある。
・拡幅により環境施設帯を設置する場合には、道路景観改善の観点からの検討も必要である。

左側の旧道幅7.0mから右側に片側拡幅している途中。

手前側は全幅30mに拡幅された。

無電柱化と照明整備が行われた。

無電柱化で歩道がすっきりとしたが、舗装の明彩度が高すぎて落ち着きがない。

写真4.6.1　7m幅の区画街路を25～30mに拡幅し、電線類を通信ボックスに収納して無電柱化した。建築協定は結んでいないが、屋外広告物は自主的に排除している。

（2）地域の関係者との連携

市街地道路の拡幅においては、住民、地域のNPO、学識経験者等との連携が重要である。景観法では、行政と住民などが協働して取組む場としての景観協議会、地域の景観に関するルールである景観協定等の枠組みが定められている。また、景観法の枠組みによらない場合でも、建築協定や都市計画法に基づく地区計画等を用いることによって、沿道建造物などとの一体的な整備を働きかける必要がある。（道路と沿道の一体整備については4－4－4　p. 92参照）

4-7 他事業との連携

計画区域の近傍で、他の公共事業や民間事業が予定されている場合には、より良い地域景観や環境の創出に向けて、これらとの連携を図ることが望ましい。また、他事業との連携を進める上では、関係者間で目標とする地域景観像を共有する必要がある。

（1）他事業との連携による事業効果の向上

隣接地域や周辺地区で他の公共事業や民間事業が予定されている場合には、より良い地域環境の創出に向けて、これらとの事業調整、合併事業化などの連携を図ることが望ましい。

例えば、都市部における高架橋を建築物とあわせて整備することで、高架橋の存在感を低減して良好な街並み形成に資する、あるいは水辺や公園と一体的に整備してパークウェイのような快適な道路景観を創出する等、他の事業との連携によってはじめて実現可能な道路デザインも多い。

周辺で他の事業が予定されている場合には、これらとの協調・連携により、限られた財源と空間の中でより優れた地域環境を創出することを積極的に検討すべきである。

土地区画整理事業などの面的開発との連携による道路と沿道空間とが一体となった良好な都市空間の創出、沿道の民間事業者による公共貢献としての道路空間との一体的な整備、公民連携による道路と一体となったまちづくり等、沿道の街並み形成と一体となった道路空間の形成により、植栽などを伴う余裕ある歩道空間を創出して利活用を推進することで、まちの賑わいの再生、創出、自然環境が有する機能の増進につなげることが重要である。

また、境界部分などでの不連続を回避する上でも事業者間の調整は重要である。

なお他事業との連携は、事業者間の合意形成・調整に時間を要するため、構想・計画段階での対応が必要不可欠である。

写真4.7.1
土地区画整理事業などの面的開発との連携により、歩道と民地側の公開空地が一体的な空間となっている。

写真4.7.2
公民連携による道路と一体となったまちづくり

(a) 全体イメージ

(b) 路面高さ位置

(c) 提言による計画断面の変更

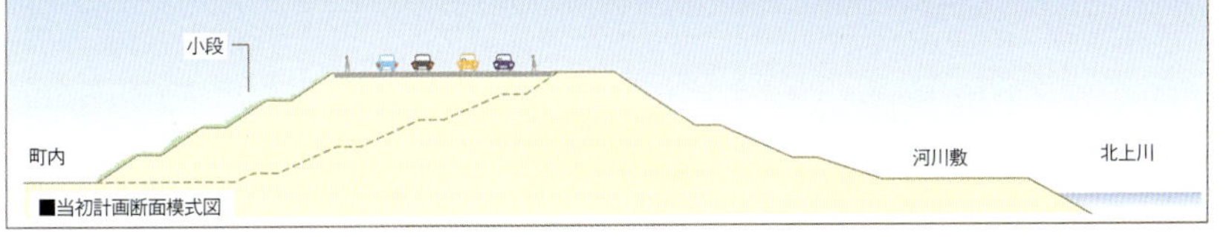

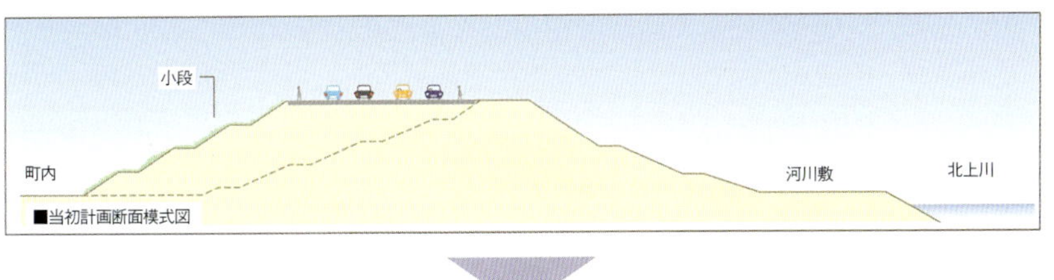

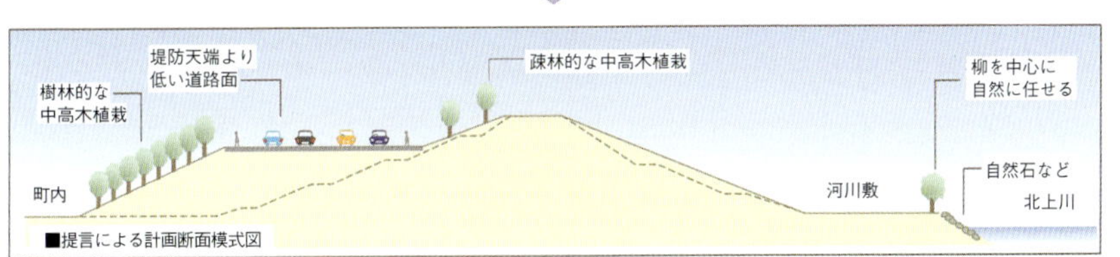

(d) 植栽計画　比較案

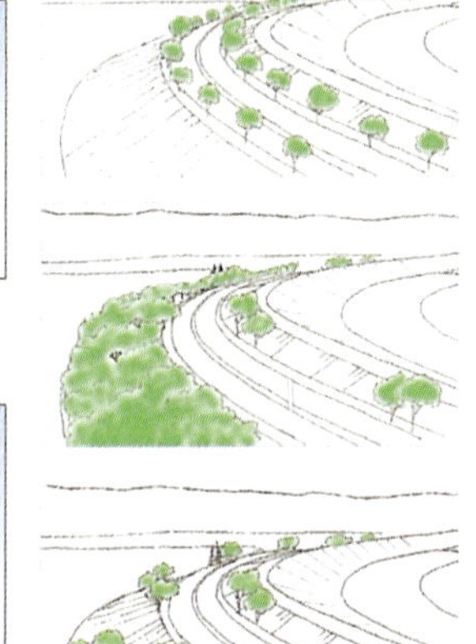

図4.7.1、写真4.7.3　近傍の遺跡への影響を回避するために都市計画変更を実施し、国道バイパスのルートを河川堤防へと導き合併施工としている。さらに、堤防を通る自動車のシルエットが目障りとならないように自動車が堤防上端より下におさまるように路面高を計画している。

(2) 目標像の共有化

それぞれ異なる事業目的をもった複数の事業主体が協調・連携して地域景観づくりを進めるには、整備時期のずれや担当者の交代によって生じやすい連携の乱れを抑えることが求められる。したがって他事業との連携を進める上では、関係者間で目標とする地域景観像を共有化することが重要である。

また、目標像の実現を確実なものとする上で、デザインガイドラインやデザインコードを定め、それを関係者が共有しておくことやデザインマネジメントを行うことは効果的である。

第5章

設計・施工時のデザイン

設計は道路の構造を詳細に決定し、
施工はそれを確定するものであり、
実際の形を決定する重要な段階である。
完成形を想定した設計・施工のみならず、
暫定供用を予定する道路や
施工時に対する配慮も重要である。
構想、計画段階から管理段階まで
一貫したデザイン方針に基づきつつも、
細部にも配慮し美しい道路の実現に
努力しなければならない。

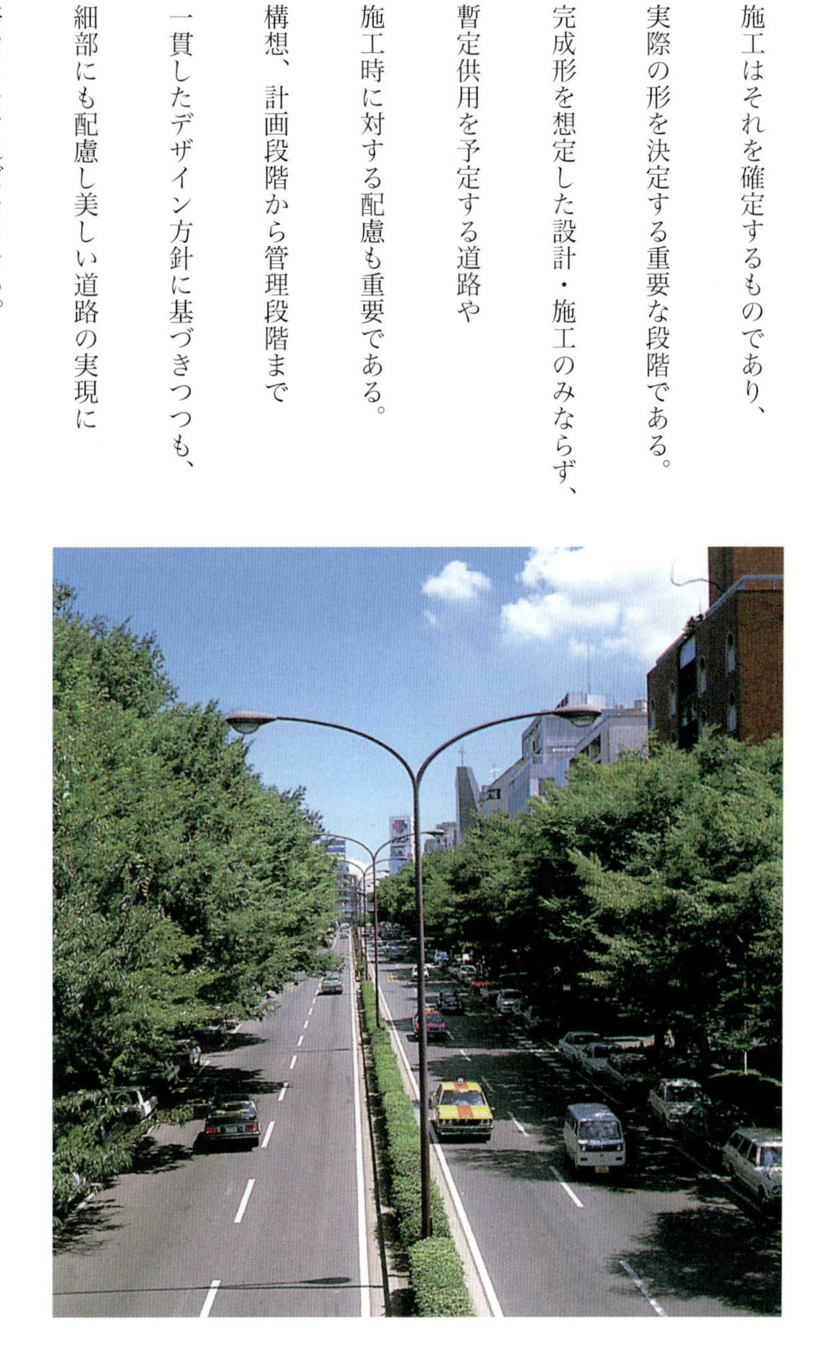

5-1 設計・施工にあたっての基本的な考え方

設計・施工時においては、構想・計画時から管理時までの考慮した一貫した考え方で道路デザインを進める。また、現場条件の変化への適切な対応や、施工時の仮設構造物による景観改変への配慮、管理時を考慮した対応も重要である。

(1) デザイン方針の継承

設計における道路デザイン方針は、構想・計画時におけるデザイン方針を基本的に継承するものとする。しかしながら、構想・計画から設計に至るまでの間に、地形・地質その他のより正確な計画条件が判明することが多いため、設計段階では、これらの変化に応じた微調整を行う必要がある。

施工段階においても、デザイン方針の継承を図るが、設計に万全を期しても、図面上で考える設計と、実寸で対応する現場とではどうしても齟齬が生じる。安易に設計変更をしてデザイン方針から逸脱してはならないが、図面に表しきれていない部分の詰めや、各部分を現場合わせによって美しくおさめる必要がある。同時に、自然の回復力を助けるような微調整も心掛ける。

つまり、常にフィードバックを忘れず、必要に応じて段階を遡って、その内容まで見直すべきである。

写真5.1.1　道路デザインの構想段階から、施工、管理段階に至るまで、デザイン方針が継承されている。その結果、都市の骨格道路に相応しい道路構成とそれに見合う効果的な並木植栽に覆われた、地域を代表する格調高く印象深い空間がつくられている。

写真5.1.2　休憩ポイントの空間の広がりを活用し、周囲の山並みとの調和を図った緩やかな築山（写真左側地面）は、設計者と施工者との度重なる現場検証によってつくられている。

(2) 地域の自然・歴史・文化に対する配慮

地域の自然・歴史・文化に対する配慮は、構想・計画時に組込まれているが、設計・施工の段階で、さらに詳細な配慮を加える必要がある。特に道路に係る樹林などの自然や一里塚などの歴史的遺構、さらに歴史的な空間構造などの保全・活用は、道路自体をアピールする意味でも重要である。また、地域にあって特徴的な自然素材の活用は、経年的な価値付加、環境保全の面からも検討が求められる。

（3）総体的な道路デザイン

設計・施工時の現在の一般的な進め方は、道路を区間や構造物などの部分に分けて、それぞれを専門分野で扱う。ただし、こうした設計・施工時の部分のみに目を向けることは、常に相互関係を問題とする道路デザインの本意に反する。そのため道路の各部分の検討は、それらの部分の総体として道路があることを念頭におき、相互が一体感をもつものとして調和することを確認しながら進める必要がある。

また、沿道を含めた道路空間が互いにその特徴を強調しながらも、一体の調和したものとして捉えられるような道路デザインを心がけなくてはならない。

（4）管理段階を考慮した対応

設計・施工の段階で、管理段階を考慮することが重要である。管理の基本的考え方（維持管理については6－1、p.176参照）に則ったうえで、予算等の制約を踏まえた管理水準や維持管理の作業等を考慮した設計・施工を行うことは、良好な道路景観を維持するためにも重要である。

ただし、特別な景観的配慮が必要な地域（1－3（4）p.43参照）では、特に質の高い景観への配慮が求められるなど、地域の特性に応じて、地域とも連携しながら対応することが必要である。

（5）仮設構造物

工事用道路や作業ヤード等、施工時における仮設構造物についても、本設構造物と同等に周辺景観の改変やそれ自体の見え方に留意する必要がある。（仮設構造物については5－14 p.169参照）

5-2 土工設計

5-2-1 設計開始にあたっての留意事項

> 土工設計において、のり面自体のデザインを検討する前に、線形の微調整等によりのり面の回避・縮小や、既存樹林の保全、表土の活用等の検討を加える必要がある。

（1）のり面の回避・縮小

道路と地形との間に生じるギャップを土工的に処理すると、のり面が発生する。のり面は景観的に問題が大きいため、のり面の発生を抑える検討は路線計画などの上位の段階で行われる。しかし、設計段階においても、地形測量などを踏まえて詳細な検討をしなければならない。特に山間地域では、地上測量の結果が写真測量時に想定された地盤高と大幅に変わる場所も出てくることが多い。そのため、線形あるいは道路構造を変更し、のり面の回避・縮小を図るといった再検討が必要となる場合がある。

なお、のり面に代替する構造として、トンネル等や橋梁等、また擁壁・腰石積み等がある。（構造の代替については4－3－4　p. 85、5－2－3　p. 112参照）

写真5. 2. 1　道路を高架構造にして山肌に沿わせた線形とすることで切盛土の出現をほとんどなくし、自然景観の改変を回避している。

（2）既存樹林・樹木の現況保全

造成によって出現するのり面などでは、安定した植生が定着し自然が回復するまでには時間がかかる。その意味で、土工設計にあたっては、詳細に地形との取合いを検討し、地域的に既に安定している植生ないし樹木などを保全することを考えておく必要がある。

なお、樹木等の保全は、施工段階で現場の状況に合わせて積極的に対応する必要がある。（既存樹林・樹木の現況保全については5－11－4　p. 161参照）

写真5. 2. 2　景観検討を行って、昔からの著名な地場産業であるスギの植林を路傍や分離帯に残す道路線形とした結果、歴史性のある地域の特徴的な景観が内部景観に取り込まれている。

(3) 移植

造成によって伐採される樹木についても、それまでに生育してきた時間的な蓄積は貴重であり、景観的効果が大きいについては移植活用を考える。また大径木でなくとも、資源保全の意味合いから、移植などを考えておくことが望ましい。(移植については5-11-4　p.161参照)

(4) 表土の活用

自ら自然の回復を図り安定的な植生生育の源となる表土については、その活用を検討しなくてはならない。(表土の活用については5-11-4　p.162参照)

5-2-2 のり面に対するアースデザイン

のり面が発生する箇所では、ラウンディング、元谷造成、グレーディング等のアースデザインの手法を用いて、自然地形とのスムーズな連続性を確保することが望ましい。

(1) アースデザインの意義

のり面のデザイン検討にあたっては、のり面と自然地形とのスムーズな連続性を確保することが特に重要である。アースデザインは、そのための造成手法であり、のり面の侵食防止の効果があるほか、自生種の進入を促し、自然復元が短期間でなされる可能性を高める。

土工構造であるのり面は本来自然に還るものでなければならない。その意味で、のり面は地形に馴染む形態をとり、植生に覆われ、最終的に自然が回復して地域の景観・環境のなかに埋没していくように整備する必要がある。

自然の不整形な変化に富む地形と、幾何学的で平坦に造成される人工ののり面との間には必ず違和感が生じて、自然回帰の障害となる。平面的には等高線との間に、また、横断的には地形勾配との間に折れが入るところに、さらには、のり面表面の幾何学的な整形面が自然の中に出現するところにその要因がある。のり面と地形との間に生じる折れをなくして、地形とのり面のスムーズな連続性を確保し、のり面形態を自然に近づけるのがアースデザインの目的である。

(2) アースデザインの手法

アースデザインにはラウンディング、元谷造成、グレーディング等の手法がある。これらは、設計段階で主に検討する事項であるが、アースデザインは道路敷地の画定に関わるため、構想・計画時において、概略検討を行っておくことが必要である。設計・施工時には、経費等を含めた総合的な検討を十分に行う。なお、必要に応じて道路の計画区域の変更や拡大も視野に入れておくべきである。

のり面に対するアースデザインの各手法は、基準で示される土工定規よりのり面を緩く造成することにより、植生の定着が期待でき、のり面の安定に大きな効果を発揮する。土構造であるのり面は自然植生の進入によって、のり面の自然復元が短期間になされる可能性が高くなる。この点でのり面の緩傾斜造成は効果的であり、結果的に地域の環境・景観が保全される。さらに景観的にみても、一般に緩いのり面は見る人にとって美しく、心地よいと感じられることが知られている。

重要なことは、切土に対するアースデザインは、ラウンディングをはじめとして、現場の状況に応じて適切に対応することである。滑らかに造成しようとするあまり、岩を削ったり、既存樹木を伐採する必要は必ずしもなく、むしろ凹凸をつけたラフな造成が効果を発揮する場合が多い。

その他、両切土構造で、低い地形の側の切土のり面がごく低く、小山状の地形が残って、眺望を阻害する場合がある。そうした時には、小山状の切土を切り飛ばすことが望まれる。これもアースデザインの一つである。また、道路の横断方向の谷地形が、道路の盛土によって窪地状に取り残されることがある。そうした時には、土地所有者との協議のもとで窪地を埋め立てることなどが排水処理上も望ましく、アースデザインとしては、埋立の表面を地形に馴染むものとする工夫が必要となる。

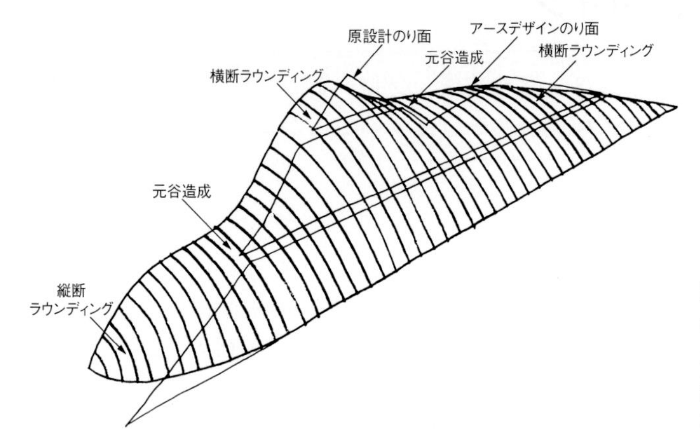

図5.2.1　切土のり面のアースデザイン。切土のり面を地形に馴染ませるために、縦断ラウンディングと横断ラウンディングを駆使し、元谷造成を加える。これらは個別のものではなく、相互に連続する一連の造成である。

(3) ラウンディング

ラウンディングは、土工定規で定められたのり面を、現地盤になだらかに擦りつけるために行う丸みづけ造成である。

切土のラウンディングには、のり面前後の端部を原地盤に擦りつける縦断（等高線）ラウンディングと、法肩に対する横断ラウンディングとがある。その造成は、経験的には、

・法肩から20mまでの背後地形の範囲での縦横断ラウンディング

・法肩からのり面高の1/2までののり面範囲での横断ラウンディング

を検討する。なお、ラウンディング造成の範囲は広くなっても、造成土量の増加は僅かなものである。

ラウンディングはすべての切土のり面に有効であるとは限らず、おおらかな地形の中の大規模な切土に中途半端なラウンディングを加えるなどしても、かえって地形秩序を混乱させることがあるため、効果的なラウンディングを行う必要がある。例えば、のり面と地形相互の連続性が保たれている場合には必要ない。また、不連続性が強過ぎる場合にもラウンディングの規模が大きくなる上に、その効果が発揮されにくい。

おおよその目安として、

・のり尻線と等高線との交角が45°～90°の切土のり面での縦断ラウンディング

・のり面と地形交角が30°～60°の切土のり面での横断ラウンディング

が効果的であると考えられている。

また、横断ラウンディングは2～3段以下の切土のり面で考えるとされている。このような目安を念頭におき、地形の変化や植生の状況を勘案してラウンディングを検討する必要がある。当然、交角が目安以下である場合には地形との連続性が確保されているため、ラウンディングは基本的には不必要である。しかし、交角が目安以上で、段数が多い場合には、地形規模の大小に関わらず、大胆にラウンディングを行うことによって、大きな効果が得られる場合がある。景観的に重要な地域では、そうした検討も望まれる。

また、ラウンディングは既存の樹林の伐採を必要とする場合がほとんどであり、ある期間緑を失うという問題があるため、ラウンディング効果との比較を行い、総合的な観点から検討する必要がある。また、市街地では、沿道に及ぼす影響も大きく、景観的にもかえって不調和となるため、ラウンディングは原則として考えない。

なお、ラウンディングとは通常、切土のり面に適用する時をいうが、盛土のり面でも実質的に行われている。

盛土のラウンディングは、グレーディングされたのり面を地形に馴染ませるために加えられる。こうした盛土のラウンディングを行う目安については、定説はないが、地形に倣うことが肝要である。

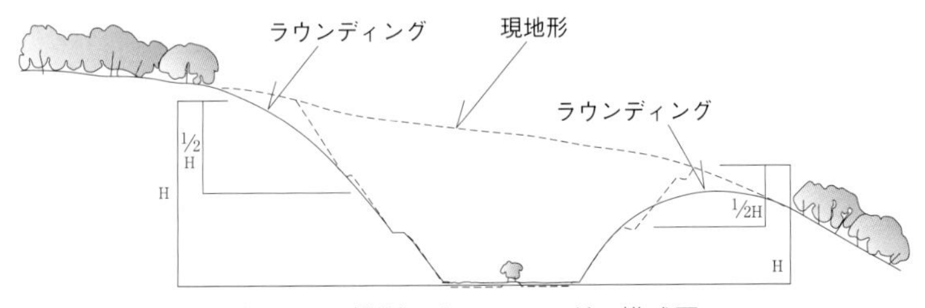

図5.2.2　横断ラウンディングの模式図

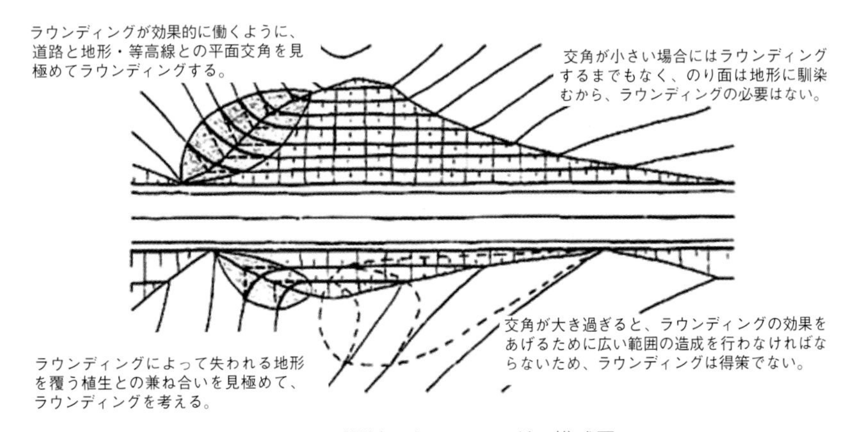

図5.2.3　縦断ラウンディングの模式図

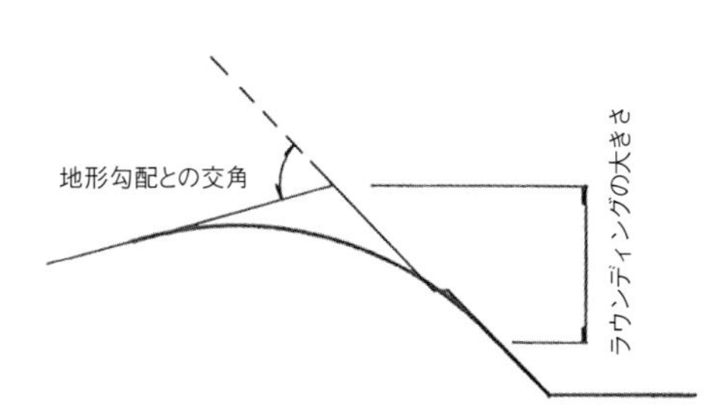

図5.2.4　横断ラウンディングの交角の説明図

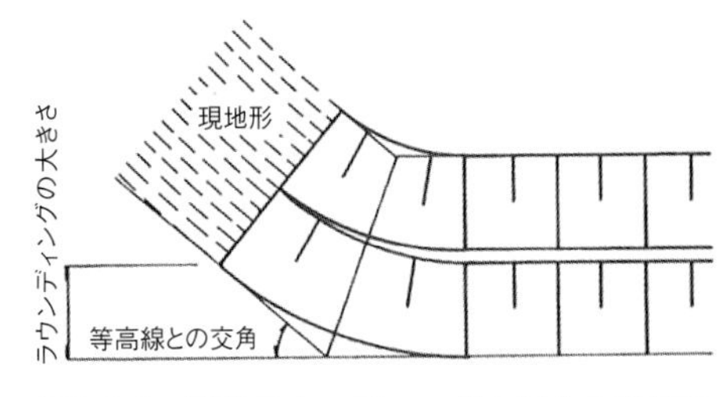

図5.2.5　縦断ラウンディングの交角の説明図

写真5.2.3　地形によっては、のり面にわずかにラウンディングをすることによって、元々この形の山があったように見せることができる。

当初

現在

写真5.2.4　連続する小規模な片切りののり面では、環境復元及び景観保全の意味で、ラウンディングの効果が極めて高い。

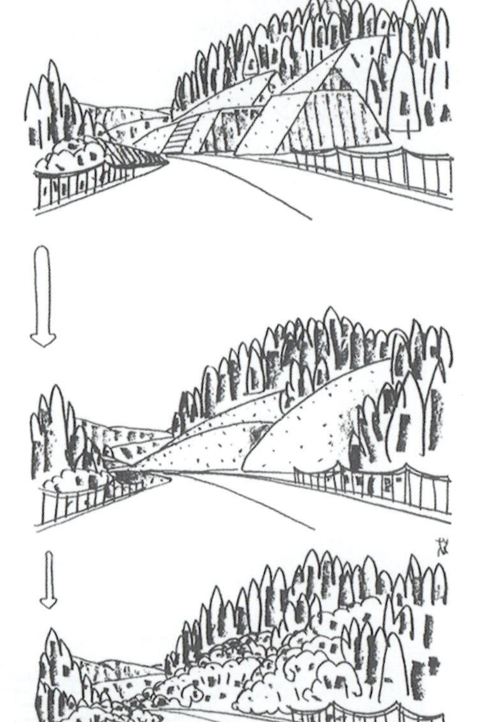

図5.2.6　ラウンディングしたのり面の経年変化イメージ図

写真5.2.5　尾根の切り通しを大胆にラウンディングしたことにより、現在では自然地形のように馴染んでみえる。

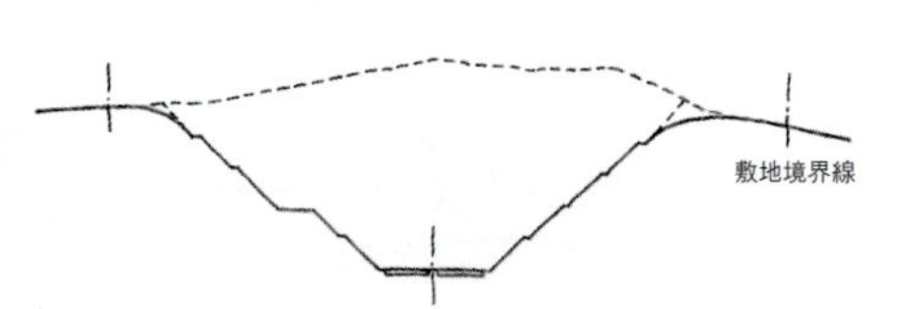

図5.2.7　写真5.2.5の写真箇所の断面図

（4）元谷（もとたに）造成

元谷造成は、一つののり面を分割して不自然な印象ののり面の表面形態を改善する造成手法である。もともとの地形の印象を保全することが景観上重要であることから、のり面の検討にあたっては、元谷造成の適用を検討する。

のり面の端部におけるラウンディングを行っても、のり面の勾配が一定である部分に自然地形との違和感が残る。自然の地形は一様でなく変化に富んでいる。そのため、平滑なのり面に変化をもたせ、違和感を少なくする必要がある。そのための方法として、元々の谷地形がのり面の背後に残る箇所において行われる元谷造成がある。

元谷造成は地形の谷線にあたる切土のり面の部分の造成勾配を緩くするもので、それに加えて自然地形に倣ってのり面勾配を変化させるラウンディングを行って地形に擦りつける。これによって、一つののり面が分割され、もともとそこにあったかのような地形が出現する。人工的なのり面表面形態の景観的な問題を解消することができると同時に、谷地形を復活するようになるため、自然の地形秩序が継承されることができる。

それと同時に、谷線にそって集約される雨水によるのり面のエロージョン（浸食）を回避する対策としても有効に働く。

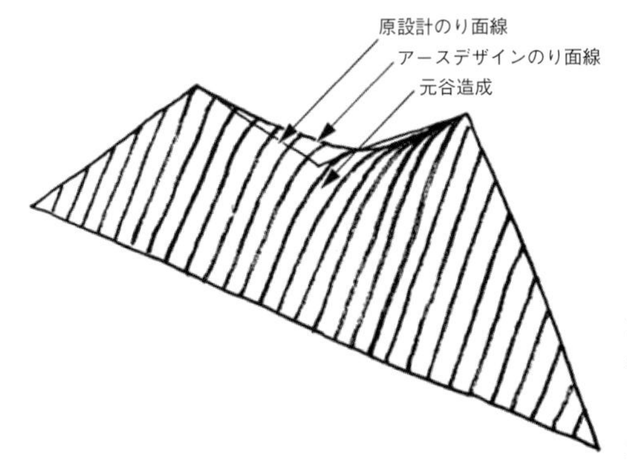

図5.2.8
元谷造成の模式図。法肩の線が凹地型を呈するようなのり面の背後には谷地形が控えている。その谷地形に擦りつけるように、ラウンディングを伴ってグレーディングする元谷造成を行い、谷地形の記憶をとどめて、平坦なのり面に変化を与える。

（5）ラウンディングの代替手法

切土のり面に加えるラウンディング等はその効果が大きいが、容易な手法で代替も考える必要がある。例えば「天倒し」や「隅落し」等の手法は、造成が容易であるため、有効である。今後、他の手法についても開発が望まれる。

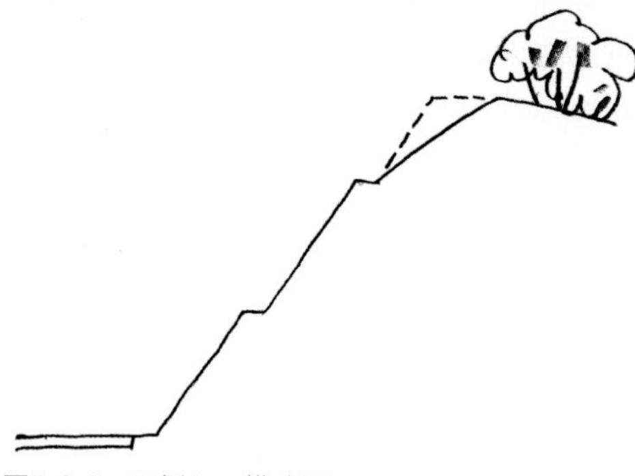

図5.2.9　天倒しの模式図
のり面勾配と山の斜面の勾配に大きな差がある時に、その乖離を緩和すべく、最上段の切土のり面勾配をそれらの中間に設定して造成する手法である。

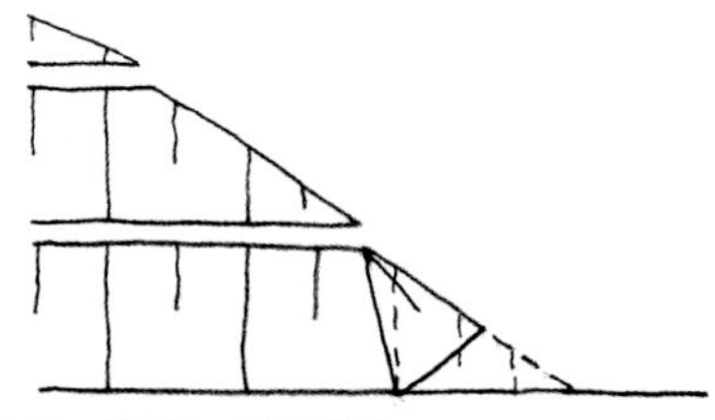

図5.2.10　隅落しの模式図
走行景観的に目立つ最下段の切土のり面の端部を切落とすもので、そのことでのり面端部に生じる平坦地に築山を設け、植栽を加えることで更なる効果が得られる。

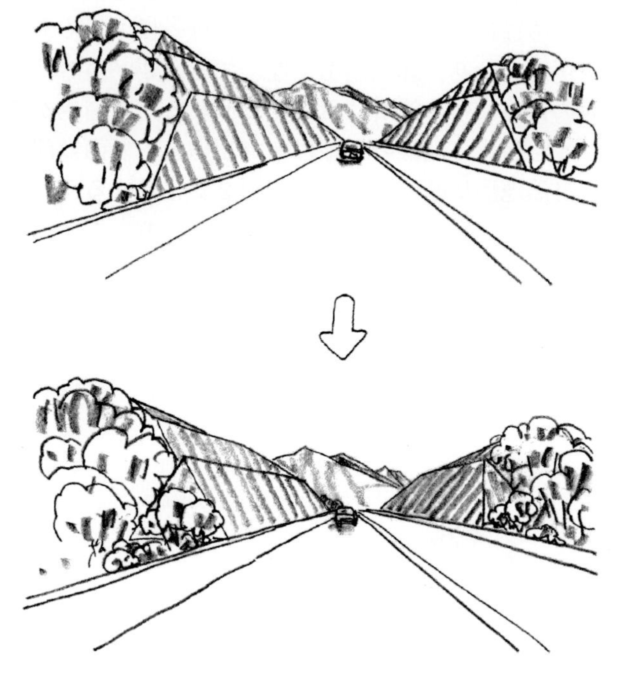

図5.2.11　天倒し・隅落しのイメージ図

（6）グレーディング

一般的にのり面勾配は自然地形よりきつく、地形とのり面との接点が折れ曲がってスムーズに連続しないために環境的ないしは景観的な問題が生じる。グレーディングは、このような問題を解消する手法であり、標準横断で示される土工定規によって定めるのり面勾配より緩く造成するものである。

一様な勾配でグレーディングを行っても、盛土のり面の幾何学的な造成は自然景観のなかで違和感がある。その違和感を解消して、地形との連続性をもたせるために、地形に倣ってのり面勾配を自在に変化させたグレーディングが効果的である。また、ラウンディングを伴ったグレーディングは、地形との連続性をさらにスムーズなものとする。こうしたインターチェンジなどで行われるラウンディングを伴ったグレーディングを、通常、単にグレーディングといっている。のり面が緩くなることで、植栽も自在になされるため、その景観効果にも期待できる。

同時に、自生種の進入も容易となり、植生が安定し、動物の生息環境としても好ましいものとなるため、自然環境の保全が図られる意味でも重要である。また、このグレーディングによって、のり面の安定性が向上する。

なお、耕作地では1/10以下の極めて緩い造成整備を大規模に行い、造成空間を土地所有者に戻すことで、地域の土地利用の復元も図られる。また、道路における区間・位置、周辺環境を勘案し、大規模なグレーディングのり面を園地空間として活用することも考えられる。

写真5.2.6
人工的な盛土のり面をグレーディングと植生工によって周辺の自然環境に馴染ませている。

写真5.2.7
切土のり面を地形と馴染む緩やかな勾配で造成（グレーディング）し、自生種が進入しやすく、速やかな環境復元がなされ、地域景観との調和を図っている。

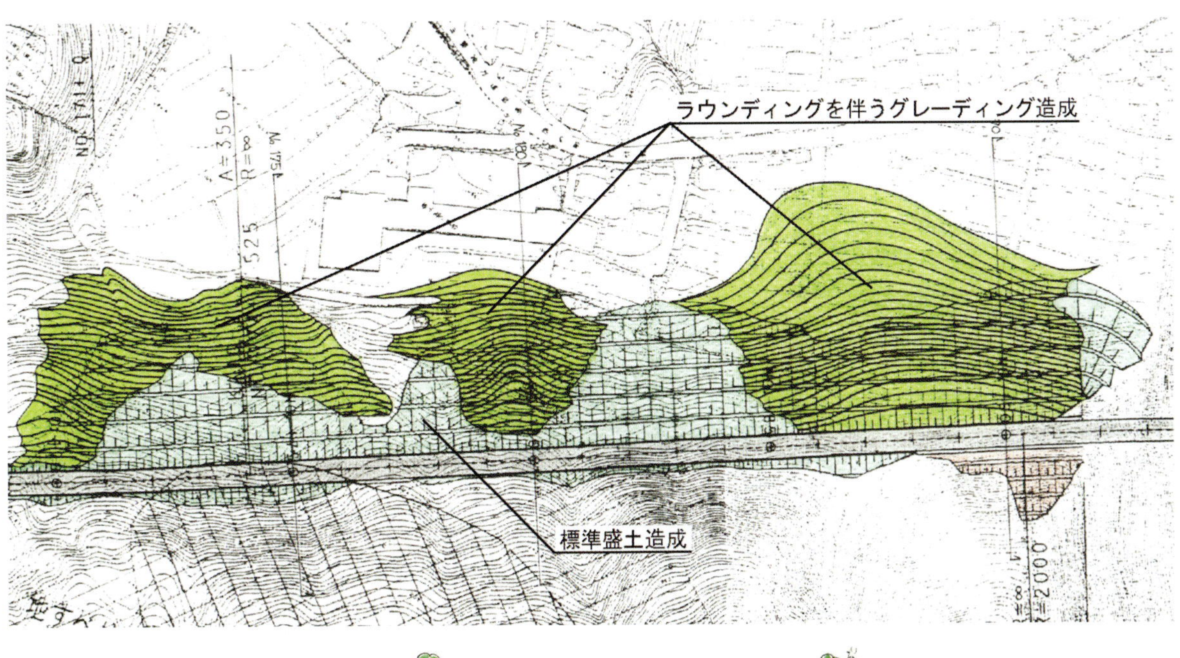

標準案

造成検討案

将来予測景観

図5.2.12　通常の一定勾配で計画される盛土のり面に、ラウンディングを伴うグレーディングにより、道路の背後に控える山の地形に合わせた起伏をつけて、のり面を周辺の自然景観に馴染ませている。

5-2-3 擁壁・腰石積み

> のり面に代替する擁壁・腰石積みは、道路構造物から受ける圧迫感や周囲の景観との違和感を避けるため、シンプルな形態、調和する材質にするとともに、植栽や表面処理等により、目立たないものにすることが重要である。

(1) 擁壁・腰石積みの効果

のり面に代替する構造物に擁壁や腰石積み（ブロック積みを含む）がある。環境の大きな攪乱を抑止する意味で、のり長の長い盛土のり面、特に道路横断方向に地形が下り勾配である場合においては、のり面を極端に圧縮することができるため、地形とその基盤に展開する生物相を保全するには極めて有効な方法である。また、大規模な造成を回避できるため、住宅地域などにおける宅地保存と地域景観の保全効果が見込める。

しかし、擁壁や腰石積み部には将来的に自然が回復することがないため、その設置には十分な検討が必要である。

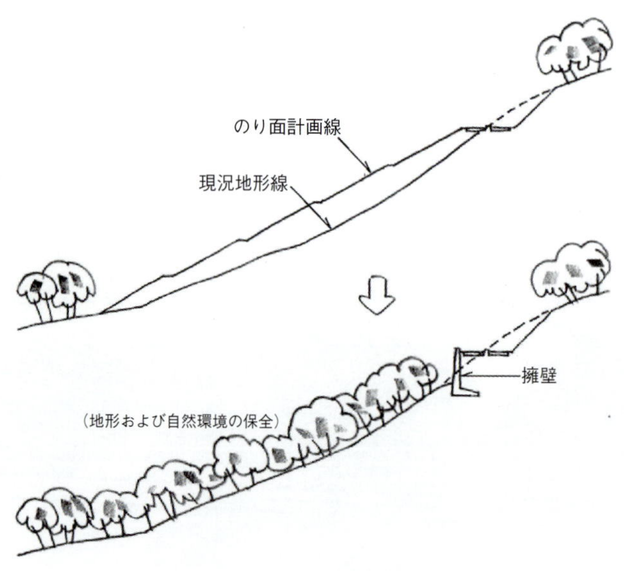

図5.2.13　擁壁の効果模式図

(2) 擁壁・腰石積みのデザイン上の留意点

道路構造物である擁壁や腰石積みは、自然環境のなかにあって、景観的な調和が問題となる。基本的に、シンプルで目立たないものとする必要がある。

そのため形については、擁壁の天端のラインを通すことが効果的である。盛土のり面の擁壁などでは天端ラインを通すことは容易であるが、切土でも全面的な擁壁による代替を考えずに、のり面を伴うものとすればそれは可能である。

素材としては、自然石の活用なども積極的に考えることが望ましい。自然石には野面石から雑割石、割石、切り石などの加工の度合い、また色合いや節理などによってそれぞれに特徴があり、立地環境に相応しい積み方を採用することが望ましい。通常、石積は練石積とするが、石材の自然らしさが生きるのは空石積であり、技術や安全面を考慮しながら、状況によっては積極的に選択したい。

コンクリート擁壁の表面処理などについては、雨だれの汚れが目立ちにくい縦スリットを基本とした陰影を付与することや、表面の輝度を下げるためのチッピングなどの工夫が必要である。あくまでもコンクリート素材に合った処理を行い、違和感のある擬似的な対応は排除すべきで、化粧型枠によって石や木に擬することは回避し、絵やレリーフで飾ったりしないことが肝要である。

なお、補強土壁や大型ブロック積擁壁についても、それ自体が目立たないように工夫することが重要であり、表面処理についてはコンクリート擁壁と同様である。また、擁壁・腰石積みに代替する補強土工については、規模の大きい急傾斜の緑化は不自然であるため、対応を間違えないようにする必要がある。

擁壁・腰石積みの前面に植栽することは効果的であり、擁壁などが見え隠れする程度でも十分な効果が得られる。

ただし、切土に代替する擁壁・腰石積みに対する植栽については、十分な植栽基盤を確保しておかなければ良好に生育できず効果が得られない。

写真5.2.8
長大な盛土のり面の出現を避けてブロック積み構造を採用し、自然環境の改変を軽減している。また、単純なブロック積みを用いることで目立たないように配慮されている。

写真5.2.9
壁面に縦スリットの凹凸を与えることにより、施工直後の壁面の輝度を軽減するほか、水抜き穴からの雨だれをコントロールしている

5-2-4 のり面の表面処理

のり面の表面は自然の遷移によって安定するものであり、環境保全を勘案しながら地域景観と馴染ませることが重要である。のり面の表面処理は、自然復元が図られるように、地域の自然がのり面に回復する可能性の高いのり面緑化を行う必要がある。

(1) 切土のり面緑化

切土のり面は早期に緑化して、表層のエロージョンを防止する必要があり、そのために植生工を実施する。しかし、のり面緑化には自然環境の保全や修景の効果が期待されており、特に自然地域では、最終的に自生してくる在来種によって緑化されることが望ましい。そのためには、まず植生工の定着が容易なように、のり面の表面を粗く造成することが有効であり、在来種の自生・進入が容易になされるような薄播きなどの植生工の採用が必要であり、木本種も加えた郷土種による植生工の採用が望ましい。

なお、植生工の定着が困難な基盤における安易な緑化は、将来における衰退が予測されるため、回避する必要がある。植生工が確実に定着し、将来の望ましい推移の可能性も十分に見込める植生工を検討する。

(2) 盛土のり面の処理

地球の温暖化に対するCO 2の削減、自然の多様性が重視されるようになり、その対応策であると同時に景観的にも好ましいのり面の樹林化が図られている。盛土のり面には成木植栽も可能であるが、緑化の将来的な成果に期待すると、成木植栽は当面の効果をねらう程度に行い、立地環境に馴染み易い苗木植栽を主にした樹林化を行うことが望ましい。将来的には、苗木植栽が生育し、その間に自生種の進入もあって、樹林化が完成する。

自然地域での自然復元を基本とするのり面では、造成立地の既存木を移植したり、表土を活用した自然復元が効果的であり、地域に自生する種による適当なランダム植栽が原則となる。ただし、人為的な環境傾向の強い地域では、地域に親しまれてきた植栽種などを用いた植栽が効果的である。

写真5.2.10 自生種による盛土のり面の全面的な緑化によって周辺の自然環境に馴染んだ復元がなされている。

写真5.2.11 写真左側の盛土のり面に貼りつけた表土から、地域の自然植生が見事に回復している。

(3) 切土の植栽対応

切土のり面の成木植栽は、緑化基盤が植栽にとっては劣悪であるため、正常な生育、安定は困難で、植生工による緑化が望ましい。また、植栽に限らず、のり面緑化のために客土や施肥を行うことがあるが、造成基盤との土質の相違が大きく将来的な安定の妨げとなる場合が多いので注意を要する。

(4) のり面保護工

一般に盛土のり面に比べて、勾配が急になる切土のり面において風化による表層部の剥落が危惧される場合は、のり面をネットで覆うような手段を講じる必要が生じる。ただし、その保護工が目立つことや、将来的に自生植生の生育を阻害することは避けるべきであり、目標とする植物群落へ近づけるための管理段階の手当てを含めた検討が必要である。

盛土のり面を補強土工に換えることがあるが、壁面材を利用した長大な急傾斜の緑化は不自然であるため、通常の土工のり面に腰石積などを併用する方が自然である。

また、のり面安定の対策として、モルタル・コンクリート処理がある。自然復元を前提とする場合、のり面の全面的な吹付は論外であるが、最低必要限度のコンクリート処理等は必要になってくる。そのような時でも、例えばフレームの縦枠に比べて横枠の存在感を弱めるような造形的配慮が重要である。また、間詰めの緑化も確実に行う必要がある。

写真5.2.12　横フレームの印象を弱くすることにより、コンクリートのり面の視覚的印象に秩序を与えている。

5-3 橋梁・高架橋の設計

5-3-1 設計の基本的考え方

> 橋梁・高架橋の設計にあたっては、まずそのもの自体の美しさに配慮することが重要である。また、周辺景観の中でのおさまりを十分に検討する必要があり、原則として周辺景観に溶け込むデザインとすることが望ましい。

（1）橋梁・高架橋の自体の美しさ

橋梁・高架橋は、一般にその求められる機能や構造からヒューマンスケールを超えた目立つ存在となるため、その姿は美しくデザインされる必要がある。なかでも橋梁は、水上といった特異な環境に置かれることや、単独で独立した存在として認識されやすいことなどから、それ自体の美しさが強く求められる。

道路デザインとしては、橋梁・高架橋は道路の内部景観としての検討とともに、地域景観に対する影響が大きいため、外部景観としての十分な検討が必要である。

（2）周辺景観のなかの橋梁・高架橋

それ自体が単独で独立した存在としての形が認識されやすいとはいっても、その形はあくまでも周辺景観のなかでの見え方として捉えられる。すなわち、橋梁・高架橋は、周辺景観のなかにうまくおさめるようにデザインする。そのためには、橋梁・高架橋の基本的な形（橋梁形式）を選定する道路計画段階（路線計画時）及び予備設計段階が、最も重要な段階といえる。そこで検討された基本的な考え方は、一貫して継続すべきデザインの根幹であるため、これを構造物設計に明確に引き継ぐためにも、報告書のみならず一般図等の図面にその考えを明示することが必要である。

（3）特別な形態配慮が求められる橋梁・高架橋

地域のゲート的な役割を担ったり、ランドマークにしたいといった要請が強い橋梁等、特別な形態配慮が求められる橋梁に対しては、地域住民や利用者等からの要請を把握するとともに、専門家による十分な検討を行うなど、慎重な対応が必要である。（検討体制については、7－1－2　p. 184参照）

特別な形態配慮が求められる場合には、構造を造形の出発点とし、構造の形そのものに美的表現力をもたせようという立場に立脚する構造デザインの考え方に依ることが望まれる。なお、技巧をこらして視覚的に表現して見る人の感覚を刺激しようとする構造表現主義等と呼ばれる欧州等でみられる新分野のデザインが注目されているが、高度な技術とセンスを有する限られた人材、架橋環境、工期などの条件がそろってはじめて実現が可能となるため、無闇にこれを真似るべきではない。しかし、その必要性を慎重に検討した上で、これを実践するに相応しい環境が整った場合は、橋梁技術を発展させる意味合いからも、専門家による十分な検討等を踏まえて、積極的に挑戦することは重要である。ただし、目立ちたい一心から具象的な形を巨大化させること等は論外である。

写真5.3.1
アーチ橋を採用したことにより、自然の改変が抑えられる。また、美しいスパンドレルアーチ形式の採用により、豊かな自然景観との調和と海峡部の適度なゲート性の表現が両立されている。

5-3-2 形式選定と本体設計

橋梁形式の選定にあたっては、各形式の特徴と支間割りなどのプロポーションに配慮し、周辺景観との視覚的関係を含めた総合的な評価を行う必要がある。また、本体の設計においては、機能的・構造的必然性を重視し、過度な装飾を避けたシンプルなデザインとすることが望ましい。

(1) 橋梁・高架橋形式の選定

橋梁の外観はその構造によって概ね6つに大別され、それぞれ以下の特徴がある。橋梁形式の選定にあたっては、それぞれの形式が有する形態的特徴、架橋地点の地形や景観、経済性などを総合的に検討して行う。

なお、高架橋は、形式的には桁橋が連続する形態をとることが多いため、桁橋の特徴を参考に考えることができる。

- 桁橋：最もシンプルな形態で存在感などの調整が容易な形式である。水平方向に延びるラインで、穏やかな自然景観や雑然とした都市景観のなかに、適度な存在感で融和させることが可能である。さらに橋脚等を秩序正しく配置することで、控え目で正調な景観創出が可能となる。
- ラーメン橋：比較的広い谷地部を跨ぐ場所に採用例の多い高橋脚・長大支間のラーメン橋は、ダイナミックな機能美が特徴であるが、景観上は存在感を抑える努力が望まれる。また、方杖ラーメン橋は一般に深い谷地部によく似合う。
- トラス橋：山間地域等でその存在感を消去させたい場合などには、その透過性の良さから有効な橋梁形式である。下路式の場合の内部景観は部材数の多さから、煩雑な印象を与え易いことに注意を要する。
- アーチ橋：アーチの形状は一般に美しく、昔から人々に好まれてきた。上・中路アーチは深い谷地形と一体となり力強く安定して見える。下路アーチはタイ部材の存在によりアーチ形態が単独で安定して見え、河川や湖等の景観によく似合う。

・斜　　張　　橋：一般に起伏のない広大な河川や平地景観に似合う。塔の垂直線と斜めケーブルの直線的でスレンダーな形状から都会的でシャープな印象を与える。

・吊　　　　　橋：海峡部などの長大な支間に用いられ、吊りケーブルの曲線が柔らかく優美な印象であるが、ケーブルを支える巨大なアンカレッジの存在感の調整が景観上の課題となる。

また、エクストラドーズド橋やフィンバック橋など、PCケーブルの偏心量を大きくとり構造効率を高めた形式が増えてきたため、偏心ケーブル構造橋も以下で触れる。

・偏心ケーブル構造橋：構造的特徴から、桁は薄くできるものの、存在感のあるタワーや斜版の存在感が突出するため、道路内・外部景観の検討が必要である。車両の衝突、ケーブルや定着部の耐久性にも注意を要する。

写真5.3.2
深い渓谷に似合う方杖ラーメン橋。上路アーチ橋と同様に、視覚的な安定感がある。河川内に橋脚が立たないため、自然改変の印象が薄い。方杖部の下部工施工で極力地形や自然を改変しないように配慮する必要がある。

写真5.3.3
山岳部の豊かな自然景観を重視したい場合などに、控え目な存在感とすることが可能なトラス橋。桁橋等に比べて細い部材により透過性があるので、色彩を選べば存在感を弱められる。

写真5.3.4
谷地部に似合う上路アーチ橋。深い谷地部に力学的に明快で材料ミニマムの、美しい構造美を表している。1点の橋の美しいフォルムがアクセントとなって、豊かな自然景観を更に印象深く見せる好例。

写真5.3.5
起伏のない広大な河川景観にあって印象的な幾何学形態の斜張橋。人は簡素でまとまりのある形に対して良い印象を抱く。都市的でシャープな印象だが、煩雑な都市景観の中では往々にして景観を乱すので、選択時には注意を要する。

写真5.3.6
その長大な適用支間から海岸地域などに用いられるため、その全貌が眺められる吊橋。構造と経済性の理由から基本的な側面シルエットはほぼ固定されるが、タワーの形態はデザインの余地が高い。一般に、ケーブルを支えるマッシブなアンカレッジが景観上の課題となるが、ここでは形状を三角形にデザインすることで力学的役割を表現するとともに、威圧感を減じている。

（2）橋梁の本体設計

橋梁等の土木構造物の設計は、機能的・構造的な必然性を重んじ、過度な装飾を避け、シンプルでわかりやすい形を目指すことが重要である。なお、構造的に無理のある極端に斜めに架ける橋梁や縦・横断勾配の急な橋梁計画は、景観的にも美しくおさめることは困難なため、線形計画の段階で避けることが望ましい。

橋梁本体のデザインに際しては、下記の点に留意する。

①力学的合理性のある部材形状・配置

一般に、構造的に無駄がなく、力の流れを明快に読み取れるように部材を造形、配置した設計が工学的に美しい。構造本体そのものを、力の流れに則って極力シンプルに構成することが肝要である。

②連続性の確保

耐震性、走行性に優れた連続構造の形式は視覚的連続性の観点からも優れており、その各部形状は基本的に滑らかに擦りつけるのがよい。

③常識の感覚に基づく形態バランスの調整

土木構造物は二つとして同じではない地形や環境におさめる特注品であるため、機能と経済性はもとより、その形態も一つ一つ丁寧に検討する必要がある。例えば、美学上の形式原理であるシンメトリー、バランス、プロポーション、ハーモニー、リズム、コントラスト等を意識して各部形態を調整し、これら部材を統一、連続、秩序等の統合原理に基づき配置する必要がある。

④形式の特徴を踏まえた形態検討

６つに大別される橋梁形式毎の形態上の特徴を念頭において、次のことに留意し、その形態を検討する必要がある。

・桁　　　橋：橋梁の最外面に出現する地覆と高欄が形づくる最外の水平ライン（フェイシアライン）は、橋台、ウィング、擁壁などを含め土工部まで連続させる。このフェイシアラインの連続は、橋台部の形態操作及び高欄延長配置で大きな景観上の効果を発揮する。具体的には、スリットによるラインの挿入や、10cm～１m程度の段差による陰影付加等があり、効果的な手法を検討する。
・ラーメン橋：桁と橋脚・橋台の剛結部分はデザイン意図をもって明解な形に納める。
・トラス橋：リズム感、繊細さを強調し、煩雑さに気をつける。
・アーチ橋：強固な地盤に力を伝達するアーチの根元部を明快に見せる、弓のような緊張感のある完結した全容を見せる等、アーチ形態を安定して見せる工夫が必要である。
・斜　張　橋：タワーから軽快な桁を吊っているという力学的に明解な姿を表現する。一般に鉛直成分が卓越する都市景観のなかでは、主塔や斜めケーブルが景観を煩雑にするため留意する必要がある。
・吊　　　橋：主塔が道路利用者にとっては最も注目されるため、そのデザインを十分に検討し、抑制の利いた個性を表現する。

写真5.3.7　上部工の地覆・高欄がつくるフェイシアラインを、10cmの陰影により橋台、ウィング部にまで連続させることで、水平方向の連続性が確保される。

写真5.3.8
橋台・擁壁側面を１m程度内側に計画することで、上部工の地覆・高欄が形づくるフェイシアラインを、地盤に接するまでスムーズに連続させている。段差下部に水切りを設けることで、壁側面の汚れは少ない。

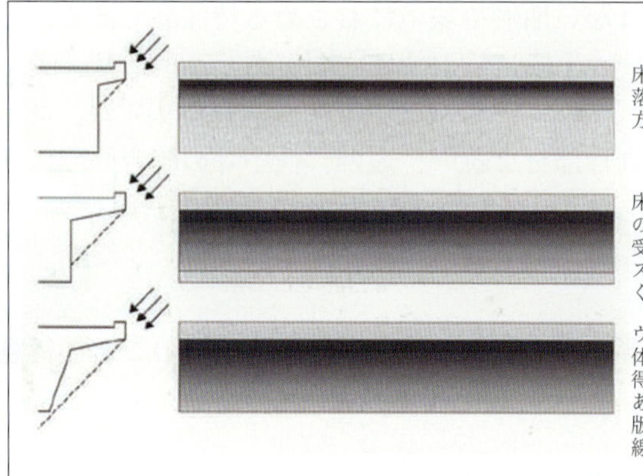

床版の張り出し量が少ないと、桁に落ちる影の部分がなく、側面の見え方において圧迫感が生じる。

床版の張り出し量を増やすと、陰影の効果が高く、引き締まった印象を受けると同時に面が区分されるためスレンダーに見える。橋脚幅を小さくすることにも繋がる。

ウェブを斜めにすることは、側面自体は大きくなるが陰影の効果が多く得られるため、景観上有利な場合がある。更にブラケット等で均一に床版を支えた場合、表情が出るため曲線橋などで検討したい。

図5.3.1　断面デザインの留意点

（3）高架橋の本体設計

地方部に計画される高架橋は、その全貌（多くの場合側景観）が通常の生活視点からの視界に入ることとなるため、以下のデザイン上の配慮が望まれる。

①桁下空間のバランス

桁支間と橋脚高さがつくる桁下空間のバランスに注意を要する。すなわち、橋脚高さが低い場合は短い支間、高い場合は長い支間を採用することが、視覚的にも経済的にも一般に好ましい。したがって、高架橋の通る下の地形に高低があるような長い高架橋は、漸次支間を変化させることが望まれる。

②高架橋の存在感

高架橋の存在感を軽減させるために、壁高欄を含む構造高さを極力低く抑えることが望まれる。この場合、断面デザインにおいて、張出部を有効に使うことは必須である。また、高欄に設置される防音壁や遮音壁も、視覚上は高架橋の存在感に直結するため、その材質、デザインに注意を払い、設計当初から構造本体と一体的にデザインすることが望まれる。

③垂直方向要素の調整

高架橋の景観の基調は、水平方向の連続性であるが、これを遮断して目立つ要因となる橋脚や照明、標識装置等の垂直方向に延びる要素は、その配置を秩序正しく統合し、また個々の形状は景観的に統一することが望まれる。

（4）ディテールの設計

橋梁・高架橋の設計におけるディテールデザインは、構造シルエットの微調整から、橋梁を構成する各部材の形態・取合い、橋上施設や安全施設等の橋梁附属物の形態・取合い等を総称する。ディテールの設計においては、構造物全体としての景観を念頭において検討を行い、近傍からの見えに耐えるものとする。ディテールデザインの作業は、往々にして微細にこだわりすぎる傾向にあるが、あくまでも全体の一部であることを忘れず、小細工に走らないことが重要である。

①部材形状・仕上げのこだわり

一般に、構造計算から必要と判断される形態は四角や丸型の無骨な形態である。この部材を組み合わせて橋を仕上げると、やはり無骨なデザインとなるため、見られることを意識した形態調整が求められる。

例えば斜張橋は、その構造形式からケーブルと塔及び桁がつくる幾何学形態そのものが一般には美しく目立つ存在となるが、近景域におけるそのデザイン評価は、主塔やケーブルの定着部の形態等、細部の仕上がりが注目される。

また、橋台の背後周辺等で空間に大きな壁面が露出する擁壁などは、秩序正しい縦スリットの付加等の工夫により、壁面輝度を落しその存在感を軽減させ、さらに表面をハツリ仕上げ等とすることで、風雨等による経年変化の汚れを均一にする等の細部の配慮が、構造物の印象を決定づけることに繋がるため、細部デザインは重要である。

②架け違い部の処理

橋梁・高架橋の設計では、幾つも橋脚が連なる複数径間の長い橋や、斜張橋と桁橋など構造形式の異なる橋が一列に並んで全体を構成することがある。そのような場合、径間　長が大きく変化する箇所では、それらを支える橋脚上で高さや桁の断面が異なる橋が掛け違うことになるため、これらの連続性に対しては特に細心の注意を払い設計する必要がある。

そのためには、双方の桁断面（特に最外桁など、輪郭を構成する部材）は極力その位置を合わせ、桁高の違いは擦りつける等の配慮が望まれる。擦りつけ方は中途半端な印象を与えないように、局部でうまく対応するか、1径間（長い範囲）で擦りつけるのがよい。

写真5.3.9　力学的機能を明快に形に表すデザイン方針で設計された橋であるが、ケーブル定着部やそれを支える横桁等の形状等細部のデザインにもデザイナーの目配りが行き届いている。

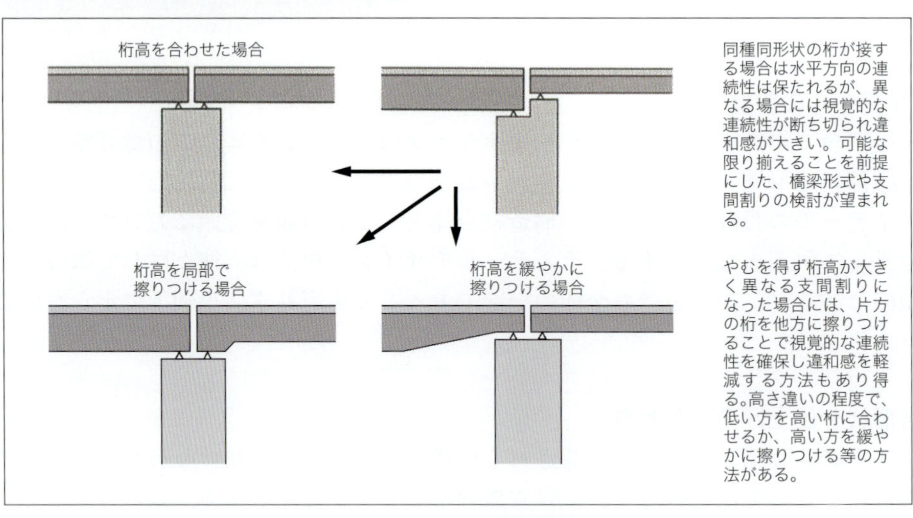

図5.3.2　かけ違い処理の留意点

5-3-3 地形・植生に対する配慮

橋梁・高架橋の建設によって、地形の改変、既存植生の損傷を最小限とするよう、施工方法を含めて検討する必要がある。

(1) 地形・植生に対する配慮

橋梁・高架橋の桁下空間は工事のために植生が除去され、地面が造成されることがある。桁下空間以外でも、工事用道路のために自然を改変することが多い。自然の改変は景観的にも好ましくなく、改変を最小限に抑えることを、橋梁・高架橋の形式検討などの設計のなかで、また、施工法を工夫したり、他の工事などとの調整を通じて検討する必要がある。

なお、植生は基盤と水と光が良好な状態にないと正常に生育しない。特に地形が平坦で、橋梁・高架橋のクリアランスが少ない場合には、橋梁・高架橋の桁下空間は植栽の枯死や裸地化によって、景観的に見苦しい状態になる。このような場合には、上下線をわずかにでも分離したり、若干高い位置を通過させるなどの対応を検討することが必要となる。

いずれにしても最小限の自然改変は避けられないが、改変した範囲は、地域の自然に倣って地形や植生を確実に復元しなければならない。(植生の復元については、5-11-4　p.153参照)

写真5.3.10　ループ橋を採用したことで、周辺の自然環境の改変が極力抑えられ、景観的におさまっている。

写真5.3.11　地形に沿った線形設定と高架構造の採用によって切盛土を少なくし、自然環境への影響を軽減して景観的効果をあげている。

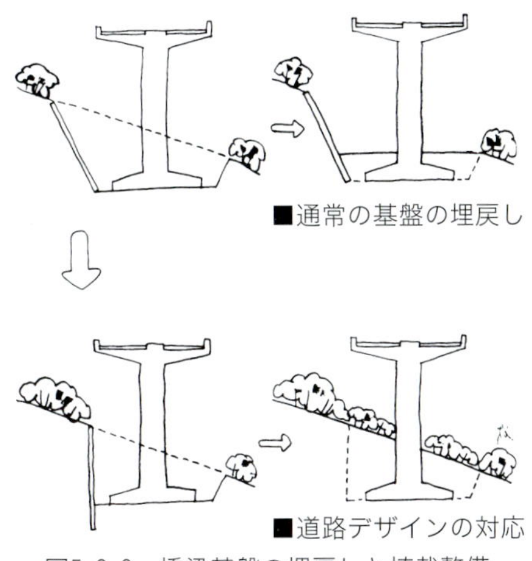

図5.3.3　橋梁基盤の埋戻しと植栽整備

（2）植栽

その存在を意識させる必要がある橋梁・高架橋では､橋詰に若干の用地を確保して広場を設置することや､独立木ないしは特徴的な群植による橋詰植栽を行うことによって､存在を明示するための景観的効果を得ることができる。なお､橋台や橋脚周りは､原則的に植生の復元を図ることになるが、意図的に橋台や橋脚を修景・遮蔽することが望ましい場合には、その効果を発揮する植栽を検討する。その際には、周辺の環境に馴染み、調和するものとしなくてはならない。

なお、橋上の植栽は、環境的にも景観的にも不自然である。橋梁・高架橋は高い視点が確保されるため、必ず眺望が開ける。そのため、この眺望を遮らないように、橋上には原則として植栽を設けずにすっきりさせることが肝要である。

5-3-4 都市近郊・市街地における高架橋の設計

都市近郊や市街地での高架橋は、特に沿道住民や歩行者等に与える圧迫感や外部景観上の違和感などを緩和する設計を行う必要がある。

（1）都市近郊地域及び市街地等における高架橋のデザイン

高架橋の設計では、桁下空間の快適性を確保するとともに、桁断面のデザインと、橋脚や遮音壁などの配置や形態バランスの統一により連続性を確保することが望ましい。特に市街地等の高架橋は、地域を長い区間にわたって分断し、日照阻害や騒音問題、桁下空間の圧迫等、都市のマイナスイメージに結びつきやすい。

また、市街地に計画される高架橋は、街並みの隙間から高架橋の側景観の一部が視界に入ること、あるいは桁下から橋軸方向に高架橋が見られることを意識した、以下のデザイン上の配慮が重要となる。

①デザインイメージの統一

街並みの隙間から断片的に高架橋が眺められることになるため、桁や遮音壁等の最外ラインの形態イメージを統一し、橋軸方向の見られ方を意識して橋脚形状を統一することが肝要である。なお、検討は標準部のみで考えず、すべてのバリエーションを考慮して行うことが必要である。

②道路幅員と高架橋の高さの関係

高架橋の位置が高い方が暗さや圧迫感は軽減する。側方余裕は高さの２倍以上確保すると圧迫感は軽減する。

③形態

丸みをもたせればデザイン的に配慮したとする考え方は間違いである。桁をスリムに見せる桁断面のデザインや、主桁や横桁等の部材配置は、下からの見られ方を意識して秩序正しく設計することが必要である。

④ランプ橋の設計の留意点

本線高架橋との一体感を意識しつつ、橋脚設置場所に制限が多いこと、橋脚高さが漸次変化すること、橋台に続き擁壁構造になることなどを念頭におき、連続性と統一感のある一体的な設計を行う必要がある。一般には、上部工と一体化した単柱橋脚の採用が景観上は好ましい。

⑤ディテールデザインの配慮

桁下が見られるため、その存在自体がうとまれないように、桁下の見せ方や細部のおさまりなど、注意深く検討する必要がある。なお、遮音壁や配水管処理等の附属物のディテールデザインが全体の印象を左右することにも注意を要する。

写真5.3.12　市街地に建設される高架橋には様々な制約が生じる。ここでは、橋脚設置位置の制約から、桁高も床版形式も異なる構造が隣り合わせに採用された。それに対して、フェイシアラインの高さを揃えるなど、連続性に配慮したデザインがなされ、市街地景観に統一感を与えている。

（2）桁下空間の公園利用

市街地などでは、橋梁・高架橋の桁下空間を公園として利用することもある。しかし、桁下空間は一般的に薄暗く、潤いに乏しいため、基本的に公園環境や植栽環境として好ましいものではない。橋梁・高架橋の幅員が狭く、高いクリアランスが確保されている開放的な場合には問題ないが、そうした場合でも、隣接する公園と一体で整備することが望ましい。

写真5.3.13　幅員が広く、桁が低い高架橋の桁下空間は公園整備に適する環境にない。

5-3-5 横断歩道橋・跨道橋等の設計

横断歩道橋・跨道橋等は、主として本線上から眺められることになる。そのため横断歩道橋・跨道橋等の設計では、側景観に十分注意を払い、抵抗感や違和感を生じさせないようにすることが重要である。また、複数の横断歩道橋・跨道橋等が連続して設置される箇所では、統一性に留意する。

(1) 横断歩道橋・跨道橋等の設計の留意点

横断歩道橋・跨道橋等に求められる景観面からの要請は、道路進行方向の視界をできるだけさえぎらないように、構造物本体をスレンダーな形態とすることと、ゆがんだ印象を与えないようできるだけ道路中心に対して直角で水平の配置、形態にすることである。

構造物のスレンダーさについては桁のデザインが重要となる。また側景観には高欄や落下防止柵、配水管等も影響を及ぼすため、これらについても配慮する必要がある。(桁のデザインについては5－3－2　p.117参照)

(2) 横断歩道橋

よく目にする横断歩道橋は、標準設計に準じて整備効率第一に建設されたものが多い。そのため、架橋地に応じた景観面への配慮がなされていないものも多い。また、歩道橋の橋脚や昇降施設により、歩道の残存幅員が十分取られていない場合もあり、利用者の少ない歩道橋では撤去にいたる事例も出ている。

これらのことを教訓に、今後建設する横断歩道橋では、少なくとも下記の点に留意して計画・設計することが求められる。

- 利用者の利便性を第一に考慮して、ユニバーサルデザインにも十分配慮する。
- 階段などの昇降施設の配置に留意し、歩道の残存幅員を十分確保する。
- 地域景観に調和したデザインとする。

写真5.3.14　周辺建築物と調和した市街地内に建設された歩道橋。歩行空間をガラスで覆うことで、歩行者・道路利用者双方の安心感も演出している。

(3) 跨道橋等

自動車専用道路等を横断する跨道橋等は、本線道路建設による既存道路の付け替え道路として計画される場合が多い。このような場合、本線方向とは無関係に道路を斜めに横断することがあるため、跨道橋等ごとに線形が異なり、本線走行者からの内部景観に混乱を与えやすい。

このような状況を避けるためには、事業のできるだけ早い段階において付け替え道路の調査を行って、跨道橋等の架橋位置を調整したり、さらには集約して数を減らすなどの検討を、付け替え道路建設によって生じるのり面の縮小化などと併せて検討することが求められる。

特に跨道橋等が複数近接して同時に眺められるような場所では、本線に対して直角で水平となるシンメトリーな形態とするとともに、架橋高さの線形調整も重要な要素となる。こうした配慮によって、混乱した景観が一転して、美しいダブルシルエットをもつ印象的な景観に生まれ変わるのである。

写真5.3.15　道路に対して直角で水平に配置された跨道橋が連続すると、規則正しい統一感が生まれる。

写真5.3.16　道路に対して斜角や縦断勾配があると、跨道橋とのり面で切り取られる道路空間がゆがみ、道路利用者に違和感を与える。

写真5.3.17　二つの跨道橋の線形と構造形式を揃えることによって、印象的なダブルシルエットが実現している。

5-4 トンネル・覆道等の設計

5-4-1 トンネルの設計

トンネルの設計では、坑口の形状も含めて圧迫感のない内部景観となるように留意する。坑口周辺は、換気塔や電気室等の周辺施設の設置や緑化において、景観上の調和に配慮する。

（1）トンネル坑口の設計

トンネル坑口部は、地山との関係に注意して周辺に調和した景観とするために、以下に注意して設計を行うものとする。

- 地形の改変を最小限に抑え、自然・植生復元が可能な形式・工法の選定、坑口位置の設定に留意する。
- 坑口周辺に出現するそで擁壁も一体的に検討する。
- 進入する際の心理的圧迫感の少ないデザインを工夫する。

また、長大なトンネルにおいては坑口周辺に設置される換気塔や電気室などの周辺施設も、設計当初から一体的に検討を加え、その存在によって坑口周辺の景観が煩雑なものにならないように留意する。

坑口部の形式には、大きく面壁型と突出型がある。景観上は運転者から見た時に、人工物の露出がトンネル断面の縁部のみの小さなものとなる突出型が望ましい。面壁型とする場合も、できるだけ壁面を小さくシンメトリーな形状とし、坑口部を大きく見せる等の工夫により進入抵抗の少ないデザインを検討することが望まれる。

また、地域の特産品や名物を面壁に描いたり、書割りのように坑口に形どったりするようなデザインは行なわない。

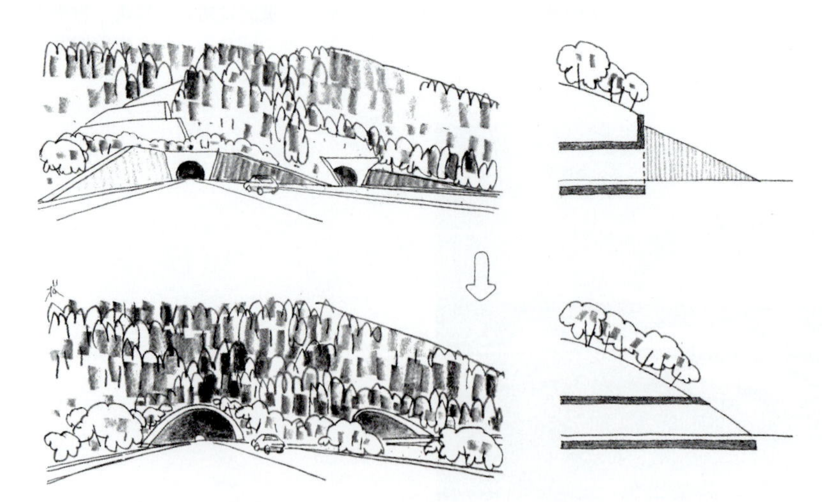

図5.4.1　坑口形式による景観の違い（上：面壁型・下：突出型）

写真5.4.1
面壁型のトンネル坑口とした場合のデザインとしては、天端ラインや縁取りデザイン、表面テクスチャーがよく考えられている。

写真5.4.2
突出型：竹割り形式は、人工物の見え方が最小になり、景観上も走行上も好ましい。

写真5.4.3　橋台と竹割坑口を一体的に設計することで、地形に対する影響を最小限にすることができる。

（2）坑口周辺の設計

トンネル施工時に坑口背面や周辺の地山を改変せざるを得ないことも多い。その場合、改変後の自然復元を前提に工法を選択することが望まれる。運転者からはトンネル坑口だけでなくそれら周辺部も含めてトンネル坑口部の景観として認識されることを考えると、コンクリートのり枠工等は極力見えないように工夫することが求められる。

なお、突出型のトンネル坑口を採用した時、抑え盛土が必要となる。通常、周辺地形に関係なく、台形の盛土造成を行うが、地形に擦りつくように地形に倣った造成を行わなくては、突出型の坑口を採用した意図が失われてしまう。

（3）トンネル内部空間の設計

内部空間のデザインは、照明、換気などの設備設計と一体的に検討し、汚れにくく、また安全運転に寄与するように、広く、明るく見せることが求められる。

写真5.4.4
連続した照明と明るい側壁によるシンプルなデザインによって、前方の視認性も良く、安全な走行を支援している。

5-4-2 掘割道路等の設計

掘割道路の設計では、外部景観として存在感を感じさせないデザインにするとともに、出入り口部の形状を含めて圧迫感のない内部景観となるように留意する。

(1) 掘割道路の景観的特徴

掘割道路や開削埋め戻し工法などによるトンネル構造は、都市近郊の住宅等の連担する地域に計画されることが多く、人々の目に触れやすい。しかし、掘割道路は高架道路に比べ、地上に構造物が露出しない分だけ、沿道地域に対する景観上の影響は小さくなる。

一方、その内部景観はコンクリート構造物等で囲まれたものになる。しかも、鉄道アンダーパスのように歩道つきの場合は、歩道と街が一時分離されるため、人気の少ない閉鎖された空間になりがちである。また、自動車専用道路のように延長の長い掘割道路の場合は、道路幅が街を分断する川のような存在となる。このように、掘割道路にもメリットとデメリットがあるため、メリットを生かしつつ、デメリットを最小限にするような配慮が求められる。

(2) 掘割道路のデザイン上の着目点

掘割道路のデザイン上の着目点としては以下の事項があげられる。

- 市街地における掘割道路の内側は、殺風景で暗い印象になりがちであるため、明るい雰囲気になるように留意する。壁面に表情をもたせたり、道路幅に余裕を見込み、植栽を設けたり、側壁に上広がりの勾配をつけることも考えられる。ただし、自然を模した化粧型枠や安易なペイント等の装飾は飽きがくるので避けるべきである。
- 延長が長い場合、道路利用者にとっては場所がわかりにくくなり、運転そのものが単調になりやすいので、横支材や柱等の構造部材を生かしたデザインによって、空間に個性をもたせることを考える。
- 掘割構造と土工部、あるいは出入り口部のトンネル構造などの接点は、内部景観の連続性を確保するという観点から、各部材のおさまりや形状を美しいものとすることを十分に検討する。
- 延長の長い掘割道路は街を分断する存在となりやすい。掘割道路を横断する道路歩道部の取扱いや街の分断感を和らげるために、立体道路制度等を利用してまとまった空間を掘割道路上に創出することも考える必要がある。

写真5.4.5 再開発事業と同時に施工された鉄道アンダーパスは、歩道側をビル地下部分と接続させるとともに、公開空地に緑を配することで潤いを与えている。道路側壁面には吸音板を設置して騒音対策と景観配慮の両立を図っている。

写真5.4.6
トンネルと掘割構造の境である坑口部を、大胆にデザインした事例。左右の掘割擁壁と中央の排気壁を活用したデザインとなっている。(縁上部に設置された装飾は不要である。)

写真5.4.7
外部光を取り入れるとともに、横支材や柱等の構造部材を生かしたデザインによって、空間に個性がもたらされる。

5-4-3 覆道の設計

覆道の設計では、出入口の形状と覆道内部から外部を見通す場合の開口部やスリットの形状について、特に配慮が必要である。

(1) 覆道の効果

覆道は、基本的には斜面崩壊による落石や雪崩から道路を守るための防災施設であり、道路利用者の安心感を生みだしたり、斜面や覆道上の自然復元に寄与してほとんど道路構造物の存在が目立たなくなるなど、外部景観に効果の大きい道路構造物である。

また、そのデザインが好ましい場合は、橋やトンネル坑口等の道路構造物に匹敵する、道路のランドマークにさえなりうる対象であると同時に、その内部景観は、トンネル等に比べると外部への眺望が確保され、開放的で楽しい走行景観を提供する。

(2) 覆道のデザイン上の留意点

覆道の構造は、一般に道路軸方向に区分されたプレキャストパネルを、道路平面曲線なりに現場で接合させて設置するものであるため、デザイン上重要となる始終端部の形状も、中間部のそれと同一であることが多い。防災が第一義であるが、玄関にあたる始終端部は、見られることを意識したデザインが望まれる。

覆道は急峻な地形に建設されることが多いため、同じ路線上の視点からも外部景観として見られることがある。その場合は屋根を支える支柱群も背景となる自然風景と一緒に見られることとなるため、支柱間隔や支柱断面などが美しくデザインされていることが望ましい。デザイン検討に際しては、標準横断図だけでこれを考えずに、模型等を用いて立体的に、また往々にして前後に出現する擁壁などの道路構造物と一体的に、その形状を検討することが望まれる。

なお平面曲率がきつくなる場合には、道路正面の見通しも悪化するので、交通安全上の課題も合わせて検討する必要がある。

写真5.4.8
自然に馴染む趣のあるデザインとすることで、路線上の目印となっている。狭いながらも、歩道が覆道の柱を境に車道と分離され、安心して散策することができる。（現在は、歩道として供用中）

写真5.4.9
自然に馴染むデザインとすることで、違和感のない外部景観と、快適な走行が確保されている。

写真5.4.10
片持ち式で内部、外部景観ともすっきりと自然におさめている。
入口上部に後付けされた雪庇防止板に工夫が望まれる。

5-5 車道・歩道および分離帯の設計

5-5-1 車道・歩道の舗装

車道・歩道の舗装は、交通機能や空間機能などに加え、環境や地域景観に配慮したものとする必要がある。

(1) 舗装の機能

舗装は、道路の交通機能や空間機能の上で重要な施設であるとともに、道路の表面の大部分を占めることから、道路空間の環境や景観に配慮することが必要である。環境面では雨水等の地中への浸透や騒音の低減、景観面では以下に記載する配慮が求められる。

(2) 車道の舗装

車道の舗装は道路景観の要素の中でも大きな面積を占めるものであり、一般的には周辺景観を引き立たせる控え目な存在となることが求められる。舗装材としては、アスファルトが一般的であるが、地域の特性に合わせて他の舗装材も検討対象とする。

コンクリート舗装は、騒音や眩しさなどに留意が必要であるが、アスファルト舗装に比べて耐久性に優れるという利点があり、明度が高く、明るい印象を与えることから、沿道景観の色調によっては有効な場合がある。

また、交通安全上の観点から、交差点部、右折レーン、自転車走行空間などを識別させるため、カラー舗装などを採用する場合がある。その際、目立たせることに留意するあまり、必要以上に鮮やかな色を用いるケースがあるが、景観的に望ましくなく、バランスを考慮した適切な色遣いを心掛けなければならない。(「景観に配慮した道路附属物等ガイドライン／平成29年11月、道路のデザインに関する検討委員会」(以下「道路附属物等ガイドライン」という。)参照)

(3) 歩道の舗装

歩道の舗装材は、歩行環境に相応しい歩きやすいものを用い、それ自体が目立つのではなく、沿道景観や植栽、歩行者の姿が映える色調で、控え目なデザインとし、安易に模様貼りなどを行わないことが基本である。

写真5.5.1
歩道舗装は落ち着いた色彩が選択され、沿道や道路植栽を際立たせている

(4) 歩車共存道路等の舗装

歩車共存道路では、一般的な道路と違って、構造的ないし視覚的な方法（ハンプ、狭さく、クランク等）により自動車の速度抑制を図ることになるが、その場合でも、必要以上に目立たせることなく、控え目なデザインとする必要がある。

写真5.5.2
歩車共存道路において、車道中央部のみをブロック舗装として、視覚的な速度抑制のデバイスとしている。

5-5-2 歩道空間の設計

歩道空間はシンプルで利用しやすい空間とする必要がある。

(1) 歩行者・自転車利用者の快適性に対する配慮

歩道においては、「高齢者、障害者等の移動等の円滑化の促進に関する法律（平成18年6月21日法律第91号）」などの法令や条例等に則したユニバーサルデザインの観点から、高齢者や身体障害者などの移動を円滑にするための検討が必要である。そのため、歩道の幅員や段差、勾配、舗装などのデザインの工夫、また、視覚障害者に対する、誘導用ブロックの設置や舗装の材質・色彩の配慮が必要である。そして、それらの検討が、明快で広々とした歩きやすく感じられる歩道景観の形成に結びつくようにしなくてはならない。（ユニバーサルデザインについては5－6　p.136参照）

なお、歩道に十分なゆとりがある場合や車線数を減少できる場合には、道路空間の再構築を行い、歩行者と自転車、自動車の分離を景観的なおさまりにも配慮して検討する必要がある。自転車の分離の方法としては、車道通行が原則ではあるが、植栽帯等による物理的分離のほか、視覚的な分離の場合には相互に調和の取れた控え目な舗装の色彩・パターン・材質等により分離することが望まれる。また、歩道上の駐輪自転車が歩道の有効幅員を著しく狭めることがないよう、駐輪施設の整備や歩道空間のデッドスペースを活用した駐輪空間の確保も行う必要がある。（道路空間の再構築については4－5　p.94参照）

写真5.5.3　段差をなくして歩きやすい歩道の整備がなされている。

写真5.5.4　写真右側に広がる緑陰部がシンプルでゆとりのある使い心地の良い歩道空間となっている。

写真5.5.5　海沿いの道路の歩道部と護岸とを一体にデザインした魅力的なプロムナード。素材の選択と細部のおさまりが吟味されている。

（2）滞留空間

バス停留所のような場所では、歩道空間の中で人々が滞留する。そこには滞留に相応しいベンチや植栽のしつらえ等によって歩行空間から適度に識別させることも必要である。ただし、あくまでも歩道の一部であるため、歩行空間との一体性を保持し、周囲から浮き上がらないようにすることが望まれる。

（3）路上施設等に対する配慮

歩道上やその周辺に設置される施設などは、相互に調和が感じられる形態、色彩のデザインとすることが必要である。

なお、歩道空間には歩行を妨げるような工作物などの設置は基本的に行わない。また、歩行の妨げにならない場合でも、地域や道路に必然性のある特別なものを除き、モニュメント等のデザイン工作物を設置しないことが重要である。また、歩道空間に水路を取り込む場合には、歩行や横断、日常的な維持管理に対する留意が必要である。

5-5-3 バス停留所等の配置

バス停留所や停車帯を設置する場合には、道路空間の中でのおさまりを考え、違和感のないものとするように留意する。

(1) バス停留所

バス停留所のデザインの基本は、植樹帯や各種の路上施設との空間的な関係を整えて、人の滞留空間としての居心地に優れ、かつ景観的に唐突な印象を与えない違和感のないものとしておさめることである。具体的には、必要に応じて上屋やベンチなどの設置も考え、歩行者・自転車の動線と錯綜しない居心地のよい空間としなければならない。ただし、停留所の案内工作物、上屋やベンチなどは、沿道を含めた他の施設などとのデザイン的な調和が保たれる形態、素材、色彩のものとする必要がある。また、広告収入により上屋の整備費用や管理費用を賄う仕組みにより設置されるバス停留所についても同様である。(バス停留所については5-10-3 p. 151参照)

滞留空間の舗装についても、空間を意識させるために、歩道の舗装と異なったものとする場合があるが、同系色で素材を替えたり、明度差を多少もたせた同素材とするなど、際立った変化のないものとすると景観的なおさまりが良い。

バスの停留空間の確保については、歩道空間が狭められることになるため、植樹帯の配置などと関連させて、不自然なおさまりにならないように留意する必要がある。

(2) 停車帯

市街地の道路においては、タクシーの客待ちや路上の荷さばきのために停車帯を設ける場合がある。道路デザインとしては、これらの空間が道路空間のなかで唐突で浮き上がった印象とならないように、基本的にバス停留所のバス停留空間と同様の対応を考えておく必要がある。

(3) 駐輪空間

市街地の道路では、車道や歩道上における自転車の駐輪によって、歩道の有効幅員が狭められ、自動車の走行、歩行者の歩行の妨げとなっている場合も多い。

これらについては、駐輪施設の整備を行うことが基本であるが、歩道上のデッドスペースや植樹帯の分断箇所を活用して駐輪空間とし、スムーズな走行、歩行を確保するとともに、車道、歩道空間をすっきりさせ、道路景観の向上を図ることが必要である。

写真5.5.6
道路自体は舗装、車止め、植栽などシンプルで上質に整備されているが、放置自転車が大きな問題となっている。適切な駐輪空間の整備が望まれる。

(4) 防護柵等

歩車道境界や分離帯に設置される防護柵等は、見通しが確保でき、目障りにならないシンプルなものを採用しなければならない。(防護柵等については5-10-1 P. 149及び「道路附属物等ガイドライン」参照)

5-5-4 植樹帯の配置と植栽設計

植栽設計においては、防災や環境保全等、緑化の機能を考慮するとともに、道路や沿道の特性から望ましい植樹の形態を検討し、分離帯を含めた道路横断構成全体の中で、植樹帯配置を検討する。

（1）植樹帯等の配置

通常、植樹帯は歩車道境界や分離帯に設置されるが、歩道と分離帯は、計画段階においてゆとりある歩行空間や植栽の整備に必要な幅員を確保する必要がある。設計段階においては、防災や地域環境の保全のために重要な働きを担う植栽の意義を念頭において、道路の性格を強調するに相応しい植栽を検討して、植栽内容に応じて最も効果的な位置に必要な幅員で植樹帯を設ける必要がある。そのために植栽基盤の位置・幅員配分を道路全体のなかで調整することが求められる。また、景観上特に重要な場所等においては、適宜計画段階に遡る等、改めて全体構成を検討する必要がある。

多くの場合、分離帯でも歩道でも、高木植栽が検討されるが、植樹帯の幅員は十分なゆとりが必要である。条件によっては、植栽を必要としないような場合、分離帯の植樹帯が不必要な場合、歩車道境界の植樹帯を片側に集約した方が効果的な場合、歩道と沿道との間に植樹帯を設けることが望ましい場合等も考えられる。このような場合は、道路の全体の設計のなかでそうした対応が可能かどうかの調整が必要である。なお、車線数の多い道路では、側方分離帯としての植樹帯を設けることで植栽効果があげられる場合が多いため、交通計画の検討によって植栽可能な側方分離帯を確保することが景観向上につながる。

写真5.5.7　広幅員の道路においては、単一の高木植栽を用いることで統一感が生じ、豊かな緑による質の高い道路空間が確保される。

写真5.5.8　柔らかな印象のナンキンハゼの並木で沿道の自然環境との調和を図り、単一樹種の低木を分離帯に植栽してシンプルで機能的な走行空間を確保している。

写真5.5.9　道路幅員の制約に対応させた片側並木において、それを補う樹高、枝張りなどが期待できるケヤキを用いることでその効果が発揮されている。

（2）植栽の一体設計

植栽自体の設計では、歩車道境界や分離帯等の道路の横断構成上に存在するそれぞれの植樹帯の植栽を別々に考えるのではなく、一体のものとして検討する必要がある。すべての植栽が一体であることを常に念頭において、道路景観としてのまとまりや統一感をもち得るように検討しなければならない。特に、横断防止や防眩等の機能を兼ねた分離帯の植栽と歩車道境界等の植栽とは、その調和を考える必要がある。

なお、沿道の施設や住宅に支障をもたらす植栽は問題であり、植栽の樹高や枝張りに留意しておかなければならない。（植栽については5-11　p.153参照）（「道路緑化技術基準・同解説／平成28年3月、日本道路協会）」参照）

5-6 ユニバーサルデザイン

ユニバーサルデザイン、バリアフリーを目的とした整備を行う場合には、景観的観点も含めた総合的なデザイン検討を行うことが重要である。

(1) 道路デザイン意図の継承

「高齢者、障害者等の移動等の円滑化の促進に関する法律（平成18年6月21日法律第91号）」では、旅客施設・車両等、道路、路外駐車場、都市公園、建築物に対して、バリアフリー化基準（移動等円滑化基準）への適合を求めるとともに、駅を中心とした地区や、高齢者、障害者などが利用する施設が集中する地区において、面的なバリアフリー化が進められている。ユニバーサルデザインは特別なものではなく、通常の道路デザインの一環として実施されるべきものである。そのため、ユニバーサルデザイン、バリアフリーを目的とした整備を行う場合には、景観的観点も含めた総合的なデザイン検討を行うことが重要である。

写真5.6.1　フラット型の歩道は、沿道出入口の凹凸がないため、歩き易くすっきりとしている。

(2) 舗装材の選定

ユニバーサルデザインやバリアフリーの適用は、歩道に対してなされることが多く、通常フラット型歩道やセミフラット型歩道が採用されている。これらは歩き易さの向上はもちろんのこと、沿道出入口が短い区間のなかで頻繁に出現する場合、歩道の凹凸がなくなって景観的にもすっきりとした印象となる。

一方、視覚障害者誘導用ブロックとその周りの舗装材との色彩のバランスがあまりに悪く、景観的に問題を生じている例も多い。視覚障害者誘導用ブロックや視覚障害者の誘導のための舗装の色彩については、当該ブロックを容易に識別できるものとしながら、そのまわりの色彩との関係を考慮する必要がある（周辺の路面との輝度比が大きいこと等により黄色以外も選択できるとされ、その場合の輝度比の目安は2.0程度とされる。「増補　改訂版　道路の移動等円滑化整備ガイドライン／平成27年6月、一般社団法人　国土技術研究センター」参照）。その際には、利用者を交えての舗装材の選定の検討を行うことも重要である。また、地方公共団体が条例で視覚障害者誘導用ブロックに使用する色彩を定めている場合には、その色彩との関係を考慮した舗装材を選定し、景観的な違和感が生じないようにする必要がある。

(3) 歩道全体としての配慮

ユニバーサルデザイン、バリアフリーを考えるには、スロープや視覚障害者誘導用ブロックといった装置等の配置だけでなく、歩道空間全体として、街路樹や舗装パターン等による視線誘導を含め、通行しやすいデザインを考えることが重要である。道路占用物件や放置自転車等によって動線が邪魔されないように関係者と協力する必要がある。また、スロープや階段の手すりについては、人間工学的知見に基づく握りやすい形状、端部での衣服等の引っかかりを防ぐ形状の採用などの工夫が求められる。

なお、局所的な整備は利用者にとって効果があまり得られないため、地区全体を通じた整備を検討する。

(4) 道路附属物等との景観的関係性の向上

エスカレーター等の機械設備を設置する場合には、それらが周囲の景観のなかで浮き上がった印象とならないように、機械設備を含む空間全体をデザインの対象として、周囲の景観のなかにうまくおさめるよう配慮する必要がある。その他、点字のサインボードを歩道空間等に設置する場合においても同様の配慮が必要である。

また、音声案内等の支援システムを歩道空間に設置する場合には、他の施設との共柱化を行ったり、他の道路附属物等との色彩的調和を図り、乱雑な印象とならないようにすることが基本である。信号、照明、標識類が集中しがちな交差点付近では、特に施設が乱立しないように配慮することが重要である。

(5) 沿道との連携

ユニバーサルデザインを検討するとき、道路側における対応のみで目的を充たそうとする必要は必ずしもない。例えば、エレベーターやエスカレーターにしても、歩道空間におさめるより、建築物に組込まれたほうが無駄もなく、スマートで美しくおさまる。沿道の事業主等に呼びかけて、既設の施設の活用や、新設の協力を得ることが望ましい。街全体を一体のものとして使いやすく美しくする努力を怠ってはならない。

5-7 交差点等の設計

5-7-1 平面交差点の設計

平面交差点は、道路が交差する部分であるため、交通の要所であり、景観の要所でもあるが、多くの景観要素が集中し煩雑な印象を与えやすいため、設計にあたっては、沿道の要素も含め、全体の調和に配慮する必要がある。

(1) 平面交差点でのデザイン対応

平面交差点は、自動車、自転車、歩行者等の動線が交わり、また歩行者が滞留する空間であると同時に、景観の要所である。その設計にあたっては、その場所の特徴を明示したり、歩行者の滞留空間としての快適性を高める等の様々な対応が求められる。

また、平面交差点では沿道建築物との調和、交差点内における車道、歩道、アイランド等の調和に留意することが必要である。

(2) 交差点形状の検討

平面交差点形状は交差道路が広さに支配される。平面交差点のサイズは一般に、交差道路が広いほど大きくなるが、その際の車道部は、交通機能を確保しつつ交通動線を整理し、コンパクトにまとめることを検討する。

すなわち、交差点形状の検討にあたって、交通の円滑化や安全を図ることは最も重要なことであるが、その際に車道空間を効率よくコンパクトにまとめることで、余裕のある歩行者空間（広場）を創出し、歩行者の快適な滞留スペースの確保を同時に検討することも重要である。

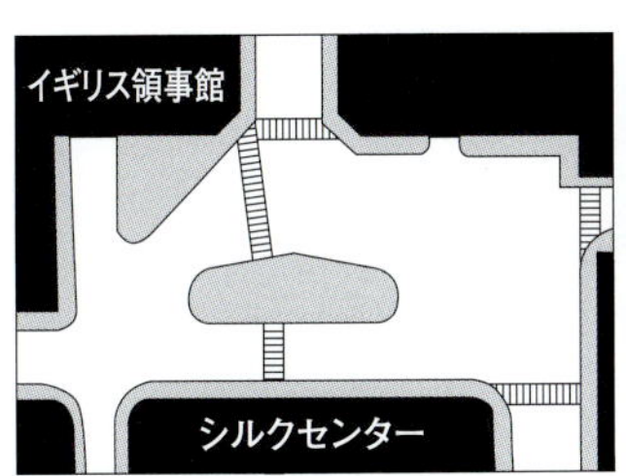

a）昭和47年以前
・６方向から車の出入りがある。

イギリス領事館
シルクセンター

b）昭和47年改良
・交通動線を集約せずに交差点化。

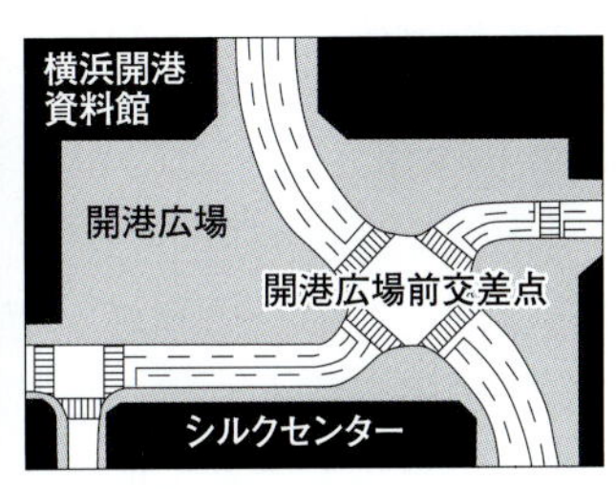

c）昭和57年改良後
・自動車交通の動線を整理し、交差点を集約化。

図5.7.1 シルクセンター交差点変化図

写真5.7.1
複雑な交差点の動線を順次改良するとともにゆとりある歩行者広場を確保して街の景観の要所となっている。

（3）平面交差点の隅切り部の計画

平面交差点の隅切り部の計画にあたって、角地に建物が建ちその出入口となっている場合には、アプローチとして機能する流動的な性格の場所となるが、そうでない場合には角地建築物の特性に合せて適切な空間形成を図ることが必要である。

特に、横断歩道の設計とあわせて考えることが重要であり、角地に公開空地が形成される場合には、一体的に取り扱うことも検討すべきである。

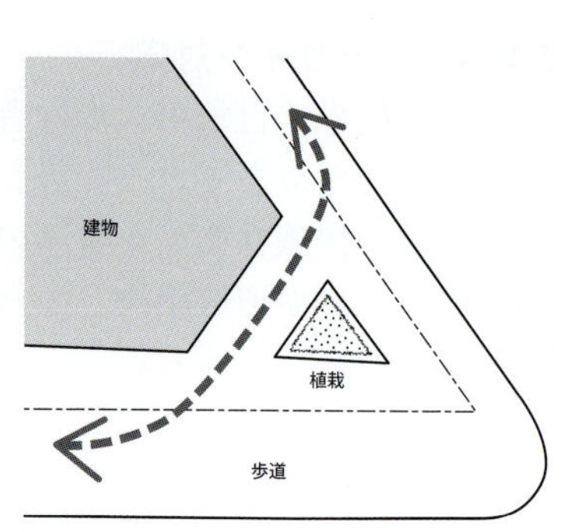

写真5.7.2
交差点における公開空地がゆとりのある歩行者用空間を生み出す。

（4）景観的に重要な樹木などの活用

景観的に重要な樹木、地蔵尊や道祖神などの景観資源がある場合には、それらを積極的に活用する。景観資源の活用方法は、歩道内での保存、アイランド内での保存、ロータリー中央での保存等があるが、見通しの阻害には十分に留意する。

（5）横断地下道

路上に出現する横断地下道の出入口のデザイン検討では、歩道空間を侵害しないように公園や沿道建築などとの一体整備が望まれる。交差点の歩道内に設置する場合には、道路の見通しを考慮し、道路景観としての連続性が阻害されないようにすることが必要である。また、その外観は開口部を広くとって明るく進入抵抗の少ないものとすると同時に、横断地下道内部については、地下空間を意識させない明るくシンプルなものとすることが基本である。また、清潔さを保つ管理に留意する必要がある。

写真5.7.3
ガジュマルをロータリー交差点の真中に保存している。

写真5.7.4　薄暗くなりがちな横断地下道に光を多くとりこむ工夫をしている。

5-7-2 立体交差点等の設計

立体交差は、視覚的に分かりやすく、シンプルな構造とすることが望ましい。また、効果的な植栽等により、大規模な交通および景観の要所としての認識が得られやすいように配慮する。

(1) 要所としての位置づけ

交差点やインターチェンジは交通の要所として位置づけられる。ことに立体交差やインターチェンジは地域における重要な要所となる。そのために、地域の顔として視認性の高いシンプルな空間・構造として、使う人にとって明快で分かりやすくすることが重要である。

立体交差は高架構造や掘割構造となる場合が多いが、それぞれの構造を洗練させたシンプルなものとすること、また、一般部とのデザインの統一を図れるよう配慮することが必要である。これに対して、インターチェンジは土工構造となる場合が多いが、周辺地形に馴染む造成を行い、地域のなかに美しくおさめる必要がある。

なお、交通の要所であるために、標識・案内板などが設置されるが、煩雑にならないように統合、整理して、景観的に美しいシンプルなものとする必要がある。

(2) 構造物主体の立体交差（オーバーパス・アンダーパス）

オーバーパスの立体交差では、上部の通行者は視界の広がりを感じるが、下部の通行者にとっては、斜路の擁壁や橋桁、橋脚、橋台等が至近距離に見え、圧迫感のある閉鎖的な空間となりやすい。したがって単に構造物の形状や表面処理を工夫するだけでなく、桁下空間を開放的に印象づける工夫が必要である。また、オーバーパスの橋桁については、側面からみて軽快な印象となるように、桁端部を薄く感じさせる形状とするとともに、桁下の奥の方まで光が差し込むよう配慮し、さらに桁裏についても滑らかな仕上げとすることが重要である。

アンダーパスの立体交差では、オーバーパスと同様に下部の通行者にとっての閉鎖感が問題となるが、オーバーパスの場合よりも、より至近距離に鉛直の擁壁が出現し、かなり長い区間にわたって視界の一部を占めることになる。

よって、擁壁から受ける圧迫感を軽減するような検討が必要となるが、側壁コンクリートにむやみに細工をすることは避けるべきである。また、オープンスペースにおける擁壁の場合とは異なり、上部に天蓋のある極めて閉鎖的な空間であることを念頭に置いて検討することが重要である。

さらに、このような内壁面のデザインに加えて、出入口の正面についても相応のデザインを工夫することが必要である。

なお、都市内において立体化をする場合、オーバーパスの方がアンダーパスよりも周辺景観へ与える影響が大きい。

写真5.7.5　側面及び桁下から見て軽快で明るい印象となるように、構造本体及び桁間ルーバー等が工夫されている。橋台に続く擁壁面を内側に追い込み圧迫感を軽減させ桁との連続性も確保している。

写真5.7.6　側面及び桁下から見て軽快で明るい印象となるように、構造本体及び桁間ルーバー等が工夫されている。橋台に続く擁壁面を内側に追い込み圧迫感を軽減させ桁との連続性も確保している。

(3) 土工主体の立体交差

土工部の立体交差のデザインの要点は以下の点にある。

- 地形を利用して、土工量を少なくするように設計する。
- グレーディングしてなだらかに見せる。(グレーディングについては5-2　p.104参照)
- 面積が広い立体交差ではビオトープを整備する例も多いが、ビオトープとしての環境創出だけでなく、景観的にも美しく設計しなくてはならない。

写真5.7.7
地形の高低差をうまく利用し、交差部ののり面にグレーディングを施すことで、景観的にも地形に馴染む土工主体の立体交差となっている。

（4）植栽

土工部の立体交差は、平面交差点のようにまとまりがなく、視認性が悪いところが多い。こうした交差点を意識させるために、植栽は重要な役割を担う。交差点やインターチェンジ等は、道路走行上の節目となり、地域認識の上で大切な要素となるため、その位置を道路利用者にわかりやすく知らせる必要がある。そのため植栽の指標効果を活用する。低木の植潰しのような植栽も考えられるが、樹高もしくは緑量、ないしはその双方を確保することが有効である。

ここで、景観的に洗練したものにするために、シンプルな植栽とすることを心がける必要がある。景観的には立地する地域の状況と植栽空間の規模などを勘案して、景観の要所に植栽を集中すること、全面的な樹林構造とすること、樹林形態をとる場合を除いて多くの樹種を用いないこと、中木を除くこと等が考えられる。場合によっては、樹種は単一のものを用いること、植栽構成としては低木を用いないなどの検討も必要である。

なお、余程の必然性がない限り、庭園的な植栽や、構造物・工作物の導入は、一時的には目印としての効果が得られても、地域環境に対しての本来的な蓄積とはならず、飽きられやすいため、避けた方がよい。

また、オーバーパスの桁下は、幅員が狭くクリアランスに余裕がある場合を除き、雨水の供給がほとんど期待できないことや日照不足により生育が望めないことから、植栽は行わない方が懸命である。

写真5.7.8
地域に馴染む指標性の高い高木植栽でインターチェンジの位置を明示している。

5-8 休憩ポイントの設計

道の駅などの休憩ポイントは、開放的な空間の確保、良好な眺望の確保に留意し、求められる機能に応じた個々の施設等が、美しくシンプルであると同時に、全体として調和のとれた配置、デザインとすることが望ましい。

(1) 道路デザインにおける休憩ポイントの特徴

道路デザインの対象となる休憩ポイントには、市街地のポケットパークやオーバールック(展望場所)、レストポイント等の小規模のものから、道の駅、サービスエリア等の大規模なものまでがある。これらの休憩ポイントに整備される施設は様々であるが、自動車走行の緊張感を解すような、また、歩行者が一休みできるような、のびやかで開放的な空間の確保と、道路が通過する地域の特徴を感じさせるような良好な眺望の確保を原則として考えるべきである。

(2) レイアウトとデザイン

休憩ポイントのデザインでは、周辺景観との調和の検討が重要である。その上で休憩ポイント全体としてのまとまりがあるデザインとすることが望ましい。

道の駅などの休憩ポイントには駐車場と園地が設けられ、その他、必要に応じてレストラン、売店、便所等の施設が整備されるが、それらの事業者や管理者が異なることもあるため、統一性や一体性がない場合が多い。そのため以下の点が重要となる。

- それぞれをシンプルに美しくデザインすること
- 相互に調和するデザインとすること
- 全体として利用者の動線を優先したバランスの良い配置とすること

配置については、景観的に休憩ポイントの重要な要素となる園地への駐車場からのアプローチを中心に考えなければならず、駐車場と園地を結ぶ軸を休憩ポイントの中核にレイアウトすることが必要である。また、良好な眺望が得られる立地にある休憩ポイントでは、眺望の活用を尊重したレイアウトとすることが必要であり、特に眺望を遮るように建築を配置しないように注意する必要がある。眺望のための施設設置の検討も考えられるが、それ以上に眺望の得られるシンプルな園地を広く確保することが重要である。

個々の施設については、過剰な装飾を排除し、素材感を活かす、単純な構造とする等の必要がある。

写真5.8.1　オーバールックを設置して、地域の眺望を道路に取り込んでいる。

写真5.8.2　地域の特徴的な眺望を最大限に活用した敷地レイアウトになっている。

(3) 園地

園地としては、眺望広場や展望台、休憩広場、緑陰空間等を、立地条件を踏まえて必要に応じて検討するが、肝心な点は、シンプルな美しい空間をさりげなく用意することである。これは、市街地におけるポケットパークなどにも当てはまる。

ことに、僅少な園地と平坦地に立地する園地を除けば、一定勾配ののり面に囲まれた平坦な造成整備は好ましくなく、地形に倣った造成を行い、園地を地域景観のなかに必然性をもってシンプルにおさめる必要がある。場合によっては、周辺地形と連続するよう築山を設けて園地空間に変化をつけ、多様な利用を促すことも望まれる。

写真5.8.3　湖に浮かぶ島の眺望点として、湖岸に広場を設けた例。道路の山側に駐車場を設置したほか、駐車場と連絡する車道横断は地下道とするなど、道路利用者の眺望を阻害しない配慮がなされている。

写真5.8.4　平坦に造成した盛土の園地を眺望方向に向けて鋤取り、何処からでも良好な眺望が得られるようにし、発生土によって、周辺地形に馴染ませた築山を造成し、園地の核となる眺望休憩点を整備した高速道路のサービスエリアの園地

(4) 植栽

休憩ポイントでは、環境と景観向上に植栽は大きな効果を発揮する。そのために、休憩ポイントに求められる機能を効果的に発揮する植栽を考えなくてはならない。また、植栽で最も重要な点は、機能効果をアピールすることではなく、総体として調和し生き生きとした緑の効果をさり気なく発揮させることである。

5-9 環境施設帯の設計

環境施設帯を整備する箇所では、沿道の土地利用の現状や将来想定を踏まえ、植樹帯や副道、歩道等の断面構成や平面配置を検討する。また、植樹帯の盛土や樹木により、車道と沿道との適度な遮蔽を確保する必要がある。

（1）植樹帯の樹林化

環境施設帯は地域環境の保全を図るために設けられる。施設帯の設計においては、できる限り植樹帯幅員を確保して、地方部では樹林化することが本来は望まれる。ただし、沿道の側近まで樹林が迫るのは生活する住民に好まれない場合が多く、隣接地に沿って緩衝的な歩道を通す等の工夫が必要である。このような検討は計画段階でなされるが、設計段階での再検討や微調整を図る必要がある。

環境施設帯の樹林化については、地域に馴染んだ植栽とすることが原則である。しかし、近隣の迷惑となるような植栽は回避し、親しみが感じられる洗練された植栽構成としなくてはならない。また、管理の省力化を見込める植栽とすることが必要である。（植栽については5－1 p. 102参照）

（2）環境施設帯の公園利用

環境施設帯ではよく公園整備がなされるが、道路構造が低い高架下で満足な日照が得られない場合、また、掘割りの擁壁上の遮音壁と交通量の多い側道に挟まれた狭い空間しか確保されない場合等には、環境施設帯を公園化しても利用されない。

なお、帯状の環境施設帯を単独で公園化するには、幅員上基本的に問題があり、地域の公園整備と一体化させるための検討が望まれる。その場合は、他の空間を含めた動線や利用形態に関する検討を要するため、関係機関を含めた総合的検討を行う必要がある。

写真5. 9. 1
薄暗い高架下の空間の植栽は控え、道路の両脇に周辺の生活環境を保全する緑地による環境施設帯を整備している。

5-10 道路附属物等の設計

5-10-1 交通安全施設等の設計

交通安全施設等の道路附属物は、整理・統合を含めたその設置の必要性の検討が重要である。設置する場合は、周辺の景観との調和を図る。

（1）交通安全施設等のデザインの留意点

防護柵、道路照明、視線誘導標、道路反射鏡等の交通安全施設等は、それぞれに求められる機能があるため、個別にデザイン、設置されがちである。しかし、多種の交通安全施設を数多く道路空間に導入すると、道路空間は窮屈となり、その景観は煩雑なものとなる。

そのためこれらの設置については、安全性等について十分慎重に検討した上で、集約化や、必要性の乏しい施設は撤去することなどにより必要最小限とするとともに、その他の施設等も含めて総合的に検討する。その際には「道路附属物等ガイドライン」を参照する。

（2）施設等を設けないための工夫

防護柵等の交通安全施設は、交通安全上の必要性から設けられるものであるが、これらについては、道路の構造自体の工夫や築堤等の他の構造をうまく利用することで、設置しなくても安全を確保できるようにすることも重要である。また、市街地の道路では、歩車道境界に仕切りのために車両用防護柵や横断防止柵等を設置することが多いが、景観上は煩雑な印象とさせている。また、ガードレールタイプの車両用防護柵は、その背面が歩行者側に位置するため不快に感じられることがある。これらについては、ボラード等、他の施設での代替可能性について検討を行うことが必要である。

（3）交通安全施設等の設計の留意点

交通安全施設等の設計の基本は一貫した連続性を確保することにある。交通安全施設等の形状、色彩は定められているものもあるが、性能規定により適宜検討されるものもある。そうした施設等がどこにどれだけ必要かを検討し、相互に調和がとれるようその配置、形状、色彩の検討を行うことが重要である。また、「公共建築物における木材の利用の促進のための法律（平成22年５月26日法律第36号）」等に基づき、地域特性等によりガードレール、高速道路の遮音壁等における木材の利用促進が求められており、デザイン性や周辺景観との調和にも十分留意しつつ採用を検討していくことが重要である。

案内標識の支柱として、門型（車道上）、Ｆ型（車道上張り出し型）、路側型などがあるが、特に門型、Ｆ型は車線上に張り出すため、シンプルで圧迫感のない目立たないデザインと色彩とすることが必要である。また、複数の案内標識や交通規制標識が近接する場合には、道路管理者と都道府県公安委員会が協力し、標識の効果を損なわない範囲で、整理・統合を図ることが望ましい。

道路照明は、断続的に数多く設置される道路附属物であることから、沿道の景観的基調が同一の区間では、同じ形状・色彩の照明柱に同じ光色の光源を設置することが基本であり、それが道路景観の連続性の確保につながる。

規制標識、案内標識の標識板そのものはその機能上、できるだけ目立つことが要求される。したがって景観上は必要最小限の設置に努力するが、そのもののデザインは機能に徹すべきであり、安易に改変を加えるべきではない。標識の角に丸みをつけたり、やわらかな色彩を用いたりする場合は、実際の見られ方に配慮して検討すべきである。

一方、交通安全の注意喚起のための看板類の設置は、あくまでも標識の補助として、その設置は必要最小限にとどめるべきである。交通規制上最も重要な色である赤色を乱用したりすることがあるが、それは問題である。その板面の表示や色彩・形状・大きさ等については統一されていないことが多いため、景観的秩序を整える観点から、路線全体として統一性を保ったものにする必要がある。

写真5.10.1　シンプルで彩度を下げた防護柵は、眺望を阻害せず、水辺の景色を引き立たせて開放的な走行景観を確保している。

写真5.10.2　安定感のある構造と吟味された色彩を採用した防護柵は、違和感なく景観に馴染んでいる。

5-10-2 遮音壁

遮音壁についてはまず設置回避の代替方策を検討する必要がある。設置する場合は、圧迫感、閉鎖感、煩雑感等を生じさせないような配慮が重要である。

(1) 遮音壁の代替方策

遮音壁は重要な道路附属物の一つであるものの、道路景観上は阻害要因となり、設置せずに済む方策を考えることが必要である。

道路騒音に対して、遮音壁の設置以外にこれを解消、あるいは緩和する方法として、

- ・道路横断面の工夫（環境施設帯の設置、建物のセットバック等）
- ・舗装材料の工夫（排水性舗装等の採用）
- ・隣接建物の工夫（防音建築に対する公的機関の補助）

等があり、既に地域状況に合わせて対策がなされているところも多い。

(2) 遮音壁設置にあたっての留意点

遮音壁を設置しなければならない場合には、道路内外から見て圧迫感、閉鎖感、煩雑感の少ないものとすることが求められる。例えば、透明板を用いて地域の分断感を緩和したり、植栽を組み合わせて遮音壁の存在感を和らげるなど、立地状況に合わせて検討することが必要である。（「道路附属物等ガイドライン」３．５．１遮音壁参照）

景観的には遮音壁と同様な附属物として落下物防止柵、飛雪防止柵、防風・防雪柵などがあるが、これらについても上記と同様に、連続感や端部の違和感等に注意して、支柱の取り付け方法、天端・縁端部等の処理に配慮する。

写真5.10.3　ドライバーの視点付近と上空に、透光板を用いて道路内・外部景観ともに圧迫感の少ない遮音壁。

写真5.10.4　天端の枠を取り除いた透光板の遮音壁によって、道路内・外部景観において圧迫感を少なくしている。

5-10-3 道路占用物件

道路占用物件については、設置の必要性、場所、形状等に留意し、煩雑な景観とならないように配慮する必要がある。

道路景観、特に市街地の道路の景観は、道路、歩道、沿道建物とで構成される空間の内部景観が主である。その空間には、道路附属物、沿道の建物や看板類に加えて、主に歩道に様々な占用物件がもち込まれ、ともすれば雑然とした内部景観になりがちである。

道路占用物件は、ベンチ、バス停上屋、地下出入口、路上の食事施設、変圧器等の地上機器等の様々な用途の施設があり、それぞれに設置者が異なり、規模も形状も異なる。近年では、都市再生整備推進法人などのエリアマネジメント組織等がオープンカフェ等に用いる資材の占用を行うケースも増えてきている。また、「無電柱化の推進に関する法律（平成28年12月16日法律第102号）」（以下「無電柱化推進法」という。）の施行により、変圧器等の地上機器の占用は今後さらに増えるものと想定される。

これらの占用物件は必要に応じ逐次追加されるものであり、周囲の景観との調和や道路景観としての連続性等は、あまり考えられていないことが多い。また道路を装飾しなければいけないという思いから設置されるモニュメント等の占用物件が、結果として煩雑な景観をもたらす場合もある。なお、占用物件ではないが、植樹帯の低木による植つぶしの乱用も同様の弊害をもたらす。道路空間、特に歩道は広くシンプルな状態に保つことが重要であることを忘れず、占用物件の設置については十分に留意すべきである。

また、電柱や電線類は、景観上の煩雑さをもたらす原因となるものであり、電線類の地中化を進めるとともに、照明柱、信号柱等との集約化やデザインの統一性確保を図ることも重要である。電線類の地中化にあたっては、地上に残されるトランス等の形状、設置位置についても十分なデザイン上の配慮が必要である。（無電柱化については 5-15-2　p. 172参照）

道路附属物等の景観配慮の一環として、施設間調整によって形状や色彩の調和に配慮される中で、占用物件のみが独自の形状や色彩を用いていては、景観向上の効果は減少することになる。道路全体の景観向上の観点から、占用者との協議にあたって働きかけることが求められる。

さらに、景観法に基づく景観重要公共施設に指定された道路においては、景観行政団体等と連携し、良好な地域景観の形成に資するような占用許可の基準を検討することが重要である。

（「道路附属物等ガイドライン」３．６．５道路占用物件参照）

なお、地方都市の商店街等では維持管理の負担を理由に、老朽化したアーケード撤去の動きがかなり進んでいる。アーケードが撤去される機会には、建物修景に加えて、舗装の高質化、無電柱化、道路附属物等の景観配慮が求められる。

また、屋外広告物については、地方公共団体の屋外広告物条例と連携を図り、良好な道路景観を創出していくことが求められる。

写真5. 10. 5
沿道の商店街と一体となって美しく整備、維持されている。ベンチ、ポスト、照明、フラワーポットなどのデザインと配置が道路デザイン全体の中で充分考慮されている。

写真5. 10. 6
道路占用物件はその都度個々に判断して位置や形状を決めるのではなく、全体として統一感をとることを心がける。歩道の中に植栽帯がある場合には、その中に配置するとすっきりする。

5-11 植栽の設計

5-11-1 植栽の景観的役割

植栽は、良好な道路景観の形成において、さまざまな効果をもち、重要な役割を担っている。植栽の効果、機能等を十分把握し、植栽の設計を行うことが重要である。

（1）植栽の景観効果

道路の植栽は、歩行者に対する緑陰や目印の提供、沿道環境の改善、ドライバーに対する視線誘導機能や眩光防止機能、さらに大気の浄化機能や気温調節機能、延焼防止機能等、多様な機能を有している。植栽は個別の単機能では他の構造物等に劣る場合があるが、これらのさまざまな機能を同時にもちうる点が植栽の最も優れた点であり、この機能の特性を道路デザインにおいて社会の様々な課題解決に活用することは、重要である。特に、都市化の進展によって失われた自然環境機能の復元や強化に寄与することに期待されるが、景観的には、道路の植栽が有する以下の３点の機能と効果に着目して検討する。

- **風土性の具現**
- **空間の識別**
- **景観の演出**

なお、植栽が景観効果を発揮するためには、植栽材料の性質を熟知しておかなくてはならない。

（2）風土性の具現

植栽は生物であるがゆえに否応なく地域の自然条件に支配される。その自然条件は制約ともなるが、その地域の自然条件に適合した植栽を施すことによって、地域性を表現することもできる。

植栽のもつ自然性・地域性・固有性を十分に考慮することによって風土性を具現化することができる。

写真5.11.1　ウダイカンバの明るい緑に包まれたゆとりのある道路空間を確保し地域性のある快適な内部景観が得られている。

写真5.11.2　地域の歴史を象徴する既存木を駐車場のアイランドに残して、景観の演出効果をあげている。

（3）空間の識別

植栽は位置認識の手がかりとなったり、空間を区分する効果をもっている。

位置認識に関しては、特徴ある姿の高木はランドマークとなりうる。また、列状の植栽とすることで、目印、予告、動線誘導、視線誘導等の位置認識にかかわる効果を発揮することができる。また路線に特有の並木等を植栽することで、その路線を特徴づけて他から識別する手がかりにもできる。

道路内や広場等の空間を列状の並木や低木で分節することが、空間区分の典型である。歩車道境界の並木、低木は歩行者空間と自動車空間という質の異なる空間を区分する効果をもつと同時に、道路空間を横断面方向に分節するため、幅員の広い道路では適切な規模の空間を生み出す効果をもつ。

（4）景観の演出

植栽による景観の演出は、景観形成、景観強調、景観向上、景観調和、遮蔽等多岐にわたる。以下にそれぞれの演出手法のポイントを示す。

景観形成とは、植栽が景観づくりの主役となり、景観を創造する場合をいう。植栽の有する景観的な資質に期待が寄せられ、主たる視対象として象徴的な位置づけが与えられる。枝振りのよい樹木１本、整然とした並木、あるいは鬱蒼とした杜等が景観をつくり出す場合等がこれにあたる。

景観強調とは、優れた景観をより印象的に演出する場合を指す。借景の手法に代表されるような前景として植栽を施す場合や、象徴的な建造物等を際立たせる並木によるビスタの形成等がこれにあたる。

景観向上とは、植栽が他の要素と一体となって景観の質を高める場合をいう。景観強調の手法としても有効な並木は、連続的な景観を構成して景観形成を図ると同時に、周辺景観と一体となった景観向上を図る。同様に、枝葉を広げて天空を覆う植栽は、緑陰効果を伴いながらキャノピー（天蓋）効果によって、景観向上に寄与する。生垣等によって主対象を浮き立たせるスクリーン植栽や、強調したい景観の前景及び背景をつくる借景の手法としての見切り、背景、障り、添え、根締めなども、景観強調を伴う景観向上の手法である。

景観調和とは、例えば擁壁と盛土等の異なる道路構造の間に生じるギャップを解消し、景観的な緩衝効果を発揮する場合を指す。単一の樹種や整形的な植栽は、全体景観の統合に寄与する、また、逆に部分的な植栽をすることによって、景観に変化を与えることができる。

遮蔽とは文字どおり好ましくない視対象を隠すものであり、高木の列植等による隠蔽や、地被等による被覆等がこれにあたる。

これら植栽による景観演出によって良好な道路景観が形成され、道路利用者の多様な活動が快適なものとなる。

写真5. 11. 3
地域に親しまれている山に軸線がずれているのは残念であるが、ユリノキ並木が市街地の骨格をなす道路として象徴的なビスタ景観をつくり出している。

写真5. 11. 4
地域を象徴するケヤキで統一し、ネットワーク上における道路の位置づけを明確にしている。また、十分な枝張によるキャノピー効果を発揮して、 良好な走行・歩行空間を演出している。

写真5. 11. 5
遮音壁を遮蔽する中木植栽と背後の植栽により、緑量が確保され走行景観を向上させている。

図5. 11. 1　スクリーン植栽の模式図

図5. 11. 2　景観向上を図る植栽の模式図

5-11-2 植栽形式と使用種の選定

植栽や緑化にあたっては、道路構造の特性や周辺の状況等に応じて、適切な植栽形式や樹種の選定等を行う必要がある。

(1) 植栽形式

植栽形式については、周辺地域と道路の性格に相応しいものを選択することが重要である。

道路で用いられる植栽形式としては、大別して、整形式のものと自然式のものがある。整形式には、等間隔に一定の離れをもって形状寸法の整った単種の樹木を列状に植栽する列植がある。列植する高木・中木の植栽間隔を詰めると生け垣になるが、見通しの良いことが求められる道路では特別の場合以外用いない。また、低木の植栽間隔を詰めた植栽が寄せ植えであり、一般に整形的に整備される。ただし、交差道路での視距確保を考慮する必要がある。

自然式には、不等間隔に形状寸法の不定な樹木を混植するランダム植栽がある。列植植栽もランダム植栽も、線的な構造と面的な構造があるが、道路では並木に代表されるような列植の線的な構造が主であるが、交差点・インターチェンジ等や休憩ポイントおよびのり面は、面的な植栽がなされ、その代表的なものが樹林化を意図したランダム植栽である。

(2) 列植並木とランダム並木

一般にいう並木は均一な形状寸法の高木の列植を指し、道路植栽としては、都市的な景観と良く調和する整然とした並木を用いることが多い。十分に連続性が認識される道路では、ビスタ(見通し景観)を効かせた列植並木は高い景観効果が得られる。ただし、延長が短い場合や、並木が自動車の出入りなどにとって繰返し分断される場合には、列植効果は発揮されないため、ランダム並木で対処する方が自然である。

それに対して、地方部では、自然的な景観と良く調和する穏やかなイメージのランダム並木を採用することで、より大きな植栽効果が得られる。特に、沿道景観の変化や沿道の景観資源を強調する場合には、自在に配植できるランダム並木が卓越した景観効果を発揮する。

写真5.11.6　田園景観を阻害しないランダムな並木植栽により開放的な走行景観が得られている。

写真5.11.7　保存された街道のランダムな並木植栽は、経年変化による重厚さと歴史性が感じられる。

(3) 植栽の階層組成

道路植栽の階層組成は、高木の単層植栽、中木の単層植栽、低木の単層植栽、高木と低木の2層植栽、高木・亜高木・中木・低木からなる複層植栽などがあり、前4者は整形式、後2者は自然式植栽で主に用いられる。いずれにしても、植栽構成は、シンプルな洗練されたものであることが重要である。また、視野を遮る中木や丈の高い低木の植栽は、見通しの良さが求められる道路植栽として、好ましくない場合があるので注意を要する。

(4) 植栽の完成度

植栽は生物である植物材料を用いるため、経年的に生育し、周辺景観に馴染み、長期には風格を有するものとなる。植栽にあたっては、このような時間の蓄積を重視しなくてはならない。そのため、植栽時の完成度の扱いが問題となる。完成度とは、植栽木の生育の程度をいい、完成度の違いに応じて成木植栽、半成木植栽、苗木植栽などがある。当面の成果が求められる道路では成木植栽が求められことが多いが、植栽基盤への順応性に乏しく、将来の生育には大きな期待がもてない。植栽を基盤に馴染んで強壮なものに生育させるためには、なるべく、半成木ないし苗木植栽とすることが望ましい。

(5) 使用種選定

道路の植栽は、その目的に沿った効果的な使用種の選定を行う必要がある。その際、在来種や定着種は、一般に気候や立地などの自然条件への適応性が高く、特に地方部の植栽においては有効である。

従来、道路植栽は、街路の並木に代表されるように、プラタナスなどの近代になって渡来した落葉樹が主に用いられてきた。これは、近代の道路整備を外国に学んだためである。例外的に日本庭園的な植栽構成で在来の樹種も用いられたが、基本的には整然とした道路景観などの形成を目指しており、日本に古くから伝わった樹種にしても、イチョウのような整形的な姿をもつものが使用されてきた。

街路でのこのような緑化の方向性は現在でも有効であるが、自然が背景にあるような道路では、地域景観に馴染む、在来種ないし定着種を選定することが原則である。

植栽に用いる種の選定にあたっては、地域に自生する種であれば無条件に使用し得る訳ではなく、下記に示す樹種特性と道路の条件を把握し、対象区間に最も相応しい植栽効果が発揮される種を選定することが必要である。

- 植栽分布
- 樹高　枝張り　常落の別　根系等の性状
- 樹形　葉の季節変化　幹　花や実　緑量などの特徴
- 生育の速度　発芽の難易　遷移的な特性　病虫害等に対する耐性
- 耐寒性　耐雪性　耐風性　耐潮性　耐陰性　耐乾燥性
  耐湿性　耐煙性　定着（耐移植）性　耐剪定性等の耐性
- 市場性　等

例えば、植栽しようとする樹種の将来的な高さ、枝張りなどの特性を知らなくては、期待した植栽効果が得られない。枝下空間が明るくなるようなイメージを考えているのに、葉色の濃い常緑樹を用いたのではまったくデザイン方針が具現化されない。一方道路環境に対する耐性が弱い樹種を用いたのでは、活き活きとした緑の効果が発揮されない。生育が早過ぎると管理が大変になり、逆に生育が遅すぎるといつまでたっても植栽効果が得られないことになる。

使用種選定の目安の一つは、ある程度の植栽実績があるものを選定することである。ただし、自然地域にあって地域に自生する種の選定を行う際、植栽の実績に乏しいものもあるため、多くの知見を集積して選定する必要がある。

写真5.11.8
ゆとりのある広い路肩が住民の憩いの場となり、地域に自生するエゾヤマザクラの植栽が花見の名所になっている。

写真5.11.9
地域に親しまれ幅員構成に適合するケヤキが伸び伸びと育ち、緑陰効果の高い緑豊かな道路景観が形成されている。

(6) 外来種の取扱い

植栽は、地域に不測の影響を与えることがあってはならない。その意味で、侵略的外来種のニセアカシアやイタチハギは問題となる。土壌を過窒素状態にして他の植生の進入を妨げ、自身は広範な地域に侵入、繁茂して、地域の固有種を被圧する。のり面でも自生種の定着が抑制され、林床が疎となりエロージョンを起こすおそれがある。マメ科の種は在来種でも一般的にこうした傾向があり、ハンノキやヤシャブシの類も同様であるため、選定には若干の注意を要する。またこれらの種の異様に繁茂した状態は、景観的にも乱雑なものとなる。

そのためにも、生物多様性保全の観点から、地域になじむ、在来種または定着種を選定することが重要である。

(7) 草本種の取扱い

草本種は地表を覆い、美しい花を咲かすものも多いため、景観的効果が高いものの、、道路環境への耐性や管理についての配慮を要する。そのため、草本種によって得られる景観的効果が期待される場所、草種を選定した上で、道路の植栽の一手法として取り入れることも有効である。

(8) マニュアル類の活用

植栽に関しては多くのマニュアルやガイドが刊行されている。(参考文献NO. 52～56) これらには植栽に関する情報や知見が述べられているので有効に活用したい。マニュアル類の活用の有効性を担保するためには、現地で、対象地の景観特性や、植物および植栽基盤の総合的な特性を把握しておくことが前提であり、現地での特性把握を省略しマニュアル類の部分にたよることはかえって間違いを引き起こす原因ともなりうるので留意が必要である。

また、マニュアル類を活用するにあたって、十分な知見を持つ専門家の意見を求めることも有効な方法の一つである。

5-11-3 植栽基盤と植栽空間

植樹帯の設計においては、植栽形式と使用種に見合った、十分な大きさと良好な土壌をもった植栽基盤と地上部の生育空間を確保することが重要である。

（1）植栽基盤の配分

道路はその構造特性、道路利用者、沿道の状況などによって性格づけられる。道路の植栽は道路の性格を引き立て、強調するものとしてデザインしなくてはならない。その際植栽を、スポット的なアイランドや休憩ポイントなどを含めて、道路の何処に配置するかが大きな問題であり、植栽形式や使用種を勘案しながら、道路の性格を表すために植樹帯を適切に配置、配分することが、道路デザイン上重要となる。

道路の植栽基盤は、横断構成上、慣例的に確保される場合が多いが、その道路に相応しい緑化の姿を見定めて、効果的な緑化のために植樹基盤を統合・整理することを設計段階で検討する。その検討にあたっては、車道空間や歩道空間との調整を図ることが必要となる他、景観上、特に重要な場所等においては、計画段階に遡る等、改めて検討する必要がある。

なお、道路における植栽基盤は、横断的に分離帯、歩車道境界、歩道、道路境界に植樹帯ないし植樹桝として用意される。また、路肩、のり面が植栽基盤となる。そして、平面的には交差点・インターチェンジなどや休憩ポイント、環境施設帯、また、アイランドなどに植樹空間が設けられる。

（2）植栽基盤の大きさと土壌

植栽基盤の形状については、道路の横断等の行動を妨げない範囲で、帯状に連続するものが望ましい。「道路構造令」では植樹帯の幅員は１．５ｍを標準としているが、必要に応じ標準値以上の広い幅員を確保することが望ましい。樹種・立地などによる差異があって一概には決められないが、その幅員の目安は、１列の高木植栽を検討する場合、根系が広がる樹種に対して２ｍ以上、理想的には３ｍ以上必要となる。したがって、この様な幅員を取れる見込がない場所には、無理に根系の大きい高木を植えない方が良い。基盤の深さは、高木でも栄養根のほぼ80％程度は地表から約40cm の深さの範囲に分布していることを踏まえ、表面から40cmに腐植を含んだ層を確保し、それより深い部位は透水性の良い層としておくことが重要である。また、根系の伸展に支障がないように、上下層を馴染ます工夫が必要である。

写真5.11.10　街路樹の生育に必要な基盤を幅員構成のなかに確保している。

写真5.11.11　かなり踏み固められてはいるが植物の生育に必要な基盤幅員が十分に確保されていて、機能効果の高いイチョウ並木を支えている。

写真5.11.12　余裕のない道路幅員に並木植栽が無理やり押し込められ、強剪定によってかろうじて生かされているが、植栽の効果は期待できない。

（3）植栽基盤の要点

植栽基盤のあり方としては、植栽がもつ各種効果を遺憾なく発揮させるために十分な規模の植栽基盤の確保が第一に必要である。

植栽基盤の土壌としては、植栽にとって枯損の原因となる滞水は避けること、生育不良の原因となる根の伸展の不可能な硬度の基盤としないことが必須である。そのため、

・透水性が良好な土壌であること

・締固まりにくい土壌であること

が必要条件となる。

この時、植栽基盤の土壌は地盤の土壌と全く異なるいわゆる黒土を客土する必要はない。むしろ立地の表土を確保することが望ましいが、代替的に掘削による表層の発生土を客土した方が地盤との馴染みが良くて、当面の生育は好ましくなくても、将来における植栽の正常な生育に期待がもてる。

なお、十分な植栽基盤が確保されない場合には、植栽のもつ生物としての効果が発揮されず、美しくないばかりか沿道にとって邪魔な存在としかならないため、そうした状況では植栽を行うこと自体を控えることが必要である。

（4）生育に対する対応

植栽基盤を植栽の健全な生育の望める良好なものとしても、地上部に植栽の十分な枝張り空間が確保されていなければ、植栽に望む効果は得られない。また、十分な空間が得られていないと、伸展した枝張りによる近隣への迷惑も予想されるため、枝を詰める剪定などが必要となる。しかし、強剪定は植栽の健全な生育を阻止し、樹木の樹勢を損ない、樹齢を著しく縮めることを念頭においておく必要がある。そのため、あらかじめ十分な空間を確保するか、空間に相応しい植栽の樹種選定をする必要がある。

また、高木植栽の支保のために支柱を施す際に景観的配慮として地下支柱を採用する場合があるが、根系の伸展の阻害によって、樹勢の衰えを招く事例が多いので、留意が必要である。

5-11-4 既存樹林・樹木等の保全・活用

道路緑化では、まず、既存樹林・樹木等の現況保全や樹木等の移植活用、表土の活用の検討が必要である。

(1) 既存樹林・樹木等の現況保全

既存樹林・樹木等の緑資源の活用の第一は、現況のまま活用することである。これらは時間経過のなかで生育、安定してきているために、景観効果が極めて高い。現況保全に関しては、設計段階あるいは施工段階での造成の工夫によって対応することとなるが、計画段階に遡った検討が必要となる場合も多い。

写真5.11.13 植栽の生長に厳しい自然条件下では、当初からの効果が期待できる既存林を活用することで、道路自体が豊かな緑空間となっている。

(2) 樹木の移植活用

緑資源の活用の第二は、造成によって伐採される樹木を造成基盤に移植して活用することである。市場では得られないような、地域性のある樹種や大径木の移植によって、新植では得られない大きな景観効果が得られる。

移植については、樹種によってその難易に差があるが、これまでほとんど移植が不可能であった樹種や大径木の移植も機械移植によって可能となっている。移植は、樹木の休眠期における適期移植が望ましいが、それ以外の時期における移植も、手当て、養生次第で可能である。また、萌芽性の高い樹種については、樹幹を根際より少々上で伐取った根株の移植はその後の萌芽、生育が速やかであり、新植を凌ぐ早期の植栽効果が得られる。

写真5.11.14 移植された大径木は、新植とは比べものにならない効果を発揮する。

写真5.11.15 根株移植した低木が旺盛な生育を見せている。

(3) 表土の活用

緑資源の活用の第三は潜在的に生物資源を包蔵している表土を保全、活用することである。表土は長時間をかけて、地質基盤に気象・水文が作用し、生物の働きを得て醸成される。そのため、表土を保全し、それを植栽基盤に活用することで、地域に相応しい環境・景観が早期に回復し、道路が地域の景観に馴染んだものとして受入れられるようになる。

表土の保全には、工事の工程から仮置きの必要性が生じる。

ただし、日本では夏季における多雨高温条件が利き、土壌微生物の死滅などは生じるものの、土壌の透水性が確保されさえすれば、5m程度の高積みを露地で行っても、締固めない条件下で、植栽基盤に活用すると資質の回復が図られる。しかし、堆積した表土に滞水が生じると、有機質の分解が急速に進み、膿んで表土としての資質が失われるため、排水の良好な場に仮置きすることが必要である。

植栽基盤に対する表土の活用については、植栽基盤が盛土の安定する勾配であれば場所を選ばないが、面的に活用しないと表土保全の意義を損ねてしまう。厚さについては、表土を40cm厚程度で均一に敷均して活用することが効率的でもあり、最も効果的である。

写真5.11.16　地域の自然環境を復元するために表土を貼りつけている。

5-11-5 既存道路の改築時における樹木等の取り扱い

> 既存道路の改築時において、既存樹木等は健全度を勘案した上でその保全を検討することが望ましい。

(1) 樹木の取扱い

時間経過のなかで生育して風格をもった時間蓄積のある樹林や樹木は、その地域の景観・風土を心象的に受継ぐものであり、景観的にも重要である。これらの樹林や樹木は、その周辺の空間も含めて極力既存のまま残して活用することを基本とする。現地での保全が困難な場合には、少なくとも移植によって活用するべきである。

なお、既存の状態での保全は改築の構想・計画段階で、道路を別線とする対応が必要な場合もあり、車線を分離したり、若干迂回させたりする検討が必要となる。(往復分離については4-3-3　p.82参照)

また、生物である植栽材料の再利用を考える時、過度の剪定等によって樹勢を衰えた余命の少ない樹木は、移植によってさらに樹勢を低下させ、樹勢の回復が困難な場合が多い。そうした樹木は生命力の旺盛な若木との更新を図ることが必要である。密植された低木類も同様である。

写真5.11.17　道路の拡幅にあたり、上下線を分離して街道のマツ並木を保全している。

写真5.11.18　史跡指定されている街道の一里塚を分離帯としてうまく保全している。

写真5.11.19　ハサギを移植して地域の特徴的な景観を保全し、市指定文化財になっている。

（2）その他の要素の取り扱い

一般的に自然素材は景観的に望ましいエイジングが加えられるため、既存道路で用いられていた石材などの自然素材も、傷みが少ない状態であれば、ある程度の加工が必要であっても、再利用を図ることが望ましい。

そして、道路の改築にあたっては、老朽化したり改築整備に相応しくない施設、構造物、工作物などは、改築に相応しい新規のものと代替する方が機能的に好ましく、景観的にも得策である。ただし、リサイクルは常に考えておく必要がある。

5-12 色彩の設計

色彩については、周辺の色彩との調和を図るとともに、一貫した考え方のもとで計画・設計を行う。

(1) 色彩の計画・設計の基本

道路構造物や道路附属物などの色彩は、路線あるいは地域等ごとに、沿道特性等を踏まえて統一したコンセプトをもって計画することが必要である。ただし、あまりに路線全体ということにこだわりすぎ、与える影響の程度や性格が異なる要素等を無理に一つの色で統一することはあまり意味がなく、道路デザインとしては危険でもある。

色彩はあくまで、対象要素の特性、要素と周辺との関係に基づき計画・設計されるべきものである。

したがって、道路に用いる構築物の色彩は、周囲の自然の色彩と調和するものでなければならず、そのために下記の事項を原則とする。

- ・できるだけ素材そのものの色彩を活かすこと
- ・無彩色や低明度、低彩度の色を基本とすること

なお色彩については、地方公共団体や地方整備局等ごとに考え方や候補色を示したガイドラインが整えられていればそれを参照し、もしくは「道路附属物等ガイドライン」を参照すること。

(2) 色彩選定の考え方

道路構造物は、一般に基調色としては低彩度、低明度の色を使うことが望ましいが、アクセントをつけたい場合は、部分的に派手な色を使うこともある。しかし、効果的な使い方は難しく、誰でもできるというものではない。専門家の意見を聞くことが求められる。

一般に素材の色は自然の色であるため、周囲の環境に無理なく調和する。コンクリートの色のように、白やグレーの無彩色(厳密にはわずかな色味のあるものも含むニュートラルカラー)や、アースカラー（土・石・水・枯草・樹木の幹の色等、自然要素の色)、自然材料を用いた伝統的な建物等の色は、周辺との馴染みが良いことが知られている。

ただし、黒っぽいこげ茶色等の暗くて濃い色は、周囲がやわらかく明るい色彩の場合等には、かえって強く目立ちすぎる場合もあるので注意が必要である。

写真5.12.1　橋梁の色彩検討の様子。大型色見本を現地に持ち込み、周辺景観との関係を確認しながら色彩を最終決定することが最も確実な検討手法である。

(3) 色彩選定における留意点

空や水面が背景となるから青色、森の緑に合わせて緑色という考え方は成功する例は極めて少ない。なぜならば、自然に因み連想した色でも、自然の空や森とでは質感が全く異なるため、自然の色と比べると違和感が生じるからである。特に、ブルーシートの青色のような彩度の高い人工的な色は、非常時において集落の屋根や橋梁にもよく使われているが、非常に違和感がある。

一方、道路上の案内標識の緑色や青色は、人工的な色彩で、樹木の緑や空を背景にしても、極めてよく目立つ。逆にいえば、それ故に標識としての機能に適した色として採用されている。

このように機能上必要とされる道路附属物の場合、例えば標識や安全上目立たせねばならない場所のガードレール等には、目立つ色を使うことを優先させるが、目立つからといって無条件に色彩選定していい訳では当然なく、路線あるいは地域等の色彩計画や、周辺の景観を念頭において選定する必要がある。

そこで、防護柵、照明柱、標識柱等の道路附属物等の色彩については、「道路附属物等ガイドライン」を参照し、そこに示されている基本的な４色（ダークグレー、ダークブラウン、オフグレー、グレーベージュ）を選択肢として、地域の特性に応じた適切な色彩を選定することが望ましい。

5-13 暫定供用を予定する道路の設計

5-13-1 暫定供用を予定する道路の考え方

> 暫定供用を予定する道路では、完成形の合理性とともに、暫定供用期間の道路のあり方について十分配慮して計画・設計を行う。その計画・設計では、暫定供用する車線位置の選択に十分に配慮する必要がある。また、暫定供用によって生じる用地幅の余裕を活かした沿道景観の配慮について検討を行うことが望ましい。

(1) 暫定供用を予定する場合の配慮

将来的に必要な車線数や幅員に基づいて計画された道路が、暫定的に一部の車線のみを整備し供用することは少なくない。こうした暫定供用の道路は、地域および道路利用者にとっては、それが完成した道路として受け止められる。また暫定供用の期間が相当に長期にわたることも多いため、暫定供用の状態が地域の日常生活や景観の観点からみて、可能な限り最適なものとなるような設計を工夫する必要がある。その際には、暫定供用を条件とした設計も検討するなど、幅広い代替案のなかから、総合的な判断によって最適な整備方法を目指すことが肝要である。

(2) 暫定時の車線位置の選択

将来完成時の車線数にもとづいて用地を買収し、一部の車線を暫定的に建設する場合には、沿道敷地利用の有無、歩道の利用の程度を考慮するほか、以下の考え方にもとづく比較案を検討し、建設コスト等を含めた総合的な判断によって、その採否を決定する。

暫定時における車線位置の選択に関しては以下の3つの比較案についての検討を行う。

- 片側の車道を当初施工する案は、限られた財源のもとにネットワークの構築を急ぐ段階建設の意義に合致する。
- 中央部の車道を当初施工する案は、暫定供用時に跨道橋等をより自然な姿で眺めることができるが、沿道には施設が立地しにくくなる案である。
- 外側の車道を当初施工する案は、地形が平坦な場合や緩やかな丘陵地である場合には沿道の施設誘導が可能となる案である。沿道地区の分断や大きな平面交差点の交通処理に注意を要するが、上下線を離すことで安全で快適な走行が確保される。そして、中央帯に既存林を残す等の工夫によって良好な道路景観が形成されやすいこと等の利点がある。

また、土工や構造物を多く必要としない平坦な場合には、自由度も比較的高いため、暫定供用時に快適で利用しやすい道路となるよう、確保された敷地を有効に使った丁寧な設計を行うことが望ましい。

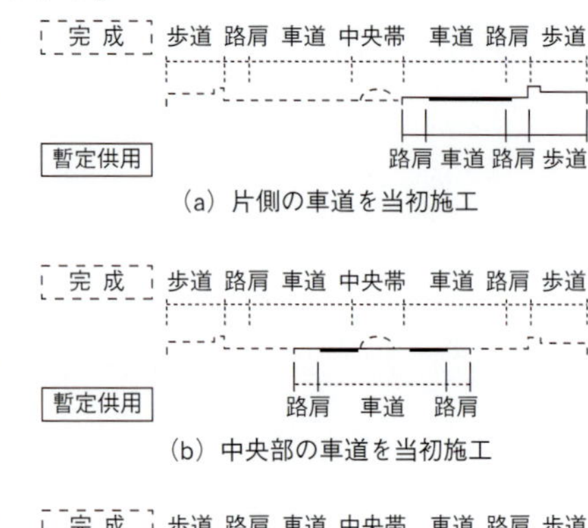

(a) 片側の車道を当初施工

(b) 中央部の車道を当初施工

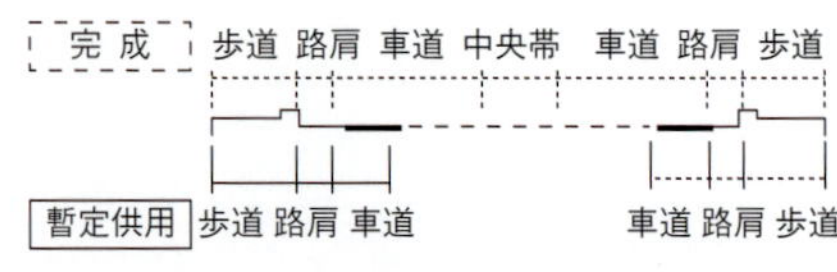

(c) 外側（両側）の車道を当初施工

図5.13.1 一般道路（4車線）の暫定時の車線位置の選択に関する代替案

（3）暫定的に生じた余裕の処理

暫定供用の期間に生じる余裕は、その暫定供用時における、景観特性、周辺の立地特性、その暫定供用をする空間の特性等を鑑み、それら特性に応じた利用、処理をする必要がある。

特に土工処理については、完成形の土工造成をして、のり面を植生工で処理し、路面空間は裸地のまま放置することが多い。完成形の平坦造成は山地などでは不自然であり、裸地のままとすることや、飛砂防止、エロージョン防備のため、ブルーシートで覆ったり、コンクリートでシールすることは、景観上好ましくない。

完成形の計画が確定していない場合で、片側車線を供用する場合、片側ののり面造成を自然に近いものにすることができる。中央側の車線を供用する時には、完成形で造成せず、のり面を緩く造成することで地域景観との馴染みを図ることも考えられる。また、外側の車線を供用する時は、中央帯に既存林を残す等の工夫によって良好な道路景観が形成され易い。

完成形の計画が確定している場合には、完成形の造成をすることになるが、暫定未供用の路面空間は緩やかにアンジュレーションをつけて造成して、植栽および植生工で表面を処理する程度の検討はしたい。この仕方は、完成形の計画が確定していない場合でも有効である。なお、暫定供用の期間に生じた空間に植栽すると効果的だが、造成盤に植栽すると植物は容易に生育しないため、植栽基盤の整備をしっかりしておく必要がある。

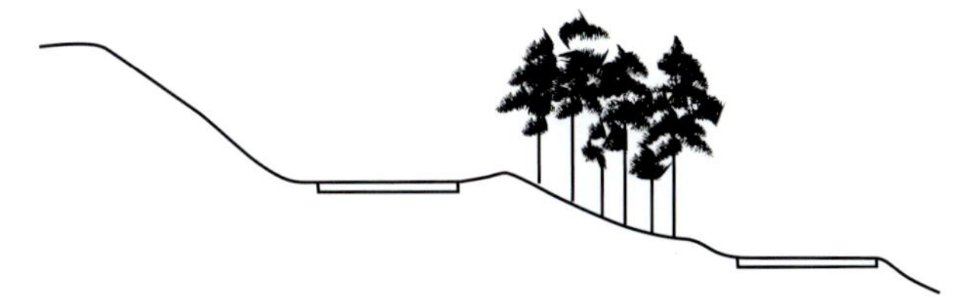

図5.13.2　外側車線を暫定供用することで、中央帯に既存林を保存する模式図

（4）追越し車線区間等と跨道橋に対する検討

片側車道を当初施工する案および中央部の車道を当初施工する案では、追越し区間等と跨道橋の前後区間の土工だけが完成施工断面となり、景観的な違和感を生じる恐れがある。このような場合には、ラウンディング等の処理によって、暫定形の土工と完成形の土工とを滑らかに擦りつけるような工夫が必要である。

5-13-2 道路構造物の考え方

暫定供用を予定する橋梁・高架橋など道路構造物の計画・設計では、未供用車線にかかる橋脚や橋台など、暫定供用時に不自然な道路構造物が露出することを避けることが望ましい。

（1）橋梁・高架橋の考え方

暫定供用を予定する道路を設計する際、外部景観上留意すべきことは、竣工した段階の道路の姿が、印象として強く残ることである。すなわち、地域住民にとって、建設される道路が暫定供用であるか否かは意識されず、今ある景観が評価の対象となる。したがって、景観上の留意点は通常の橋梁・高架橋の場合と基本的には変わらない。（橋梁・高架橋の設計については 5－3　p. 116参照）

そのため、将来的に現状とほぼ同規模の完成部分が隣接して設置されることを、構造的にも景観的にも計画当初から想定しておかなければならず、これが暫定供用を予定する道路構造物を設計する際の着目点となる。

この課題に対する景観的な解決策は、近接施工とならない離れた位置に完成供用構造物を計画・建設することであり、この解決策はトンネルにも当てはまる。また、橋梁・高架橋部分は完成形として計画する判断や、道路中心を暫定供用時と完成時で同一に計画・設計することが考えられる。すなわち、暫定供用時の上部工に対して、完成時はその両側に半分ずつ道路面を張り出す構造とし、暫定供用時も完成時と同じ橋脚・橋台を用いることである。しかし本構造に対応した橋脚・橋台の採用は、暫定のみの対応の場合に比べれば、当然ながら初期コストが高くなるため、トータルコスト等の総合的な判断に基づき検討する必要がある。

なお、景観上違和感の強い暫定供用時の姿としては、T型橋脚や橋台への上部工の片側偏載、さらには高架橋の場合に見られる、ラーメン橋脚や壁式、T型などの不揃いな橋脚形状の林立等があげられる。この場合には、橋脚の柱と梁を明確に区分し、さらに柱を強調するなどのデザインの工夫で違和感を多少緩和できる。

写真5.13.1　シンプルな構造形式を採用したことですっきりした暫定形となっている。

写真5.13.2　張出し部の先端にブラケットを新たに設置して車線を両側に継ぎ足す構造で、完成時への対応を可能にし、暫定・完成時の両方の景観に十分な配慮がなされている。

(2) オーバーブリッジの考え方

暫定供用を予定する本線道路に計画されるオーバーブリッジは、完成道路断面に合わせて建設されることが一般的である。

オーバーブリッジ等、道路走行者の前面を横切る道路構造物などは、必ず視対象となるため、全体を見渡せる左右対称の安定した形態であることが望まれる。また、大規模な橋台は切土断面の側方開放感を遮断し、圧迫感を与えるため、切土の擦りつけは緩やかに、また残地や斜面に景観上効果的な植栽を施す等、完成形で供用される道路以上に慎重な検討が望まれる。

写真5.13.3　オーバーブリッジ付近のみ完成形幅員で道路をつくり、前後の車線を片側に寄せて暫定開通すると、違和感を与える。

5-14 施工時の対応

施工段階で、現場条件等によって設計を変更する場合には、それまでの計画・設計段階で検討してきたデザイン方針を損なうことがないように、適切な対応を図る。また、工事用道路等が景観に及ぼす影響について、十分な配慮が必要である。

（1）デザインの一貫性の保持

道路デザインの一貫性は、施工段階においても保持されなければならない。施工や管理の容易さのみから設計を変えてはならず、初期のデザイン方針を実現するために施工段階で設計者等の協力を得て十分な監理を行い、デザインの一貫性を保つ努力をする必要がある。そのためには、以下の点が重要となる。

・施工段階でやり易いところだけを取出して、うわべだけの装飾や過剰なデザインをしないこと

・臨機応変と現場合わせを旨として対応すること

（2）臨機応変に検討する対応

ただ無批判に設計図通りに施工するのではなく、常に初期のデザイン方針を念頭におき、現場の状況に合わせて最適な解を得るよう、臨機応変に検討して対処することが求められる。

例えば、以下のような現場における臨機応変の対応で設計意図を実現することができる。

・設計段階では意識されなかったが、現場で景観上有用な樹木・樹林が発見された場合、その樹木等を残すよう努力する。図面上はやむを得ず伐採する予定だった樹木でも、現地で造成を若干変更することで可能ならば残す。

・交通安全上、防護柵の代替として築堤をする際に、図面を忠実に現場に写すのではなく、現場で盛土の形を見ながら周辺との取合いや、前後のバランスを考えて築山造成すると、自然に調和した形の良いものができる。

・設計時と異なる対応の必要性が生じた場合は、デザインの一貫性を保つよう、周辺区間も含めた再検討を行う。建築や造園等の分野では、良いデザインは適切な現場監理が伴ってはじめて実現することはよく認識されている。道路のデザインも肌理細かな現場でのフォローが不可欠であり、それ次第で最終的な結果の質が大きく変わる。

（3）現場での対応の注意点

デザインの一貫性を保つには、施工や管理の容易さだけから、当初の設計を安易に変更したりしてはならない。よって施工段階でのフォロー体制も必要かつ重要である。（体制については7－1　p.184参照）

構想・計画段階、設計段階でのデザイン検討が不足であったと考えて、施工段階で、擁壁やトンネル坑口壁面等に絵を描いたり、橋の親柱や高欄に凝ったりする例があるが、道路デザインの目的をよく理解して、そうした間違った対応をしてはならない。設計段階において必要なデザインは既に検討されている場合が多く、この段階で、安易に景観を考えて何かデザインするのは、かえって道路景観を台無しにすることになりやすい。ただし、設計段階での景観検討が不十分な場合は、十分な景観検討を行う必要がある。一方、設計段階での景観検討が不十分なまま進んできてしまった場合には、本書で述べてきた主旨にそった、その段階でできる可能な限りのデザインへの努力を行う必要がある。

施工段階でできることは自ずと限られているが、美しい肌理のコンクリートの打設、植生や既存樹林を保全する造成、細部にわたる緑化の配慮等、基本に忠実に肌理細かで丁寧な施工をするだけで、道路景観は見違えるほど良くなるため、そうした対応に力を注ぐべきである。

（4）工事用道路等の考え方

工事にあたっては、工事現場へのアプローチ、資材の運搬等のために工事用道路が必要となる場合が多い。仮設の道路であるという認識から安易に対処することが多いが、地域への影響は、本線と変わらない。工事用道路は、工事の終了時に原形復旧することが原則であるが、地域の要請で道路として活用されることも多く、地域の地形・地物への配慮に万全を期す必要がある。

また、工事の作業スペースを確保するための造成等を行う場合にも、地域への配慮を十分検討し、また工事終了後は原形復旧が原則となる。

（5）細部の納まり

設計はあくまでも縮尺に対応した基本を示すものであって､実寸で対応する施工においては、設計上現れなかった微妙な地形などの状況を把握した高低差の納まりや、他の構造物との取り合いなどの細部の納まりを検討する必要がある。特に擁壁や階段などでは、標準的な勾配や線形ではうまく納まらない部分があるので、注意が必要である。

また、舗装における高低差のすりつけには、基盤の曲面などに馴染むように舗装材のピースを加工したり、場合によっては当該部分の舗装を換える必要が生じる。いずれにせよ滑らかに納まるか、他の部分と相互に調和がもてるかが問題になる。端部の仕舞についても他との違和感が生じない工夫を十全にしておく必要がある。

（6）施工時の周辺地域への配慮と仮設物

施工時における仮設物などについても周辺や地域への配慮が必要である。例えば仮囲いなどで、様々に工夫が凝らされるが、的外れの過剰な装飾などはかえって逆効果である。重要なことは、現場で機械や資材が乱雑に放置されていることで、立入防止柵やラバーコーンも必要以上の設置などを避け、常に整理整頓を心掛けることが望ましい。なお、植栽や草花を持込む事例もあるが、整理整頓がなされた上のことでないと、その効果が生きないため注意が必要である。

5-15 既存道路におけるその他の景観改善

5-15-1 歴史的建造物等の保存

既存道路において、歴史的価値のある橋梁、トンネルなどの土木遺産や旧街道などがある場合、それらの保全・活用を検討する必要がある。

(1) 歴史的建造等の保存の必要性

歴史的価値のある橋梁、トンネルなどの歴史的な土木遺産や旧街道は、地域の履歴を表象するものであり、地域の重要な個性となっている。また、地域の人々にとっては昔からの生活の記憶の一部となっている。そうした規模でなくとも、例えば道路に表情を与えてきた道路の緩やかなカーブや折れ曲がり、道路の内外に設えられていた空石積擁壁や水路なども重要な保存対象であり、路傍に雰囲気をもたらしてきた石標なども、生活に密着した歴史の重要な遺産である。

これらの施設に関しては、できる限り保存することが求められる。また、歴史的な街並みが残る旧街道等は、他に迂回路を設定して通過交通を排除した上で、街並み保存を図る等の検討が必要である。

(2) 保全・活用

歴史的な建造物の保存は、その場所での現役使用が困難な歴史的建造物であっても、設置された場所にも大きな意味があるため、現地での保全・活用や転用を行うことを基本とする。また、都市の賑わい創出のためにも、価値を損なわないよう留意した上で修景を行うことも考えられる。

(3) 移設保存

現地での保存が困難な場合には、移設保存を検討する。

移設保存にあたっては、現役で使用されていた場所の空間の状況を可能な限り再現し、従来の存在感や空間的バランスが崩れることがないように配慮することが求められる。

なお、歴史的建造物等の保全・活用、移設については、多面的、専門的検討が必要なため、早期の段階から専門家に意見を聞くことが望ましい。

写真5.15.1
移設前の四谷見附橋。
近隣の迎賓館（旧赤坂離宮）のデザインと呼応した照明柱や高欄が用いられた。

写真5.15.2
交通量の増大に伴い架け替えられた四谷見附橋。アーチに近いラーメン形式とし、附属物のデザインも継承された。

写真5.15.3
移設されて長池見附橋となった旧四谷見附橋。旧橋を再利用して移設、修復活用されている。しかし周辺環境が大きく変化したためデザインの意味が損なわれた。やはり現位置での活用が望ましい。

5-15-2 無電柱化

無電柱化は、既存道路の景観を大きく改善することが多いため、事業実施にあたっては、他の景観要因についても検討し、関係者と連携して総合的な景観整備を図ることが重要である。

(1) 道路デザインとしての無電柱化

道路の内部景観をすっきりさせるための基本は、道路空間に機能上不必要な施設を設置しないこと、施設を集約化すること、隠すこと、不要な施設を取除くこと、である。

道路の上空に張り巡らされた電線類は、都市景観を煩雑にする主な原因の一つであり、それらを取除き、見えなくする無電柱化は道路デザイン上重要な課題である。景観改善効果が特に大きいため、今後の積極的な無電柱化の推進が求められており、「無電柱化推進法」が施行された。

無電柱化推進法の施策の一つとして、既存の電柱・電線の撤去のほかに、道路上の新設の禁止も位置付けられている。さらに景観法では、「電線共同溝の整備等に関する特別措置法（平成7年法律第39号）」に特例を設けて、景観計画に定められた景観重要道路における電線共同溝の推進を図っている。

(2) 無電柱化にあたっての課題と対策

無電柱化の方法は、電線共同溝による地中化のほか、裏配線や軒下配線、柱状型機器による電線共同溝がある。沿道状況に応じた方式を選定する必要である。なお、地中化を選択した場合は、その景観的効果を半減させる問題が生じることもある。例えば、以下のような場合がある。

- 地上部に設けられる変圧器等が目立つ。
- 地中化後に交差点信号機の引込電柱、電線が新たに設置されてしまう。
- 交差点部の横断方向に電線類が残り、景観を阻害する。

これらについては、予め十分な配慮が必要である。地上に設ける変圧器等については、以下の具体的な検討が求められる。

・植込みとの組み合わせ等、歩道植栽帯と一体で配置等を検討する。
・他の案内板等が付近に必要となる場合には、これに組み込み共用することで煩雑さを軽減させる。
・沿道のわずかな未利用空地（民地）を利用（借地、取得）して機器等を設置する。

写真5.15.4
電線の地中化にあわせて歩道面を周囲の並木とレンガ塀にあわせてデザインしている。ここでは沿道の大学の敷地内に地上機器を設置している。

写真5.15.5　無電柱化とともに路面や照明灯の整備と沿道建物整備が協力して行われている。

第6章

管理時のデザイン

構想・計画、設計・施工という
一連の道路デザインの流れのなかで
一貫して継承されてきたデザイン方針は、
管理の段階においても継承し、
良好な景観を保ち、育んでいく必要がある。

6-1 維持管理

道路の維持管理においては、整備時のデザイン方針が継承されるように配慮することが必要である。

（1）管理の基本的な考え方

道路の整備、デザインによって生み出される「価値」と比較して妥当な「管理」をすることが必要である。特に質の高い景観への配慮が求められる区間では、地域と連携しながら対応することが必要である。

また、時間の経過と主に味わいを増す「エイジング」とよばれる効果にも配慮することが望ましい。

（2）日常管理の重要性

道路の維持管理とは、道路本体・道路附属物の日常管理、路面清掃、緑地除草・剪定など、路面・構造物・附属物などの維持をいう。（植栽の管理については6-4　p.180参照）

日常の維持管理は地味ではあるが、日常たゆまず継続され、肌理細やかで丁寧な管理は、結果的にシンプルで控えめな美しい道路景観を生み出す。

清掃、点検、物品等の更新あるいは交換等は美しさを維持するための基本中の基本である。良く維持された道は利用者の協力が得られやすいのに対して、ゴミや雑草を放置した道は加速度的に汚くなる。

また、のり面のエロージョンは放置すればますます見苦しくなるばかりでなく、のり面崩壊に至ることすらあるため、こまめに修復する。

構造物の排水施設の維持、排水による汚れの清掃、鋼製構造物にありがちな浮き錆の処理、塗り直しなども美しさの維持の基本である。道路附属物や道路占用物件についても、汚らしいまま放置しないようにすることが求められる。

写真6.1.1　道路のポイント清掃

写真6.1.2　防護柵の清掃

（3）デザイン方針を継承した維持管理

維持管理の段階においても、構想・計画、設計・施工の一連の道路デザインの流れのなかで一貫して継承されてきたデザイン方針は、管理の段階においても確実に継承されなければならない。そのことによって、良好な道路景観が保たれ、育まれていく。

したがって、例えば、計画・設計時の方針に反する以下のようなことは、極力避けねばならない。

・道路附属物等の維持補修・更新で、当初設計と異なる仕様やデザインのものと交換する。
・歩道のタイルの交換等で、既存のものと全く違う材料で補修（アスファルトでパッチング等）する。
・小さいカーブの内側に管理段階で補植して見通しを悪くする。
・眺望を楽しむために切土のラウンディングや切り落としを施したところに植樹を加える。

（4）時間経過に伴う管理

道路の施設、構造物、附属物らは経年的に劣化する。そのため、更新整備の必要性も生じるが、その時でもデザイン方針を継承する必要がある。ただし、情勢・状況に変動がある場合には見直しを含めて検討する必要がある。

また、時間の経過とともに、交通安全のための防護柵や標識・看板類などが徐々に増えていくことが予測される。これらの設置は、必要最小限に抑えることが求められるが、増設する場合においても計画・設計時の方針を継承したものとしなければならない。

なお、健全に生育した植栽やエイジング効果が表れた石・レンガ等には、新設のものでは代替できない時間の蓄積による価値が生じているため、通常の管理とは異なる対応が求められる。

（5）維持管理ガイドラインの策定

デザイン方針を維持、管理の段階で継承するために、維持管理に関するガイドラインを策定することが望ましい。

ガイドラインには、日常的な管理事項に加えて、

・道路デザイン方針を継承した維持管理の基本方針
・対象管理区間で使用する施設の仕様
・清掃間隔・方法
・塗装や施設更新の目安
・景観上重要な場所と維持すべき姿
・安定した植生のり面の保護・保全
・植栽管理の方法・管理の目安

等を定めておく必要がある。

6-2 景観の点検と地域との関わり

既存道路の景観保全においては、日常的な景観の点検とともに、沿道住民や道路利用者と協同して点検を行い、維持管理や景観改善に資する事業の実施に活用することが重要である。

（1）日常の景観の点検

既存道路の景観においては、ゴミの不法投棄や落書き等による人為的な汚損、また構造物の劣化や植木の生長等の自然的な変化について、日常の点検により道路管理者が状況を把握しておくことが重要である。

（2）地域住民との関わり

道路景観の状況等について、きめ細かな把握を行うためには、道路管理者単独での取り組みに加え、地域住民や道路利用者と協同した取り組みを進めることが重要である。地域住民や道路利用者は、日々の暮らしの中で、使いやすさ、歩きやすさ、走行しやすさといった道路デザインに欠かせない観点について、実体験に基づく貴重な情報を有している。このため、道路管理者と住民等が、例えば、共に道路を歩いて良好な景観が保全されている箇所や景観を阻害している要因等を抽出する等、協同して景観の点検を行うことが考えられる。それによって、道路管理者が地域住民等の道路景観に対するニーズを把握するとともに、それぞれの問題意識等を共有することが重要である。

また、将来の整備や管理に活かすべき事項については、その内容と対応方針をまとめて適切に引き継ぎ、反映させることが重要である。

6-3 関係者との協力体制の構築と支援

道路の景観を良好な状況で維持し育んでいくために、関係者との協力体制を構築するとともに必要な支援を行うことが望ましい。

（1）関係者との協力体制の構築

道路の景観は、道路自体の状況の良否に加えて、沿道の状態の良否によって大きく左右される。道路の景観を良好な状態で維持し、育んでいくためには、道路管理者の努力だけでは限界があり、管理における協力体制を構築することが必要である。

これまでも特定非営利活動法人、町内会等の多くの民間団体が「ボランティア・サポート・プログラム」やいわゆる「アダプト制度」という位置付けの中で、道路空間を活動の場として、道路の清掃、花壇の整備等に取り組んできた。

道路空間のオープン化が進み、道路空間を活用した賑わいの創出に対するニーズが全国的に高まってきている。そのような中、平成28年の道路法の改正により、民間団体と道路管理者が連携して道路空間の利活用と道路の管理の一層の充実を図る目的で道路協力団体制度が創設された。今後は、道路協力団体等との協力体制の構築が求められる。また、まちづくり会社等によるエリアマネジメントとの連携を図っていくことも求められる。

また、日本風景街道は、郷土愛を育み、日本列島の魅力・美しさを発見、創出するとともに、多様な主体による協働のもと、景観、自然、歴史、文化等の地域資源を活かした国民的な原風景を創成する運動であり、今後も各ルートで活動する風景街道パートナーシップとより多様な協力体制を構築していくことが望まれる。

なお、整備においても、民間が事業主体になるなどの民間活力の導入が進んでおり、適切なデザインとなるように連携することが求められる。

写真6.3.1　ボランティア・サポート・プログラムによって道路敷内の花壇整備を行っている。

（2）協力団体への支援

道路景観の管理に協力参加する団体に対しては、必要な資材の提供、活動に対する助言などを行い、活動の活性化や事業の継続化に資する必要な支援を行うことが必要である。

6-4 植栽管理

市街地の道路の植栽管理では、緑陰効果等をもたらす緑量豊かな状態を保全することが望まれる。沿道住民等の理解を求め、管理協定等によって緑量の確保を図ることや、植栽基盤の拡大等を図ることが必要となる。

(1) 日常的な管理

強剪定などの過剰な管理は樹木の生命力を衰弱させる。そのため、過剰な管理は行わないようにしなくてはならない。そのためには、設計の時点から、過剰な管理を必要とするような植栽を整備しないことが重要である。

一般にいわれる植栽管理のうち、必要に応じて、

①整姿剪定（枝抜き・徒長枝剪定） 刈込み等

②整理伐 萌芽伐 枯損木除去 補植 植替え 倒木起こし等

③土壌改良（深耕・送気を含む耕耘）等

④除草、蔓切り、除伐等

を行う。

必要な管理として、病虫害に対する消毒等の管理がいわれるが、人に被害をきたす場合は早急に対処するが、自然に放置しても樹木が健全な状態にあれば大きな被害を受けることはなく、自然と消滅する場合が多い。

また、樹勢を維持するために施肥等の管理を行うが、一時期の樹勢回復には効果があるものの、強壮な個体形成のためには必ずしも好ましいものではないことを念頭において、慎重に行わなければならない。

重要なことは、樹木を健全なものにしておくことであり、そのためには良好な植栽基盤を当初から用意しておくことである。ひこばえ（根元の萌芽）の除去等も樹勢を維持するために必要であるが、ひこばえの発生は樹勢の衰えが原因であることも多いため、樹勢回復を図ることが先決である。

写真6.4.1 必要以上の強剪定により、キャノピー等の植栽効果は発揮されていない。

(2) 経年的な管理

高木等の植栽には風倒に対するために支柱を設ける。ただし支柱の役目は根系が伸展して活着するまでのことで、それ以降は支柱があるために植栽木の揺れが制約されて幹折れしたり、結束によって幹の生育が阻害される。そのため、時期を見計らって、支柱を外すことが必要である。

植栽は通常将来形を見越した密度で植込むが、苗木による樹林化整備では、苗木の生育を促進し、雑草などの侵入を抑えるために、当初は成木が健全に生育できる密度を超えた植栽を行う。それでも当初は苗木に対する雑草による被圧が予測されるため、樹冠が林床を覆うまで除草が必要である。その後、生育した苗木は相互に被圧する状況となるため、樹林化整備では適期に適切な間伐を行うことが必要となる。

(3) 植栽基盤の管理

植栽にとって、左記の日常的な管理の中で、①、②、④以上に重要なのは、③の管理である。植栽は、その基盤が良好なものであることが重要であり、日常的な管理に加えて、状況に応じた基盤の充実を図るように努める必要がある。そのためには植栽基盤を拡大することが最も効果的であるが、それが困難な植栽基盤の土壌は、汚染または疲弊して植栽を支える資質を失う。その場合に施肥を行うことが多いが、肥料分が過剰になると植栽が軟弱なものとなるため、土壌の部分的な入れ替え等で対処する方が効果的である。

(4) デザイン方針の継承

植栽は道路のイメージを規定する重要な景観構成要素である。したがって、計画・設計におけるデザイン方針が樹木の生育によって具現化されるように、適切な管理を行う必要がある。このため、管理のガイドラインを取りまとめ、デザインの意図が継承されるようにすることが重要である。

また、眺望の取り込みを図っている場所で、樹木の生育によって眺望が阻害された場合には、伐採を行ってデザインの意図を継承することが求められる。

第7章

道路デザインのシステム

事業の各段階を通じて一貫性を持った
道路デザインが適切に行われるためには、
方針の策定、体制の整備といった
システムとしての配慮が必要である。

7-1 一貫性の確保

7-1-1 デザイン方針の明確化

道路デザインにあたっては、デザインの一貫性を確保することが重要であり、事業の早い段階からデザイン方針を検討し、その方針が一貫して継承されるような配慮が必要である。

道路デザインの一貫性を確保するためには、道路の特性や周辺地域の状況などに応じて、構想・計画段階から管理段階まで継続できるようなデザイン方針を明確にすることが重要である。

デザイン方針の策定にあたっては、景観の観点だけでなく、コスト、道路の機能、環境への影響等総合的な観点から検討を行うとともに、対象道路の特性、周辺の状況等から重点をおくべき項目や制約条件を明確にした上で、それぞれの道路に即した実現可能性の高い方針とする必要がある。そのため、パブリックインボルブメント(PI)等により把握された地域のニーズ、景観の専門家（学識者、景観アドバイザー、コンサルタント等）の助言、委員会での意見等、多様な意見を踏まえたものにすべきである。

策定された方針は、事業の実施やその後の管理を通して参照されるべきものである一方、内容については、事業（管理）の状況、地域のニーズ等の変化に対応して、柔軟に修正していくことが必要である。その際には、方針が策定された当時の考え方を十分に確認し、意図や方向性の一貫性が失われないように留意すべきである。

設計段階から施行段階への一貫性確保のためには、デザイン方針のうち特に重要で注意すべき事項については、報告書だけでなく、図面にも明示する等、設計段階から施工・管理段階へデザインの内容がしっかりと引き継がれるよう留意すべきである。また、施工段階では、計画や設計に込められたデザインの意図が伝わるよう発注図書に明記すべきであるとともに、施工者はそれらを理解した上で施工を行うことが重要である。

7-1-2 検討体制の整備

デザインの一貫性を確保するためには、それを支える検討体制の整備が重要である。

デザインの一貫性を確保するためには、道路デザインに携わる技術者等がその意図や方向性を継承していくことができる体制を整備する必要がある。例えば、設計段階までに検討されたデザインの意図が、施工段階における現場状況の変化等により、十分に反映されずに施工されてしまう等、一貫性が失われてしまうことがあるため、設計に関わっていた人がデザイン監理を行う等の体制整備が重要である。

美しい道路の実現には、調査、設計、工事、管理等、行政内の関係部局間で十分な連携を図るとともに、関連する地方公共団体、他の施設管理者等との連携を図る必要がある。例えば、行政内の組織強化を図るため、道路景観について継続的に責任をもって統括する専任の担当(景観審査官（仮称）や景観評価委員会等）を設けること等も有効な方策である。

7-1-3 関係者の役割分担

道路デザインを進めるためには、道路管理者のみならず、地域の住民、道路利用者、景観の専門家等の関係者が、適切な役割分担のもとで協働していくことが重要である。

地域住民や道路利用者等との連携は、構想・計画時から管理・改築時に至るまで、十分に行う必要があり、早い段階からパブリックインボルブメント（PI）を実施し、住民の意向を把握するとともに、管理段階ではボランティア・サポート・プログラムにより住民の参加を得る等、継続して協働していくことが望ましい。

また、景観に及ぼす影響が大きい道路事業等で、デザインの専門性が要求されるものについては、景観の専門家の意見を踏まえた計画・設計を行うことが必要である。ただし、その際には、外部の専門家の意見を十分に理解して事業を実践していく、インハウスのエンジニア等の存在も非常に重要である。

7-2 技術力の活用と向上

道路デザインの実施においては、民間の技術力を活用するとともに、個々の技術者の技術力向上を図っていくことが重要である。

（1）技術力の活用

美しい道路づくりのためには、標準設計の適用を中心とした技術ではなく、個別の道路や箇所に関わる景観、環境、コスト、施工性等の状況を総合的に検討して、計画・設計・施工等を行っていく技術が必要である。道路の設計、施工等では、外部（民間）への委託を行う部分が大きいため、その入札・契約において技術力の高い業者が選定されるよう留意するとともに、入札参加者が技術力を十分発揮できるようなインセンティブの付与に留意する必要がある。

そのため、デザインに対する技術力を評価するプロポーザル方式を積極的に実施するとともに、既に官庁営繕等で実施例のある設計競技（コンペティション）方式の検討等を行うことが望ましい。将来的には、作業量に対する対価としての委託料ではなく、デザインの質に対する評価としての対価が支払われる仕組みの検討等、民間の技術力向上により一層大きなインセンティブを与える仕組みを検討すべきである。

（2）人材育成等

道路デザインを実践するのは、個々の技術者であり、デザインの質を向上させるためには、組織や仕組みの整備に合わせて、個々の技術者の技術力向上が重要である。

そのため、研修等により景観に関する専門的な知識や道路デザインの手法等の習得を図る機会を与えるとともに、日々の生活において美しいものを見る目を養うよう促す必要がある。また、優良事例や類似事例の紹介等により、事業に携わる技術者がデザインの方向性を定められるよう努める必要がある。

7-3 デザインにかかる仕組みの確立

7-3-1 景観法等の活用

道路デザインには、地域の景観形成に関する方針との調和が不可欠であり、景観に関連する行政を担当する地方公共団体と連携することが極めて重要である。特に、景観法については、地方公共団体（景観行政団体）において景観計画が策定されている場合には、関係部局と十分な情報交換を行い、必要に応じて景観重要道路の指定を要請することが望ましい。

（1）景観に関連する地方公共団体との連携

我が国で初めての景観に関する総合的な法律として、景観法が平成16年６月に成立し、基本理念、各主体の責務が明らかにされるとともに、実際の行為規制等に関して詳細な規定が定められた。また、景観に関する制度としては、都市計画法に基づく風致地区及び伝統的建造物群保存地区といった地域地区や地区計画制度、古都における歴史的風土の保存に関する特別措置法等による個別の法制度、地方公共団体における景観条例等がある。

これらの多くは、各地域の地方公共団体が中心となって進めるものとなっており、道路のデザインを検討するにあたっては、当該地域の景観行政を担当する地方公共団体と連携することが極めて重要である。

（2）景観計画

景観法に基づく景観施策は、景観行政団体である地方公共団体が景観計画を策定することが基本となる。景観計画は、良好な景観の形成を図るため、その区域、良好な景観の形成に関する基本的な方針、行為の制限に関する事項等を定める計画であり、景観計画区域を対象として、景観重要建造物、景観協議会、景観協定等の規制誘導の仕組み、住民参加の仕組み等、法に基づく措置がなされる。また、地域の景観上の軸としての役割を果たすことが想定されるような景観上重要な道路、河川、都市公園等の公共施設については、その管理者と協議を行い同意を得て、景観重要公共施設として景観計画に位置付けることができる。

なお、景観計画が定められていない地域において道路の整備を図る場合、沿道施設と一体となった景観を形成するために、必要に応じて当該地域の景観行政団体に景観計画の策定を働きかけることや、沿道施設の所有者等と共同して景観計画の素案を策定し、沿道施設の所有者等から景観行政団体に提案することも考えられる。

（3）景観計画区域内での道路の整備及び景観重要道路の指定・活用

①景観重要道路の指定

景観計画に、景観重要公共施設の整備に関する事項及び占用の許可の基準（上乗せ基準）が定められることにより、一つの計画の中に公共施設とその周辺の土地利用を一体的に位置付けられ、公共施設の管理者と景観行政団体が連携し、良好な景観の形成が効果的に図られることとなる。景観重要公共施設として位置付けられた道路については、景観重要道路と呼称する。なお、例えば、現道がないなど計画段階の場合であっても、道路管理者が定まっており、必要な協議・同意がなされた場合においては、景観重要道路として位置付けることが可能である。また、景観重要道路として定められた道路については、電線共同溝の整備等に関する特別措置法の特例が適用され、交通量が多くない等、法が求める円滑な交通の確保の条件に該当しない場合においても、電線共同溝を整備すべき道路として指定することができる。

道路管理者においては、景観行政団体により景観計画が策定される場合には、特に地域のシンボルとなる道路や顔となる駅前広場、歴史的な街並み等の良好な景観を有する街並みを構成するような道路においては、積極的に整備に関する事項や占用の許可の基準について検討し、景観行政団体に景観重要公共施設として位置付けるよう要請することが望ましい。また、景観行政団体から道路を景観重要公共施設として位置付けるべく協議があった場合は、道路管理者として当該道路の整備に関する事項や占用の許可の基準について検討し、積極的に対応することが必要である。

②景観重要道路の活用

整備に関する事項に、舗装の素材や道路の並木、街灯、柵等の道路附属物等に関することを定め、沿道の景観に合わせた景観の形成を図ることができる。また、眺望対象を的確に捉えるための線形に関することや、眺望を阻害しないようにするための構造に関することを記述することにより、地域の景観資源を取り込むことも可能となる。

占用の許可等の基準に、標識等に関する事項を加えてサイン計画の推進を図ることや、公衆電話所やバス待合所などの建築物等に関する事項を加え、沿道建築物等との調和を図ることができる。また、景観上重要性が高い地区や歴史的街並みを形成する地区等の非幹線道路においては、道路管理者は景観行政団体と連携を図りつつ、景観重要道路について良好な景観の形成を図るため必要と考えられる場合には、電線共同溝を整備すべき道路として積極的に指定することが望ましい。

③景観計画区域内での道路の整備

景観重要道路に位置付けられない場合においても、景観計画区域内で道路の整備を図る場合は、景観行政団体への通知が必要であり、また景観行政団体は必要に応じて協議を求めることが可能であることから、あらかじめ景観行政団体と連携し、景観計画との調和を図ることが望ましい。これらにより周辺景観と調和した道路整備が促進されることが期待される。

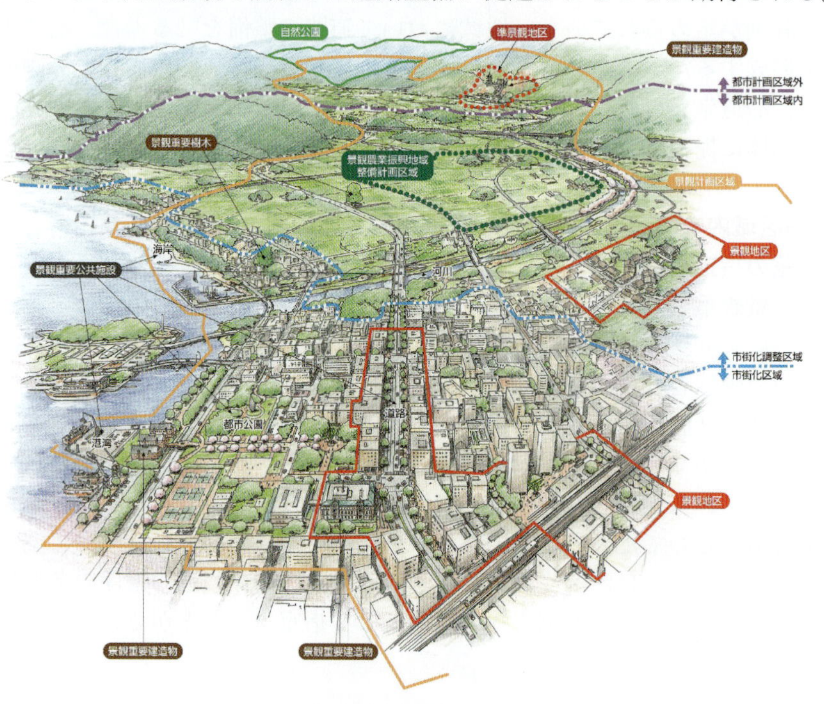

図7.3.1　景観法の対象地域のイメージ

（4）景観協議会への参画・活用

景観協議会は、景観行政団体、景観計画に定められた景観重要公共施設の管理者等が組織できるものである。必要に応じて、公安委員会等の関係行政機関や、電気事業、鉄道事業等の公益事業を営む者、住民その他良好な景観の形成の促進のための活動を行う者を加えて、様々な立場の関係者が、景観計画区域における良好な景観の形成を図るために必要な協議を行うものである。ここでは、地区全体の景観形成方針のほか、シンボルロードの景観整備方針に係る協議や、オープンカフェ等の実施に係る協議を行うことが想定されることから、道路管理者においても積極的に参画することが望ましい。

また、景観重要道路に関する課題について広く議論を行い調整を図る必要がある場合には、道路管理者自らが景観協議会を設け、様々な立場の関係者と利害の異なる課題について協議・調整を図りながら、課題解決を図っていくことが有効である。

（5）その他

①景観地区

景観地区は、市街地の良好な景観の形成を図るため都市計画に定められる地域地区の一つである。建築物や工作物の形態意匠、高さ、敷地面積等について総合的に規制するとともに、建築基準法の特例により斜線制限の適用が除外されるものである。また、特に建築物の形態意匠については、建築確認とは別の仕組みとして、認定制度が新たに設けられた。なお、景観地区は景観計画よりも強い規制力を有する。

これを活用し、例えば、沿道の統一されたスカイラインの形成等、道路にあわせた沿道の景観に関する土地利用等をコントロールすることができる。また、沿道の土地の所有者等が地方公共団体に景観地区を都市計画に定めることを提案することも可能である。

②景観協定

景観協定は、景観計画区域内の一団の土地において、良好な景観の形成に関する事項を、当該土地所有者等の全員の合意により締結されるものである。

景観計画で定める一定の行為規制以外、例えば、照明や美化等についても協定の対象とすることができることから、道路沿道の土地の所有者等の合意により、ショーウィンドウや日除けの色、ワゴン、花壇の設置等について景観協定を定めることにより、統一感のある道路空間の形成を図ることが可能となる。

③景観整備機構

景観整備機構は、景観行政団体が一定の景観の保全・整備能力を有する一般社団法人もしくは一般財団法人又はNPOを指定するものである。

人材の派遣、情報の提供、景観重要公共施設に関する事業を行うこと、またはこれらの事業に参加することができることから、例えば、ボランティア・サポート・プログラムの実施団体等道路整備に関する団体を景観整備機構として位置づけ、その景観重要道路に関する活動等を支援すること等が想定される。

④景観重要建造物・景観重要樹木

景観重要建造物、景観重要樹木は、景観行政団体により指定された景観計画区域内にある良好な景観の形成に重要な建造物（建築物・工作物）または樹木である。指定された建造物や樹木の所有者等にはこれらを適切に管理する義務が課せられ、建造物の増改築や樹木の伐採等を行う場合には許可が必要となる。景観重要建造物となる建築物については、その外観を保全するため、国土交通大臣の承認を得て、条例で建築基準法上の制限の一部を緩和することが可能となる。なお、道路空間に存する景観上保全が必要な建造物または樹木については、景観重要建造物、景観重要樹木としての指定よりも、むしろ道路そのものを景観重要道路として位置付けることにより、適切に整備・管理することが望ましい。

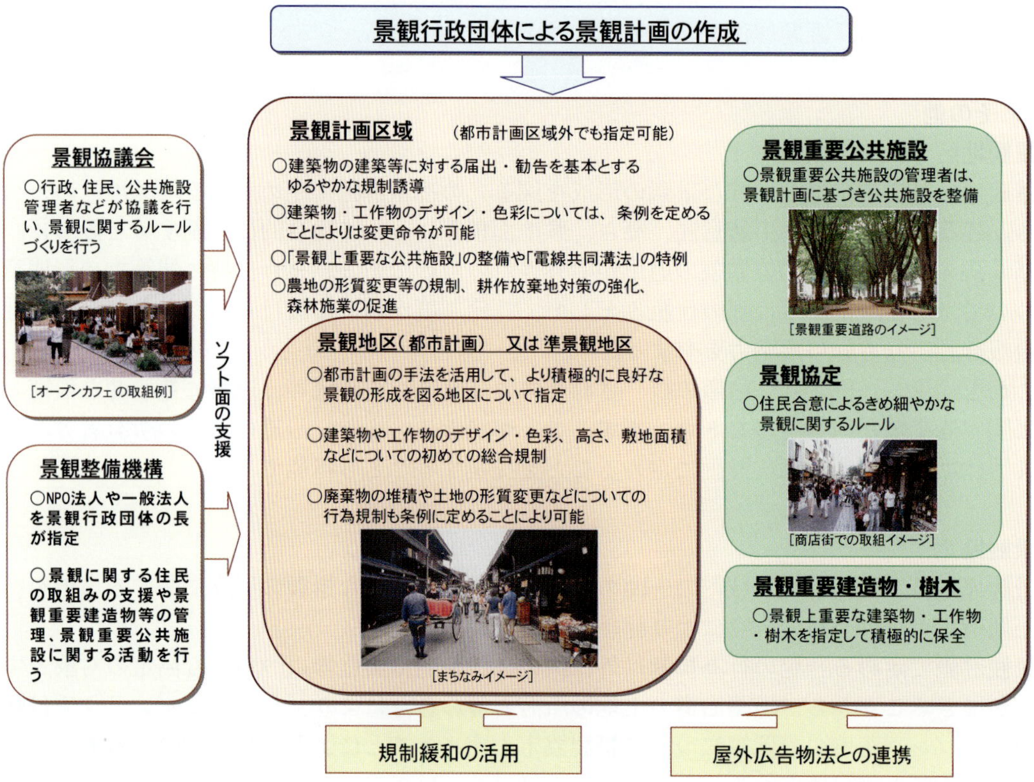

景観行政団体による景観計画の作成

景観協議会
○行政、住民、公共施設管理者などが協議を行い、景観に関するルールづくりを行う
［オープンカフェの取組例］

景観整備機構
○NPO法人や一般法人を景観行政団体の長が指定
○景観に関する住民の取組みの支援や景観重要建造物等の管理、景観重要公共施設に関する活動を行う

ソフト面の支援

景観計画区域　（都市計画区域外でも指定可能）
○建築物の建築等に対する届出・勧告を基本とするゆるやかな規制誘導
○建築物・工作物のデザイン・色彩については、条例を定めることによりは変更命令が可能
○「景観上重要な公共施設」の整備や「電線共同溝法」の特例
○農地の形質変更等の規制、耕作放棄地対策の強化、森林施業の促進

景観地区（都市計画）　又は 準景観地区
○都市計画の手法を活用して、より積極的に良好な景観の形成を図る地区について指定
○建築物や工作物のデザイン・色彩、高さ、敷地面積などについての初めての総合規制
○廃棄物の堆積や土地の形質変更などについての行為規制も条例に定めることにより可能
［まちなみイメージ］

景観重要公共施設
○景観重要公共施設の管理者は、景観計画に基づき公共施設を整備
［景観重要道路のイメージ］

景観協定
○住民合意によるきめ細やかな景観に関するルール
［商店街での取組イメージ］

景観重要建造物・樹木
○景観上重要な建築物・工作物・樹木を指定して積極的に保全

規制緩和の活用

屋外広告物法との連携

図7.3.2　景観法の枠組み

7-3-2 景観アセスメントの実施

道路を美しくデザインするためには、事業の各段階でデザインを評価することが望ましい。また、「国土交通省所管公共事業における景観検討の基本方針（案）」（平成21年４月）に基づく景観検討を実施する際には、本指針に規定する道路デザインのあり方を踏まえた検討を行う。

（１）景観アセスメントの実施

構想段階から管理段階に至るまで、事業の節目等において景観整備の方針に沿ったデザインが行われているかの評価を行う景観評価は、デザインの一貫性を確保するためにも、また、住民や専門家等の意見を踏まえたデザインの方針を策定し修正していくためにも、有効な手段である。

「国土交通省所管公共事業における景観評価の基本方針（案）」（平成16年６月）においては、対象事業に関する景観整備方針に基づき、構想段階から維持管理段階までの事業の各段階等で地域住民その他関係者や学識経験者等の多様な意見を聴取しつつ景観評価を行うこととし、全国44の直轄事業を対象に試行された。その後、「国土交通省所管公共事業における景観検討の基本方針（案）」が平成19年４月に策定（平成21年４月に一部改定）され、全ての直轄事業が対象とされた。

各事業は、景観上の特性により「重点検討事業」「一般検討事業」「検討対象外事業」に分類され、検討体制や手順、検討内容が異なる。

重点検討事業は、景観法に基づく「景観地区」や認定歴史的風致維持向上計画の「重点区域」等、景観上重要な箇所における事業や事業により景観形成を先導する場合等を対象とし、事務所が学識経験者や住民、地方公共団体等を含む体制で検討を行うこととしている。

一方、一般検討事業に係る景観検討は、重点検討事業よりも簡略化されているが、本指針（案）や「道路附属物等ガイドライン」に準拠して景観検討を行い、美しい道路づくりに資するようにすることを基本とする。

また、検討対象外事業についても、本指針や道路附属物等ガイドラインを踏まえて事業を行っていくことが望ましい。

（２）工事発注前後の審査

道路デザインは、構想・計画時から維持管理段階に至る一連のプロセスのなかで行われるものであるが、なかでも工事発注は、それまでの検討や調査に基づく設計が現地で施工され形に現れる前の重要な節目となる。

そのため、工事発注前には、それまでのデザイン検討が十分に反映された設計になっているかを再度確認し、審査することが望ましい。例えば、設計や発注を直接担当していない行政内部の他の組織や外部機関などの第三者により、思いこみのない新鮮な視点から設計図書の内容を審査し、必要に応じて設計を修正する等の方法が考えられる。

また、工事発注前や工事発注後にコスト縮減の検討が行われることがあるが、コスト縮減を目的とした設計変更により、設計段階で検討したデザインの意図が損なわれることがないよう留意することも重要である。

事例編

事例編では、原論編と実践編の内容を具体的に理解するための参考として、一貫した努力の下で道路デザインを実践した具体例、および参考となる事例の情報を紹介する。

なお、本書で紹介する４事例の他、以下の事例集や受賞作品等も参照すると良い。

- 景観デザイン規範事例集（道路・橋梁・街路・公園編）／平成20年３月、国土交通省 国土技術政策総合研究所
- 良好な道路景観と賑わい創出のための事例集／平成26年３月、国土交通省　道路局
- 土木学会デザイン賞／公益社団法人　土木学会　景観･デザイン委員会
- 都市景観大賞／「都市景観の日」実行委員会
- 全国街路事業コンクール／全国街路事業促進協議会

1.

日光宇都宮道路

路線選定から、線形設計、道路構造の選択、ディテールの検討、植栽にいたる道路整備の段階を踏んで、
また管理における対応を含めて、一貫して地域の環境と景観の保全を図り、快適な走行が保証されている日光宇都宮道路の事例を紹介する。

実践編との対応

第３章　地域特性による道路デザインの留意点
- 山間地域における道路デザイン（３-１）
  - 自然への影響の軽減と地形の尊重　（３-１-１）
  - 地域の景観資源の活用（３-１-２）
- 丘陵・高原地域における道路デザイン（３-２）
- 田園地域における道路デザイン（３-４）

第４章　構想・計画時のデザイン
- 道路デザイン方針の策定（４-１）
- 構想・計画時における道路デザインの重要性（４-２）
- 地方部の道路の計画（４-３）
  - 比較ルートの検討（４-３-１）
  - 線形計画（４-３-２）
  - 横断計画（４-３-３）
  - 道路構造の選択（４-３-４）

第５章　設計・施工時のデザイン
- 設計・施工にあたっての基本的な考え方（５-１）
- 土工設計（５-２）
  - 設計開始にあたっての留意事項（５-２-１）
  - のり面の表面処理（５-２-４）
- 橋梁・高架橋の設計（５-３）
  - 地形・植生に対する配慮（５-３-３）
- トンネル・覆道等の設計（５-４）
  - トンネルの設計（５-４-１）
- 休憩ポイントの設計（５-８）
- 植栽の設計（５-11）
  - 植栽の景観的役割（５-11-１）
- 既存樹林・樹木等の保全・活用（５-11-４）

第６章　管理時のデザイン
- 維持管理（６-１）
- 景観の点検と地域との関わり（６-２）
- 植栽管理（６-４）

第７章　道路デザインのシステム
- 一貫性の確保（７-１）
  - デザイン方針の明確化（７-１-１）
  - 検討体制の整備（７-１-２）
- 技術力の活用と向上（７-２）

1. 概　要

日光宇都宮道路は、国道119号・120号の観光シーズンにおける恒常的な渋滞を解消するため、東北自動車道の宇都宮インターチェンジ（以下「IC」という。）を始点として、清滝ICで国道120号に接続するバイパスとして計画・整備された道路である。

日光宇都宮道路において注目すべき点は、社会的な環境保全はもとより、際立った自然環境と歴史環境に恵まれた地域の特性をふまえて、路線、線形、道路構造、構造形式、工法、ディテール、そして植栽に至るまで、計画段階から一貫して地域の環境保全のために多くの努力を傾注している点である。特に、路線選定に大きな意を注ぐとともに、自然環境への影響回避・緩和を実現させるために、地形を尊重した線形設定やのり面の縮小化、トンネル構造の採用等について熟考し、移植等の種の多様性の保全に配慮している。さらに、モニタリングと、アセスメントを含めた管理段階においても、一貫した環境保全の認識をもって臨んだため、現在にわたり良好な道路環境が維持されている。これらが実現した背景には、関係省庁との協議に加え、各専門家の協力を得た委員会による独自の調査に基づく整備方針の策定、具体的な提案等の検討体制と、その実現を可能にする技術を持つコンサルタントの貢献がある。

日光宇都宮道路で行われた道路デザインに関わる詳細な検討は、自動車専用道路に限って必要なことではなく、一般道においても充分参照されるべきものである。

表1.1　日光宇都宮道路の諸元

事業区間	(自)宇都宮市徳次郎町 東北自動車道　宇都宮IC (至)日光市清滝桜ヶ丘町
事業経緯	昭和46年度　事業許可 昭和51年度　一次区間開通 ：宇都宮市徳次郎町～日光市七里 延長　24.7km 昭和56年　二次区間開通 日光市七里～日光市清滝桜ヶ丘町 延長　6.0km
総延長	30.7km
道路区分	第1種第3級
設計速度	一次区間　80km／h　　二次区間　60km／h
車線幅員	一次区間　14.0m／4車線
	二次区間　7.0m／2車線
中央帯の幅員	一次区間　3.0m

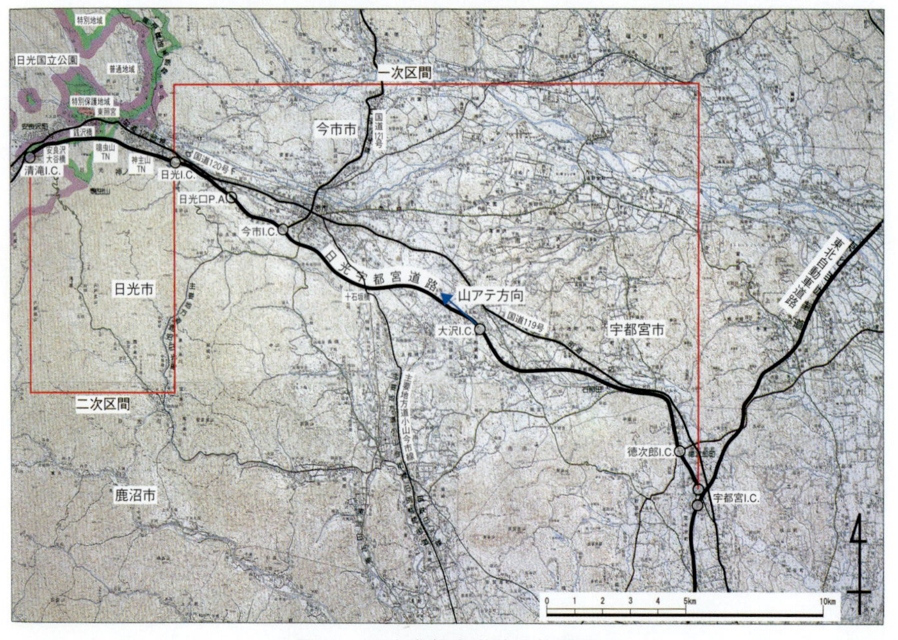

図1.1　日光宇都宮道路の位置図

2. 経　緯―路線選定時における環境・景観保全―

国道渋滞の解消法として、現道拡幅案（A ルート）、御旅所案（B ルート）、バイパス案（C ルート）、星の宮案（D ルート）の比較路線が提案された。そのなかから決定された現道拡幅案が、世にいう太郎杉裁判によって撤回せざるを得なくなり、バイパス案をもとして日光宇都宮道路が計画された。そのため、当初から環境・景観に対して十分に配慮した検討がなされている。

バイバス案に接続する宇都宮 IC へのルートとして、今市の市街地を迂回する南側案（E ルート）と北側案（F ルート）があったが、南側案では例幣使街道を 1 ヶ所、北側案では日光街道を 2 ヶ所、さらに会津西街道を 1 ヶ所横断する必要がある。これらの街道にはいずれも江戸時代の文化遺産である杉並木があるため、それに対する影響の少ない南側案が採用されている。

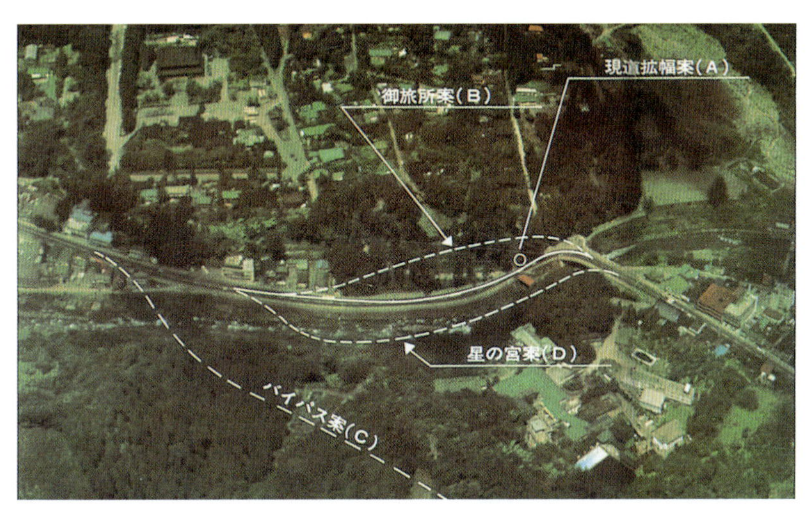

図1．2　計画検討対象ルート

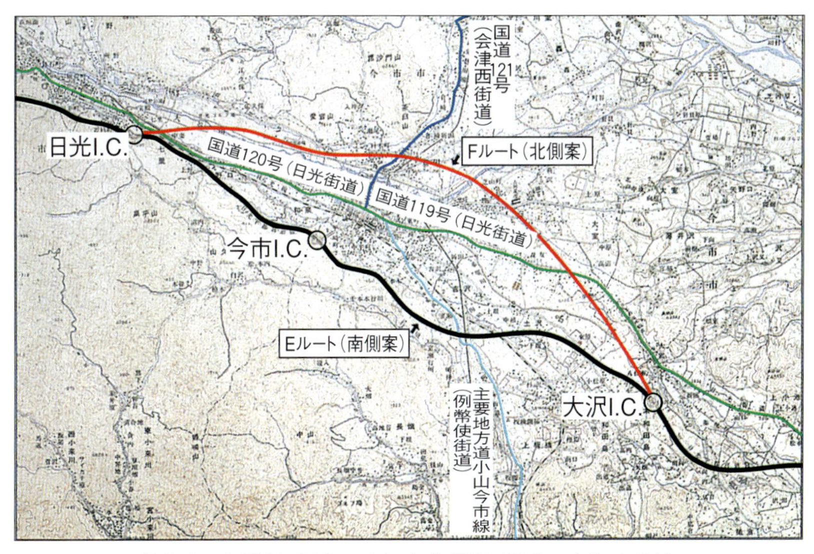

図1．3　南側案（E ルート）と北側案（F ルート）の比較

南側案についてさらに詳細な比較路線の検討を進め、歴史的環境・景観と自然への影響の抑止、住宅地等への影響の最小化、優良農地の可能な限りの回避を考え、最終的に例幣使街道の杉並木に枯損がみられる十石坂をコントロールポイントとして、現在の日光宇都宮道路の路線が選定されている。

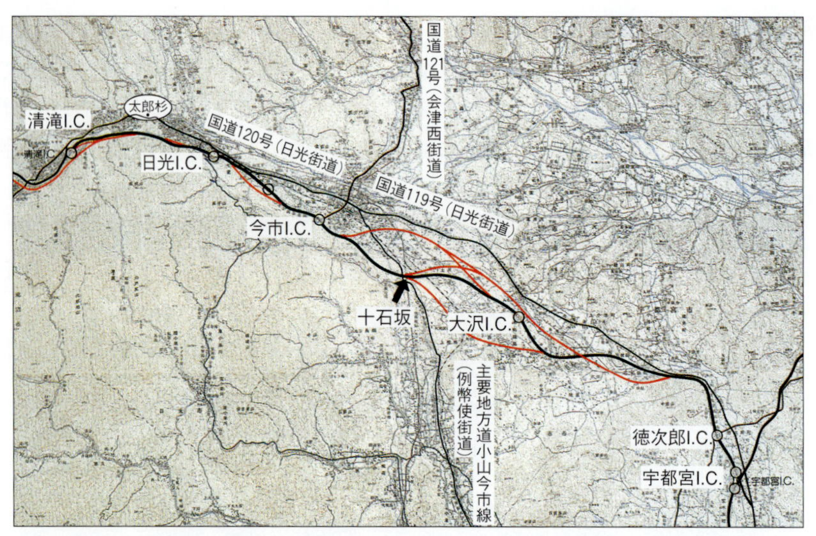

図1.4　十石坂をコントロールポイントとした南側案の詳細な比較検討案

写真1.1　日光街道（写真奥）と例幣使街道（写真手前）の杉並木に配慮した路線計画により、地域の歴史性を表徴する重厚な景観が保全されている。そのなかに日光宇都宮道路が違和感なくおさまっている。
（コントロールポイントとなった十石坂で杉並木を横断する日光宇都宮道路）

3. 実　践

(1) 環境・景観保全のための道路横断構成の採用

日光宇都宮道路の路線周辺には、日光ICと清滝ICの間に国立公園区域がある。道路幅員が大きい高規格の道路を通すことは、必然的に地形や自然環境の改変が大きくなり、まず自然環境保全上問題となる。さらにこのことは、環境への影響ばかりでなく地域景観にも大きく影響する。外部景観にとって自然改変は大きな問題であり、内部景観としても地域との一体感が稀薄になる可能性が高くなる等、地域性を活用した道路デザインを行ううえでも課題が多い。

当該区間の事業許可申請は昭和46年になされ、建設大臣の事業許可が下りている。日光宇都宮道路は4車線の道路であるが、上記のような課題を踏まえて、日光ICから清滝IC間については、対面通行の2車線とした。この2車線区間については、事業途中に4車線化の計画もあった。計画では上下線別線の検討もなされ、この線形検討は、2車線区間の自然改変の度合を極力減らすこととなった。

その結果、自然環境への影響は確実に軽減され、外部景観としても道路が地域景観のなかに占める割合が小さくなって、自然と調和し地域景観に馴染んだ道路が実現した。

写真1.2　2車線道路にしたことによって保全された地域の自然植生である落葉樹と、日光を象徴する杉とのコントラストが、季節感のある快適な走行景観をつくりだしている。

写真1.3　日光宇都宮道路のほとんどの区間は、農地や集落と豊かな自然地域を避けた路線となっている。

(2) 道路敷余地の確保

国立公園内の区間を除く日光宇都宮道路のほとんどの区間では、農耕地や集落、および山間の豊かな自然環境地を避けた場所に道路が通されている。

しかし水田地帯を横切る区間では、地域景観のなかに道路が加わることで、これまでの景観秩序が乱される状況にあった。そこで道路が水田を分断し、残地が有効な農地として活かされない部分については、それを道路敷地に組込んで、景観的な緩衝緑地として整備している。

写真1.4　例外的に水田地帯を横断する区間では、水田の使い勝手の悪くなった残地を緑地として、地域と道路の景観的な緩衝を図っている。

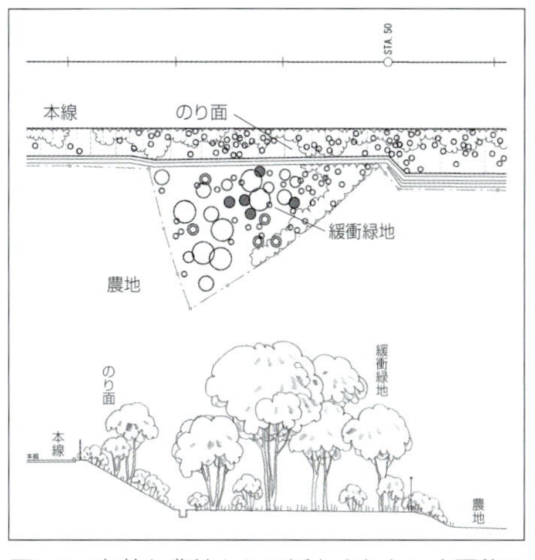

図1.5　有効な農地として活かされない小面積の用地を道路敷地に組込み、植栽整備を行って道路と地域の自然環境との緩衝緑地を確保している。

（3）線形設計時の環境・景観保全

鳴虫山は修験の霊場であり、また東照宮等の背景として重要な山である。そのこともあって、良く自然が残されている貴重な存在として国立公園区域の特別保護地区に指定されている。

日光宇都宮道路はその低い山麓を巻くように路線が設定されており、原設計でも山麓の大きな改変を慎重に回避している。しかし、下り線が鳴虫山を外れて大谷川を渡る部分では、橋脚の基礎の掘削線が鳴虫山にかかっていた。そのため、若干カーブがきつくなるが、線形を谷側に振出して、掘削線が鳴虫山にまったくかからないように線形を修正している。このことによって自然環境への影響を最低限にとどめるだけでなく、走行景観においても改変されていない自然の姿を眺めることが可能となった。

また鳴虫山の山麓を巻く別の区間では、通常の線形設計にしてしまうと、のり面は切盛のり面とも2、3段程度出現することになっていたが、さらに線形を谷側に移し、縦断線形も下げる修正を加えている。

そのことによって、切土は1段以下、盛土でも2段以下になって、内部景観、外部景観ともに、自然の改変を感じることはほとんどなくなっている。

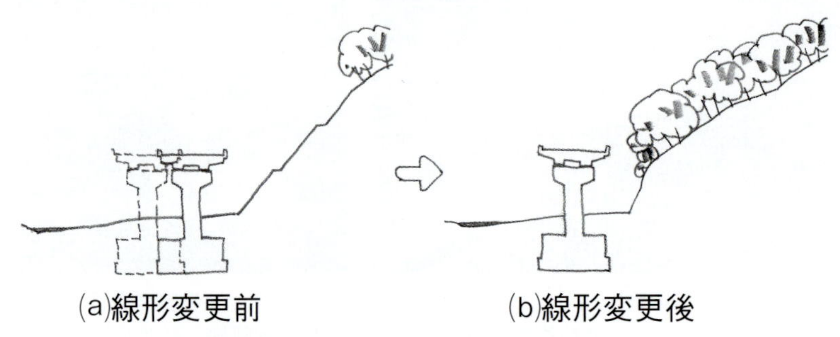

図1.6　自然環境への影響を回避するために線形を修正している。

写真1.5　鳴虫山の山裾に出現する切土を回避するため、線形を谷側に振り出している。

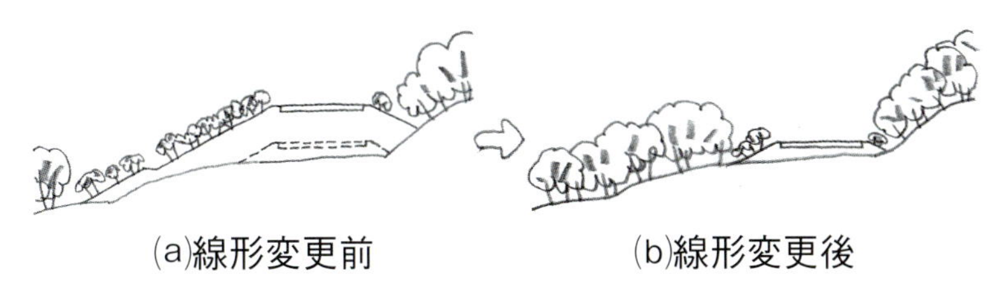

図1.7　平面線形と縦断線形の変更によって大規模な土工を避けて自然環境への影響を回避している。

写真1.6　線形の平面的ないし縦断的移動によって、のり面を最小化している。

（4）線形設計による山アテ

道路の線形を引くにあたり山岳景観を取り込むということは、道路が通過する地域で親しまれてきた山容を印象深く道路の内部景観に取り込むという意味がある。山岳が地域のアイデンティティを形成する日本にとって、地域の魅力を認識させるのに欠かせない重要な手法である。

走行景観の醍醐味は、正面に山岳景観が展開することにあるが、日光宇都宮道路では日光連山が路線と平行するため、進行方向ではなく横方向に連山を眺めることになる。しかし線形が地形に沿って向きを変えるなかで、的確に山アテされている箇所もあり、走行景観に変化や魅力を与えている。

写真1.7　日光連山に山アテされた良好な眺望がえられている区間。

（5）道路構造の選択による環境・景観保全

日光ICから清滝ICに向かう下り線では、日光ICを過ぎるとすぐに神ノ主山トンネル、鳴虫山トンネルがある。

当初設計では鳴虫山トンネルの中央部分だけがトンネル構造で、他はすべて切土構造であった。鳴虫山の自然・歴史環境を考慮すると、大きな自然改変を伴う切土構造は問題であるため、神ノ主山を含めて、切土区間を大幅にトンネル構造としている。加えて、盛土構造で計画されていた鳴虫山トンネルの出口にあたる銭沢の横断については、谷筋にそった多数のけもの道が調査されたことから、それを保全するために盛土構造から橋梁構造に変更している。

写真1.8　鳴虫山の切土をトンネル構造としてことで、自然環境が見事に保全されている。

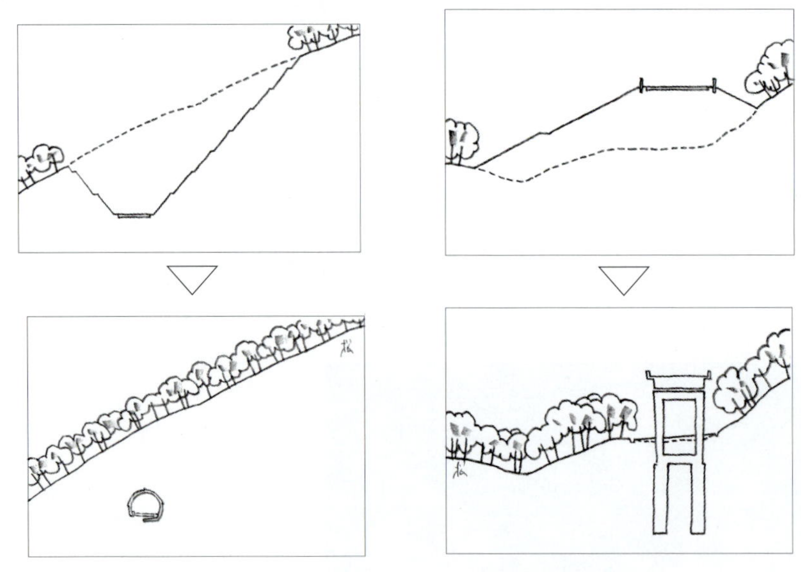

図1.8　鳴虫山の切土をトンネル構造に、また、銭沢の盛土を高架構造としている。

（6）土工設計や工法の工夫による環境・景観保全

日光宇都宮道路では、のり面に対する環境・景観保全の検討と実践を行っている。

切土のり面に対しては植生吹付け工を原則とし、補強の必要なのり面についてはフリーフレーム処理、もしくはフレーム処理を行っている。現在では、のり面の自然回復と安定処理を同時に図った手法が開発されているが、当時はコンクリートの全面吹付けが当然であった。そのため、当時においては最新技術であった安定した緑化のためのフリーフレーム工法を採用している。

国立公園区域内の盛土のり面については、地域固有の遺伝子の多様性を保全することを念頭において、地域の自然資質を潜在的に内包する表土の保全・活用を全面的に実施している。盛土のり面に1ｍ厚の表土を貼りつけ、さらにその安定を図るために、通常より若干緩い1：2ののり勾配としている。

インターチェンジでも盛土の特異な造成を行っている。通常インターチェンジの造成は本線とランプの間をグレーディング処理するが、今市ICでは通常ののり面定規で造成し、のり高が低い部分ではのり勾配を1：1まできつくして、本線とランプに挟まれた空間にあたる既存林の保全を図っている。地域に根づいた既存樹林は地域性を表徴するものである。しかも安定しすでに緑量が大きくなっているため、その保全・活用は環境のみならず景観的にも非常に効果的である。

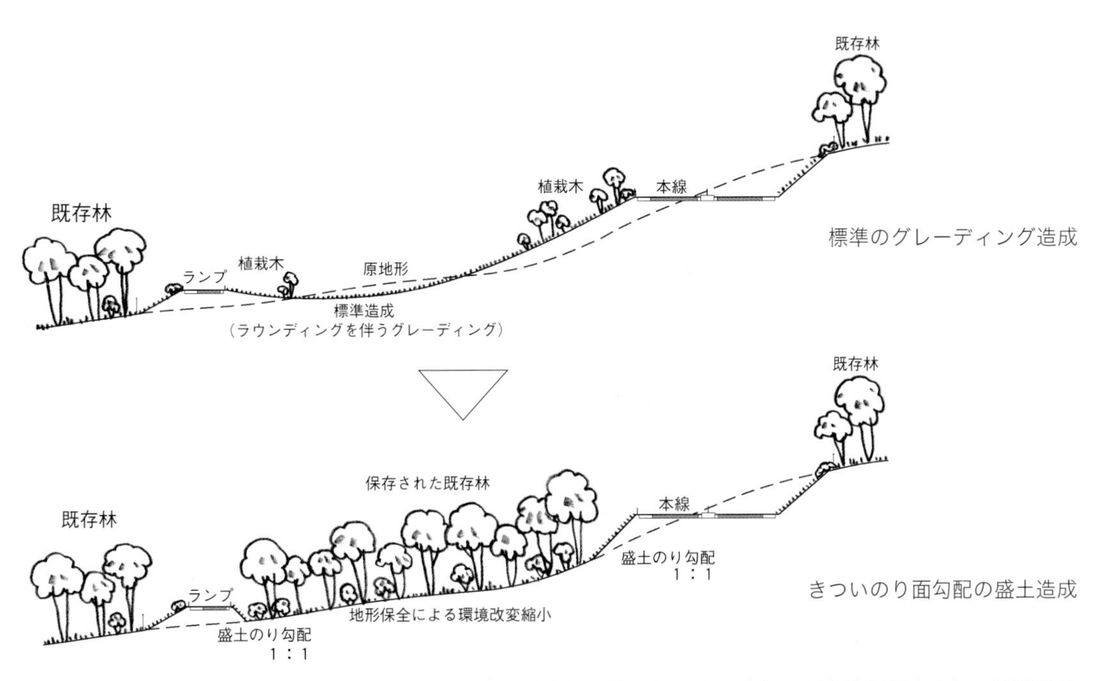

図1.9　盛土のり面の勾配をきつくして地形の改変を最小限に抑えたことにより、既存林が保全されて景観効果をあげている。（写真1.12参照）

写真1.9　工事に先立って、道路敷内の表土を剥ぎ取っている。

写真1.10　盛土のり面を概成した後に表土を貼りつけている。

写真1.11　現在、表土が含有する郷土種によって、地域の自然植生が回復している。

写真1.12　既存林の保全によって、インターチェンジが緑豊かなものとなっている。

（7）環境・景観保全のための植栽

日光宇都宮道路の植栽検討では、既存木の移植を行って環境・景観保全を図ることを第一としている。移植は、調査によって明らかにされた貴重種を対象として行った。次いで、地域固有の遺伝子の多様性の保全を意図しながら、緑地資源を活用する移植を、植林木を除く木本種を対象として全面的に盛土のり面に行っている。そうした移植の一部は、道路敷外の自然改変域にも行っている。こうした敷地外植栽はイギリス等で一般的に行われているが、日本では前例のないものであった。

国立公園内の植栽についても、環境・景観を保全するための植栽としては移植木のみの植栽では不足であったため、地域に自生する種を市場で求めて、補植を行っている。また、国立公園外の植栽についても日光地域の自然を尊重して、自生種による苗木植栽を盛土のり面に行っている。このことは当時画期的なことであった。というのも昭和40年代までのり面植栽はエロージョンを誘引するとして行っていなかったが、ここで実験的に行ってエロージョンが起きないことを実証したためである。その結果、のり面の樹林化はその後一般的に行われるようになった。こうした植栽は、道路と地域の自然環境との間で緩衝機能を果たしている。また、内部景観としては豊かな緑に包まれた快適な走行が保証されており、外部景観としては道路を地域景観のなかに馴染ませる効果を発揮している。

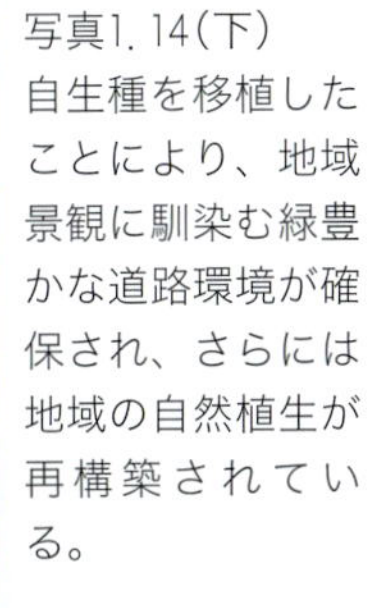

写真1.13（上）
道路敷外の樹林を活用するために、樹林との橋渡しを果たす路傍植栽を行っている。

写真1.14（下）
自生種を移植したことにより、地域景観に馴染む緑豊かな道路環境が確保され、さらには地域の自然植生が再構築されている。

写真1.15（上／整備当時）（下／現在）
道路敷外への移植によって道路が違和感なく地域におさまっている。

写真1.16
東照宮からの道路の見られ方に対し、移植木のもつ地域性と緑量によって、地域の自然環境のなかに道路がうまくおさまっている。

(8) その他の環境・景観保全

その他、地域環境の保全のために、道路排水を浸透桝で処理することや、動物に対する環境保全の施策を実践している。また、橋梁を延伸して橋台をセットバックさせるカルバートボックスを設けて、道路を横断するけもの道を保全する、モリアオガエルの産卵池を再生する、といったことによって動物の生息環境の保全を図っている。

さらに、盛土区間においては、当初の整備で敷地境に通常の立入り防止柵を設置していたが、シカが柵を越えたり小動物が網目を潜って道路を横断したため、継ぎ足して高さを上げるとともに、下部の網目を細かいものに付替えている。高架区間においては、道路管理上の必要性からフェンスを設けたが、動物の移動に支障が認められたため、生態系への配慮を優先して撤去した。また、側溝に小動物の這出しスロープを設けている。これらのように、供用後のモニタリングによって動物の行動を把握し、植生遷移を見極めて、それに対する対策を管理段階で実践している。いずれも日本における最初の取組みであるとともに、単に生態系の保全のみを考えるのではなく、景観的にも破綻をきたさないように配慮しており、最近のビオトープ整備以上に総合的な道路デザインがなされている。

写真1.17　現在ではすっかり自生した植物によって地域の自然のなかにあるが、けもの道を確保するために、橋台をセットバックしている。

写真1.18　モリアオガエルの産卵池の再設置等の慎重な対応により、地域の自然の生態系が保全されている。

写真1.19　上（整備当初）：カルバートボックスによってけもの道を確保している。
下：緑に覆われて人工的な印象が緩和されている。

写真1.20
上（整備当初）
下（現在）：高さを高くするなどの改良によって大型動物等の侵入を防いでいる。植栽の生長による自然植生の復元と確実な侵入防止効果が認められる。

写真1.21
上（整備当初）：高架下に道路景観上必要な有刺鉄線柵を設けている。
下（現在）：有刺鉄線柵を撤去して生物の移動経路を確保している。

写真1.22
上（整備当初）：蛇籠の集水桝で道路敷内の排水を受けて地中に浸透させ、地域の水系への直接的な影響を緩和している。
下（現在）：集水桝の周辺の植栽が生長したことにより、緑に埋没して人工物の違和感が全くなくなっている。

4. 成果と課題

日光宇都宮道路は、路線選定、線形設計から施工、さらに管理に至るまで、プロジェクト全体が地域の景観・環境の保全と向上、ことに自然環境の保全を図るという一貫した方針のもとに、当時の最新の技術を駆使して計画・実施された事例である。

自然環境の保全は、道路が自然環境に与える影響に不明な部分が多いことや、事業上の制約も多いため、容易なものではない。

その中で日光宇都宮道路の整備は、まず、周辺の自然環境への影響に留意した比較路線を検討して環境影響・環境負荷の低減を図り、地形を尊重してその改変を軽減するという道路デザイン方針をたてている。そのうえで、地域の生態系の保全・復元に努める技術を駆使して景観への影響に配慮し、構造物の形を洗練した結果、道路が安定した形で地域におさまり、地域特性を活用した風土性の高い良好な地域景観が形成されているのである。

日光宇都宮道路では、道路デザイン上の課題であるラウンディング等の検討は行われていないが、線形の検討によって大規模なのり面が少なくなったうえに、地形的にラウンディングを必要とする箇所が少なかったことと、コンクリート全面吹き付け処理を行わずのフレームのみを用いて面的に植生工で処理したため、現在では、自然に委ねられて成熟した美しい道路の姿が実現している。

また、植栽樹木の生育や自然植生の進入によって、環境保全の効果は着実にあがっていることから、インターチェンジや休憩施設をはじめ、分離帯、路傍に至るまで、地域の自然環境に馴染んだ豊かな緑を保っていることや、沿道との景観的な連繫により、自然環境とともに育まれてきた地域の営みを見せるシークエンス景観が得られることなどによって、道路利用者に快適な走行体験を提供している。

表1.2　日光宇都宮道路の実践と成果

路線選定	比較路線の検討
道路構成	上下線別線整備・2車線供用
道路敷地	道路への残地の取込み
線形設計	平面線形と縦断線形の移動の検討 平面線形における山アテの検討
道路構造物の選択	切土のり面と盛土のり面のトンネルと橋梁への代替
構造形式や工法の選択	盛土のり面の急傾斜造成 盛土のり面の緩傾斜造成と表土の保全 切土のり面の植生工処理
植栽	移植等 敷地外植栽 盛土のり面等における苗木植栽（のり面植栽のさきがけ） 切土における苗木植栽
その他	浸透枡の設置 橋梁高架の延伸とカルバートボックスの設置 モリアオガエルの産卵池の再生 排水溝における斜路の付加 立入り防止柵の嵩上げ、形状変更及び撤去 アセスメントとモニタリングの実施

2.

仙台の大通り

都市の骨格構造をなす道路が、時代の要請に応じて歴史のなかで変貌しながらも、その空間的蓄積を活用した整備によって、一貫した都市のイメージを継承してきた事例として、仙台市の市街地道路のネットワークについて紹介する。

実践編との対応

第３章　地域特性による道路デザインの留意点
　都市近郊地域における道路デザイン（３－５）
　市街地における道路デザイン（３－６）
　　道路ネットワークと道路デザイン（３－６－１）
　　道路の性格に応じたデザイン（３－６－２）

第４章　構想・計画時のデザイン
　道路デザイン方針の設定（４－１）
　構想・計画時における道路デザインの重要性（４－２）
　市街地の道路の計画（４－４）
　　地域資源・街割り・公共施設等の配置と道路の線形（４－４－１）
　　都市活動に対応した横断構成（４－４－２）
　　道路と沿道の一体整備（４－４－４）
　道路空間の再構築（４－５）
　他事業との連携（４－７）

第５章　設計・施工時のデザイン
　設計・施工にあたっての基本的な考え方（５－１）
　車道・歩道及び分離帯の設計（５－５）
　　歩道空間の設計（５－５－２）
　　バス停留所等の配置（５－５－３）
　　植樹帯の配置と植栽設計（５－５－４）
　道路附属物等の設計（５－10）
　　道路占用物件（５－10－３）
　植栽の設計（５－11）
　　植栽の景観的役割（５－11－１）
　　植栽形式と使用種の選定（５－11－２）
　　植栽基盤と植栽空間（５－11－３）
　　既存道路の改築時における樹木等の取り扱い（５－11－５）
　既存道路におけるその他の景観改善（５－15）
　　無電柱化（５－15－２）

第６章　管理時のデザイン
　維持管理（６－１）
　景観の点検と地域との関わり（６－２）
　関係者との協力体制の構築と支援（６－３）
　植栽管理（６－４）

第７章　道路デザインのシステム
　一貫性の確保（７－１）
　　関係者の役割分担（７－１－３）

1. 概　要

仙台市の街路は、都市の履歴を尊重しながら充実してきている。歴史ある城下町としての街割りを基礎とした戦前の整備から、昭和20年７月の空襲を受けての戦災復興事業による都市整備の実施によって、防災面の充実と緑地の確保を目的とした、広幅員街路を骨格とした街路網が構築された。その中でも、仙台中心部の東西の幹線街路である青葉通と定禅寺通は、杜の都・仙台のイメージを具現化した緑豊かで象徴的な街路景観を呈している。（なお、ここでは街路の語を市街地にある道路の意味で使っている。）

現在では、歴史とともに育まれた緑豊かな美しい都市の実現に向けて、その基軸となる市内中心部の街路網に対して、並木の保存を前提としながら、沿道を含めた街路景観に配慮した街並みづくりや、交通機能を向上させるための新たなネットワークづくり、さらに街路の幅員構成の見直し検討等が行われている。

また、南北の幹線街路である東二番丁通では、その歴史性を踏まえながら、街路の性格に相応しい豊かな緑をもつ街路空間の整備が検討されている。

表2.1　仙台を代表する骨格街路の諸元

	青葉通	定禅寺通	東二番丁通
事業区間	（自）青葉区中央一丁目 （至）大町二丁目	（自）錦町一丁目 （至）春日町	（自）上杉一丁目 （至）五橋二丁目
総延長	約1.5km	約1.4km	約2.6km
道路区分	第４種第１級	第４種第１級（国道部、県道、一般部、全て同種）	第４種第１級
設計速度	60km/h	60km/h	60km/h
総幅員	西公園通～東二番丁通/36m　６車線 東二番丁通～駅前通/50m　８車線	西公園通～東二番丁通/46m　６車線 東二番丁通～愛宕上杉通/36m　６車線 愛宕上杉通～駅前通/27m　４車線	北四番丁通～定禅寺通/36m　６車線 定禅寺通～南町通～五ツ橋通/50m　８車線 五ツ橋通～清水小路/36m　８車線
中央分離帯の幅員	西公園通～東二番丁通/3.0m 東二番丁通～駅前通/4.0m	西公園通～東二番丁通/12m（うち、歩道3.3m） 東二番丁通～愛宕上杉通/2.5m 愛宕上杉通～駅前通/3.0m	北四番丁通～定禅寺通/なし 定禅寺通～南町通/0.95～3.45m 南町通～五ツ橋通/0.95～4.0m
街路植栽	ケヤキ	ケヤキ	北区間（歩車道境）/北四番丁通～南町通：ケヤキ 南区間（歩車道境）/南町通～五ツ橋通：イチョウ

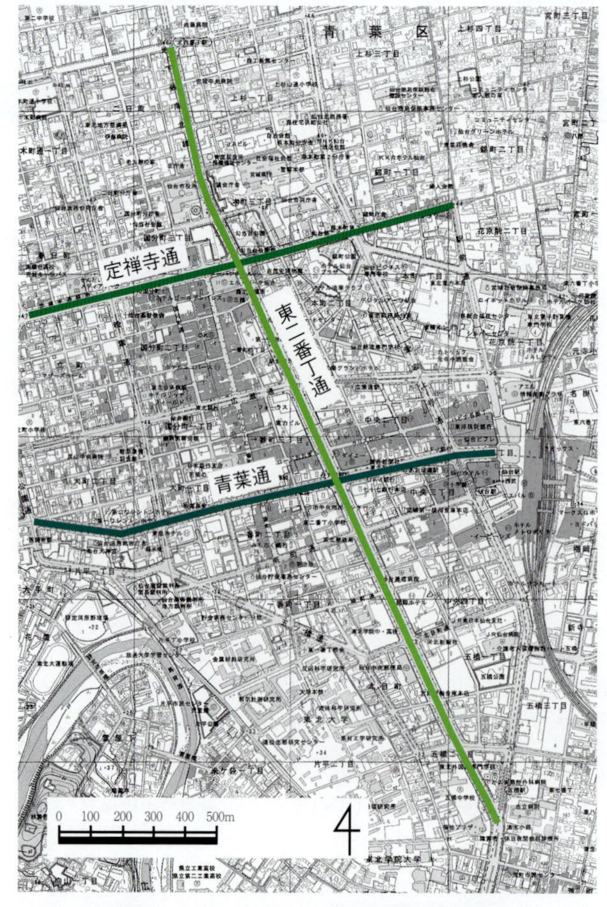

図2.1　仙台を代表する骨格道路の位置図

2. 経　緯—時代の変遷と都市づくり—

仙台市のまちづくりにおいては、歴史性のある街割りを活用しながら、杜の都という呼称の所以となる緑豊かな地域環境と都市景観を現代に継承してきたことが大きな特徴である。

（1）街路網の整備

仙台のまちづくりは、慶長5（1600年）、伊達政宗によって交通上・商業上の拠点として新しく開発された城下町の整備に始まる。城から東進する大町通・新傳馬町通・名掛町通（現中央通）と南北に走る奥州街道（現国分町通）を基軸に、二つの幹線が交わる場所（芭蕉の辻）を城下の中心としている。土地利用の構成は、大町通・新傳馬町通・名掛町通と奥州街道に沿う地区を町人町とし、その他の通り沿いの街割りをすべて武家町としている。

その後、江戸時代の骨格道路や街割りを継承・活用（図2.2）しながら、明治20（1887）年の東北本線の開通に伴う街路整備を経て、第二次世界大戦後の戦災復興都市計画によって、東北の中心的文化都市づくりを目標とした建設が進められた。戦災復興事業では、昔の城下町を継承して狭く袋小路をもつ入組んだ街路に対して、戦災の経験を活かし、防災面からの充実を図るために、広幅員の骨格街路（表2.2）を貫通させる整備と緑環境の創出に努めている。こうした歴史性を尊重した街路等の整備は、現在にも受け継がれている。

このように、仙台市では、地域の履歴を尊重しながら、時代の流れとともに変化する利用形態に合わせた街路のネットワークの充実を図る都市づくりが行われてきている。

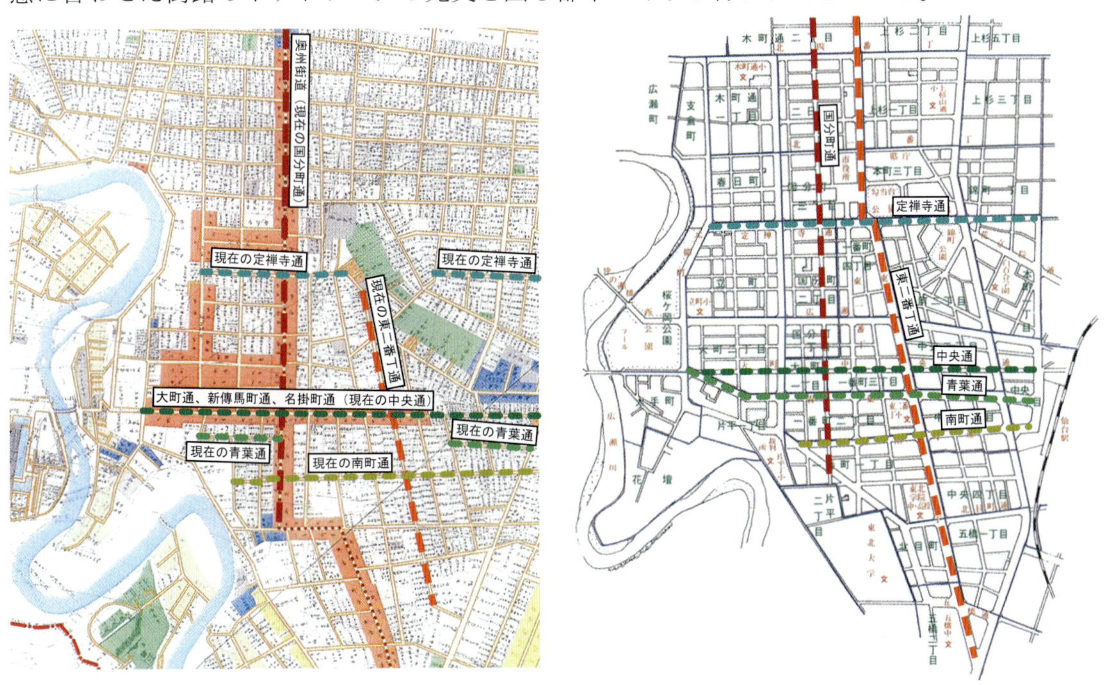

図2.2　仙台中心部における区画の比較（左図：安政時代　右図：昭和58年）

表2.2　復興事業の都市計画街路16幹線（昭和29年決定）

街路番号			街路名称	起点	終点	おもな経過地	幅員(m)	摘要
等級	類別	番号						
広	路	1	東二番丁線 （東二番丁通）	東二番丁	清水小路	東二番丁	50	ただしI･3･6との交差点から終点までの区間は幅員27m
広	路	2	定禅寺通錦丁線 （定禅寺通）	常盤丁	東六番丁	常禅寺通 錦丁	46	ただし広路1との交差点からI･3･1との交差点までは幅36m、同点から終点までは27m
I	1	1	元寺小路川内線 （広瀬通）	元寺小路	川内澱橋通	立町仲瀬橋	36	ただしI･3･2との交差点から終点までの幅員は20m
I	1	2	仙台駅川内線 （青葉通）	裏五番丁	同上	大町頭大橋	36	ただし起点から広路1との交差点まで幅員50m、I･3･2との交差点から終点までは20m
I	1	3	細横丁線 （晩翠通）	狐小路	北四番丁	細横丁	30	
I	3	1	長町堤町線 （愛宕上杉通）	長町駅前	堤町	広瀬橋 清水小路 上杉山通	22	ただし片平丁線との交差点からII･1･1までの区間は幅員36m、同点から仙山線との交差点付近までは20m、同点から終点までは15m
I	3	2	多門通常盤丁線 （南町通）	裏五番丁	北四番丁	多門町 本柳町 常盤丁	27	
I	3	3	清水小路光禅寺通線 （駅前通）	柳町通	同上	光禅寺通	27	ただし起点からI･1･1との交差点までの幅員は36m
I	3	4	勾当台通通町線 （東二番丁通）	表小路	通町	勾当台通	27	ただし起点からII･1･1との交差点までの幅員は36m
I	3	5	花京院通原町線 （花京院通）	外記丁	原町苦竹	花京院通 小田原弓町 仙塩街道	22	
I	3	6	狐小路連坊小路線 （五ツ橋通）	狐小路	連坊小路	北目町 五ツ橋通	27	ただし広路1との交差点から終点までの幅員は30m
II	1	1	八幡町北四番丁線 （北四番丁通）	八幡町	宮町	北四番丁	20	ただしI･3･2との交差点からI･3･3との交差点までの幅員は27m
II	1	2	北目町通線 （北目町通）	北目町	北目町通	北目町通	20	
II	2	1	東一番丁通線 （東一番丁通）	東一番丁	柳町	東一番丁	15	
II	2	4	花壇線 （現在名　不明）	琵琶首丁	花壇		15	
II	2	7	北二番丁線 （北二番丁通）	北二番丁	宮町	北二番丁	15	

街線名称（　）：現在の呼称

（2）「杜の都」の継承

仙台を象徴する杜の都という呼称は、市域の三方を小高い緑の丘陵で囲まれ、点在する神社仏閣の巨木と市街地に広がる侍屋敷の庭木等の豊富な緑に恵まれた都市であったことによるものであり、そのイメージは市民に広く受け入れられ、継承されている。昭和９年には、将来にわたって杜の都の景観・イメージを保護することを目的に、市域面積の約10%に対して都市計画法に基づく風致地区指定がなされている。このような、緑による美しく快適な都市景観を象徴する杜の都のイメージは、単に既存の緑を保全するだけでなく、街路樹整備等の積極的な緑化によって育まれている。

特に、戦災復興事業である土地区画整理事業によって拡幅された骨格街路においては、幅員27m 以上の街路を対象として杜の都の継承と充実を目指す植樹帯の造成事業が行われた。
なかでも青葉通をはじめとして、東二番丁通、晩翠通、愛宕上杉通、定禅寺通、広瀬通、五ツ橋通では、ゆとりのある街路幅員を確保し、車道の両側または中央にグリーンベルトを設けて樹木を植栽したことにより、都市景観の基軸となる緑の帯が確保された。定禅寺通の中央に歩道のある緑地帯として機能する広幅員の中央帯の整備は、この時に整備されたものである。その他としては、植樹桝の設置による街路樹の整備も行われ、景観向上のための積極的な緑化が図られている。

街路樹の植栽は、昭和24年の青葉通の植樹（写真2.1）から始まり、もっぱら市単独事業と失業対策事業で行われた。青葉通、東二番丁通、晩翠通等の広幅員の街路には、都市の主軸として位置づけられた街路の格を象徴するだけの緑量や樹高を期待できるケヤキ等の街路樹を多数植栽し、愛宕上杉通や東二番丁通の一部には、シダレヤナギ、ケヤキ、トウカエデ、ポプラ、ハギ等、地元住民に親しまれる植栽の整備が行われた。

現在では、樹木の生長によって十分な樹高、樹冠が備わっており、利用者に快適な街路空間を提供している。なかでも定禅寺通、青葉通、広瀬通は、市街地の緑の回廊として杜の都の骨格を形成している。

写真2.1　街路整備の様子（昭和26年以前）西向き
左：南町通　右：青葉通　横断している道路は東二番丁通

3. 実　践—都市の骨格を担う道路の整備—

戦災復興事業を機に、着々と整備されてきた仙台市の骨格街路は、杜の都のイメージを継承しながら、街割りや都市景観を尊重した計画に基づくものである。また、街路修景の必要性に着目し、重要幹線街路や繁華街の路上に電柱があるのは都市の美観、保安の上から好ましくないとして、昭和24年に電灯、電信、電話等の電柱や電線を全部撤去して裏通りに移設する、もしくは地下埋設する無電柱化の整備が行われた。

現在の良好な道路景観は、このような沿道を含めた景観に対する配慮の積み重ねにもとづいて成り立っている。

なかでも、青葉通、定禅寺通、東二番丁通においては、都市景観の向上と、都市の緑地帯として機能する豊かな緑の確保という視点から、特徴的な整備が行われている。

(1) 青葉通の整備

戦災復興事業は、都市改造という大事業であっただけに、随所で市民からの抵抗にあい、いくつかの難問題が発生した。その一つに、街路建設に関わる問題として、新設される青葉通の建設計画にからむ、いわゆる曲直問題がある。

仙台市の原案は、県、市、運輸省（盛岡施設局）三者の共同調査によって沿道の土地利用を優先して計画されたもので、昭和21年に告示・決定した折れ線を繋いだような曲線案であった。

この案に反対する地元住民の主張は、駅前の幹線街路は交通上だけでなく、美観という点からも直線にして駅正面に結ぶべきで、駅舎を改築する際に駅を現位置から北へ移動させればよいというものであり、この主旨の請願書を市会と県会に提出して採択された。これに対して、曲線案を支持する一派も幹線道路（原案）実施促進の陳情書を提出したことから、両派の紛争は激しさを増した。

事態の収拾を図るために斡旋方となった一松建設院総裁は、大通りは屈折するより真直ぐである方が常識的に自然であることは間違いないが、美観の点において、曲線道路は必ずしも避けなければならないものではないとして、既定計画が公正妥当であり、変更の必要なしと裁定した意見書を仙台市長宛に提出した。これにより、半年余にわたって紛糾した曲直問題はほぼ終息した。

その後、直ちに街路予定地の換地が指定され、昭和24年末頃にようやく貫通し、緑地帯の整備が進められ、ケヤキ並木が植栽された。

このように曲線で整備された青葉通は、仙台駅正面から外れていることによって、街の顔となる街路として認識しにくいという課題はあるが、都市景観に配慮した幅員の確保と植樹帯の検討がなされ、仙台市の履歴を体現する歴史的街割りの特色を受け継いだ線形を採用した事例として評価される（写真2.2）。

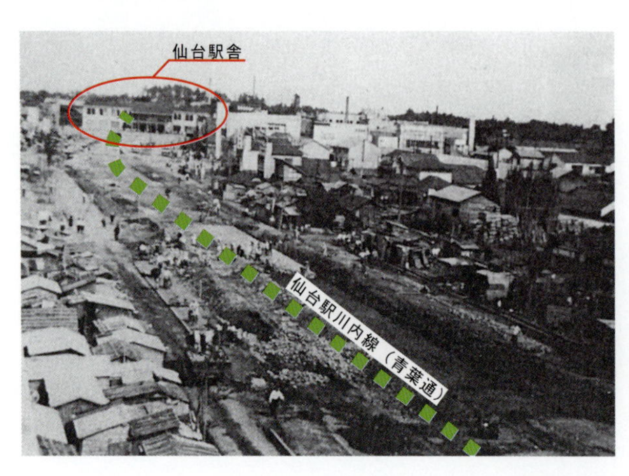

写真2.2　昭和25、6年頃　中央部の築造工事が始まった青葉通

現在の青葉通のケヤキは、ゆとりある植樹帯幅員に支えられて樹冠が十分に生長し、十分なキャノピー効果が得られている（図2.3、写真2.3）。

平成15年には青葉通ケヤキ街路樹等に関する方針が定められ、補修等の工事で発生する街路樹に対する影響を極力軽減する計画や手法を採用したり、街路樹の生育環境の改善や並木の景観の保全を図るために市民参加の手法を取入れるなど、官民協働による緑豊かな街並みの保全を目指している。なお、日常の掃除等は商店街で行い、ボランティアによって自動車の排出ガスによるケヤキの樹幹の汚れを落とすような手当てまで実施している。

こうした配慮や管理によって都市の骨格を形成する豊かな緑が継承されている。

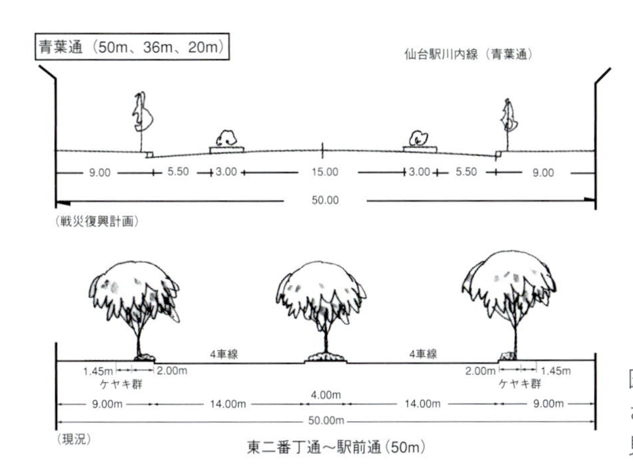

図2.3　戦災復興事業で十分な道路幅員と植樹帯が確保されているため、現在の利用形態に合わせて幅員構成を見直して改良するだけで、高い景観効果が得られている。

写真2.3　ゆとりある道路幅員が確保された青葉通　整備当初（左）と現在（右）

（2）定禅寺通の整備

定禅寺通は、城の鬼門にあたる定禅寺への参道として古くから整備されていた直線道路であり、戦災復興事業によって都市の骨格を担うゆとりのある街路構造が確保されている。その中でも、西公園通から東二番丁通の区間では、十分な街路幅員のなかに広い中央帯を設け、脇に植樹帯をもつ歩道の整備がなされている（図2.4）。その植樹帯等には、青葉通と同様に、ゆとりのある空間に相応しいケヤキの並木が整備された。現在では豊かな緑量を保ち、都市の骨格を担うに相応しい景観を呈している。

この背景には、昭和33年に植栽された街路樹のケヤキがもたらす豊かな緑と街並みとの調和（写真2.4、2.5）を図りながら、文化的な魅力のある景観形成を推進する緑の文化回廊としてのまちづくりがある。その実現に向けては、シンボルロード整備事業や地区計画制度の活用などの取組みにより杜の都・仙台のシンボルに相応しい空間形成がなされている。このことによって、歴史性のある街路の緑を継承しながら、定禅寺通を仙台の新しい都市文化の創造・交流の場として活用し、地域の活性化や賑わいのある新しい文化の形成が図られている。

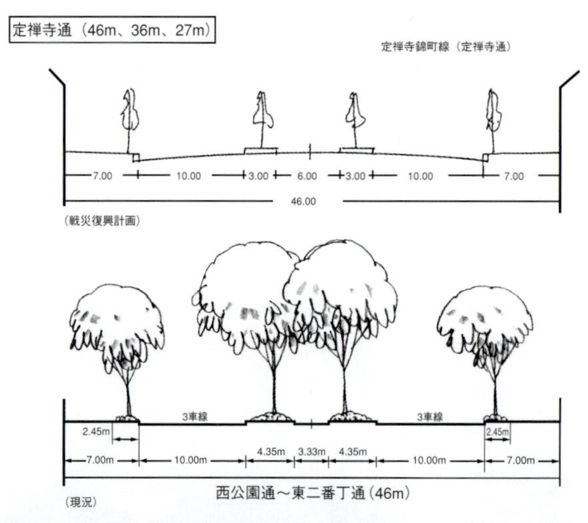

図2.4　戦災復興事業の幅員構成を継承して、道路が都市の緑地帯として十分な効果を発揮している。

写真2.4　都市景観の緑の軸となる植樹帯を確保した中央帯の整備
整備当初

写真2.5　杜の都仙台を象徴する豊かな緑の帯となった現在の定禅寺通

定禅寺通シンボルロード整備事業

定禅寺通シンボルロード整備事業は、仙台開府四百年記念事業の一環として平成11年度に実施された。ここでは、ケヤキ並木が重要な景観資源であることを踏まえ、まちの賑わい、芸術とのふれあい、緑とのふれあいを含めた緑の文化回廊づくりをテーマとしながら、沿道要素や利用動向などによるゾーン区分によって定禅寺通に面する街並みの特性を活かした整備を行って、人々の憩いの場となる空間の提供が図られている。

具体的には、一番丁通から晩翠通までの人々の交流が盛んな賑わいのある区間を交流ゾーン、晩翠通から西公園通までのメディアテーク（市民図書館）や杜を中心とした文化芸術とふれ合う区間を創造ゾーンとしてそれぞれ位置づけ（図2.5）、利用形態に合わせた新しい拠点施設等が設置された。また、地域住民等に親しまれ活用される空間の提供を図るためにイベント用電源の整備も併せて行っている。

こうした整備は、もともと歩道を伴う広幅員の中央帯が確保されていたことによって実現できたものである。この空間が、現在ではSENDAI光のページェントや定禅寺ジャズフェスティバル等のイベントの振興等、市民生活に大きく係わり合いながら親しまれ、活用される街路空間となっている。

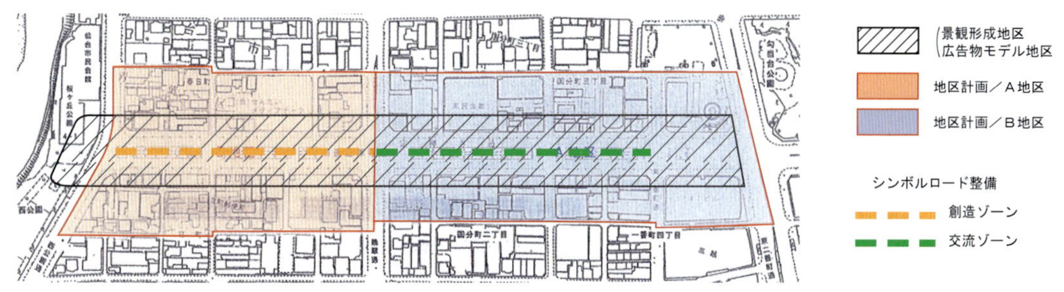

図2.5　定禅寺通（西公園通～東二番丁通）におけるまちづくりの取組み

写真2.6　イベント利用等で親しまれ賑わいを見せている中央帯の歩道

沿道の景観誘導

仙台市では、緑の保全・創出・普及を目指すまちづくりや、これまでに育まれてきた杜の都の景観を継承するための景観づくりが推進され、その一環として緑豊かな都市景観の骨格となる街路の緑化整備も行われた。

そうした仙台市のまちづくりのなかで、杜の都仙台を象徴するケヤキ並木を誇る定禅寺通では、定禅寺通まちづくり協議会（昭和63年発足）によって、官民協働による街路づくり、街並みづくり、新しい都市文化の創造交流の環境づくりが推進された。その後、地区住民等の意向を反映し、市民を主体としたまちづくりを推進するための地区計画制度が設けられ、市内に指定された63地区（平成15年現在）の一つとして、定禅寺通を緑の文化回廊として位置づけた定禅寺地区計画（平成５年）がある。ここでは、都市を代表する美しい景観を保全するために、沿道の建築物の利用等に対する規制事項が定められた（表2.3、図2.5）。

加えて杜の都の風土を育む景観条例と仙台屋外広告物条例にもとづく景観形成地区の第１号として定禅寺通景観形成地区（平成10年）が指定された（図2.5）。定禅寺通景観形成地区では、西公園通との交差点から東二番丁通との交差点までの約700mの区間（ケヤキの４列並木区間）を対象に景観形成地区および広告物モデル地区を指定し、沿道の建築物等に対するまちづくりのルールが定められた。景観形成地区としては、指定区域の公共施設の景観整備や、景観形成基準による景観誘導が行われている。また、広告物モデル地区としての植樹帯についてもできる限り幅員を確保して緑量を増加し、杜の都仙台のイメージの強化を図ることを検討している。このような広告物美観維持基準による良好な広告物の誘導を行っている（図2.6）。

さらに、積極的なオープンスペースの創出、緑化の推進、附属建築物や建築設備および自動販売機や壁面装飾等の細部にわたる景観デザイン検討などにより定禅寺地区の美観を保つことで、杜の都仙台の歴史ある緑豊かな市街地景観を保全・継承しながら、賑わいのある美しい都市景観が形成されている。

表2.3　定禅寺通地区計画の内容（概要）　平成５年３月１日都市計画決定

	A地区（晩翠通以東）	B地区（晩翠通以西）
用途の制限	①定禅寺通に面する建築物の部分の制限 ・1、2階建部分が住宅や集合住宅等であるもの ・マージャン屋、パチンコ屋、ゲーム場等 ・キャバレー、ダンスホール等 ②定禅寺通に接する敷地での制限 ・ラブホテル、ソープランド等 ・自動車修理工場、ガソリンスタンド等 ・特定の事業を営む工場 ・営業等倉庫等	①定禅寺通に面する建築物の部分の制限 ・1階建部分が住宅や集合住宅等であるもの ②定禅寺通に接する敷地での制限 ・マージャン屋、パチンコ屋、ゲーム場等 ・キャバレー、ダンスホール等 ・ラブホテル、ソープランド等 ・自動車修理工場、ガソリンスタンド等 ・特定の事業を営む工場 ・営業等倉庫等
敷地面積	200㎡以上とする	
壁面後退	定禅寺通りに面する部分 ・1～3階の部分　道路境界線より1.5m以上後退する（緩和協定あり） ・31m以上の部分　道路境界線より4m以上後退を基本とする	
建物高さ	10m以上とする	制限なし
形態・意匠	定禅寺に面する部分については、 ・建築物の外壁や看板等は、ケヤキ並木と調和し美観に配慮したものとする ・看板等で建築物の中高層部に設置するものは、ビル名等の自己用のものに限る	
かき・さくの構造	定禅寺通に面する部分については、生垣及び植栽併用フェンス等とし、周囲の環境と調和を図ること	

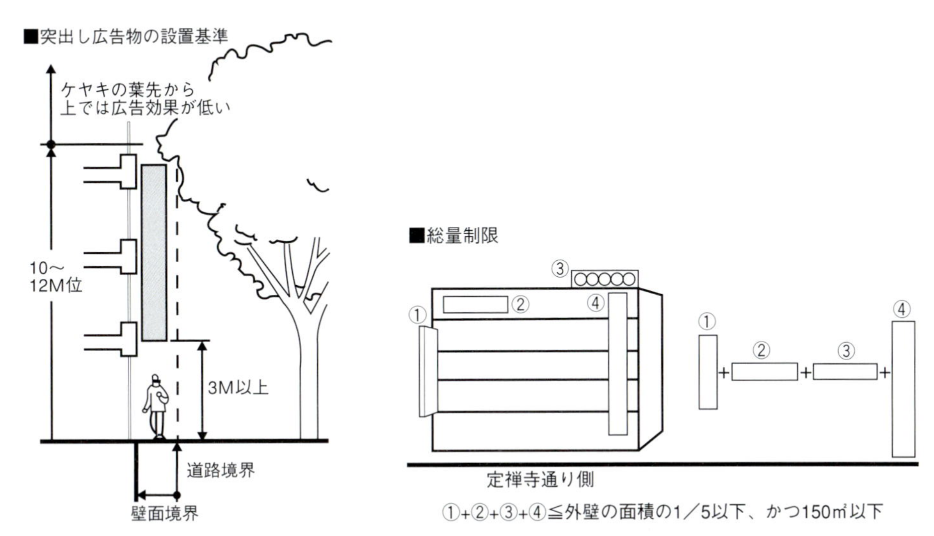

図2.6　定禅寺通・広告物美観維持基準（抜粋）

(3) 東二番丁通の整備

戦災復興事業における東二番丁通と定禅寺通の交差点は、街路景観の単調さを軽減するために、当初計画の線形を変更して、北上して勾当台公園に突き当ってから、左折して公園の西側を回り込むクランク状の線形を採用している（図2.7中のA)。勾当台公園は、宮城県庁と仙台市役所に隣接する街の中心である。東二番丁通をこの公園の緑にアテることで、公園の緑をアイストップとして東二番丁通の景観を引き締めると同時に緑豊かな都心のセンターを印象づけ、ひいては杜の都仙台のイメージを強調する効果が発揮されていた（写真2.7)。

その後、昭和58年に交差点部の線形が都市計画変更され、地下鉄整備に伴う勾当台地区整備計画の一環として昭和60年より交差点改良工事が行われて東二番丁通りは直進することとなった。そのため公園にアテた景観演出は現在見られないが、当時の緑の尊重の精神とアイストップの重視という思想に基づく景観演出の知恵は、現代においても検討に値するものである。

なお、東二番丁通の植栽は、南町通以北がケヤキ、以南がイチョウになっていて、東二番丁通を1本のまとまった街路としてイメージしにくい（図2.8、写真2.8)。また、50m幅員においては、現在の歩車道境界における2列の並木では効果があがっておらず、その他、バス停留所や沿道の出入口が多いために並木が連続していないのが現状である。

現在、東二番丁通ではこうした課題を解決するために、仙台市の緑の基本計画およびそれと整合する百年の杜づくり行動計画に位置づけられた緑のネットワークの一環となるよう、印象的な街路空間の創造が検討されている。そこでは交通の見直しによって中央帯と歩車道境界の幅員を拡幅して高木植栽を行うことなどが検討されている。こうした検討が可能であるのは、戦災復興事業でゆとりある50m幅員の横断構成を採用したためである。

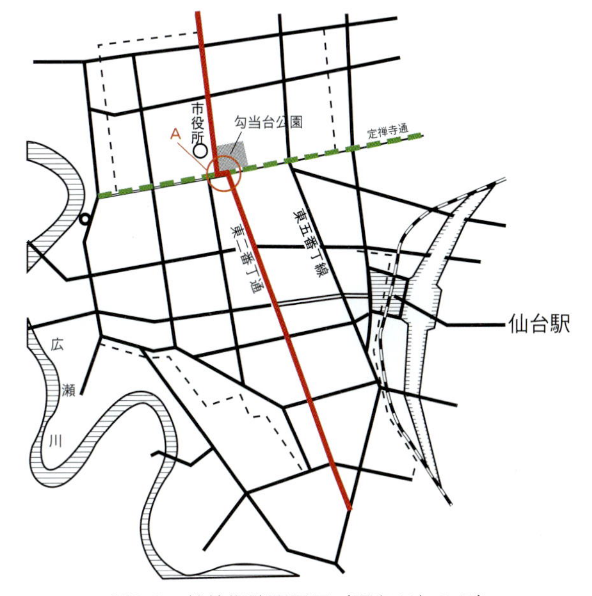

図2.7　幹線街路配置図（昭和44年9月）

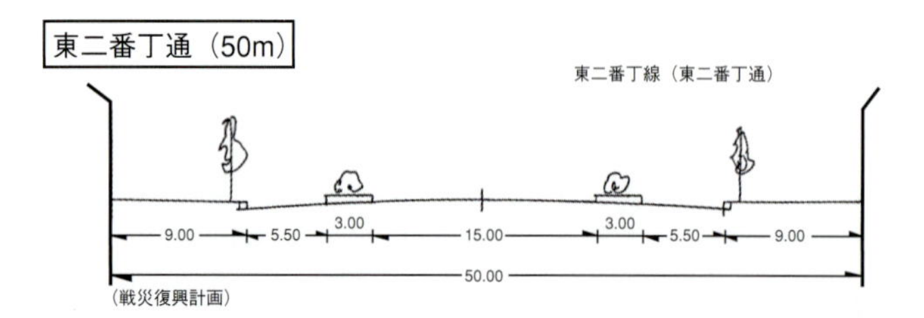

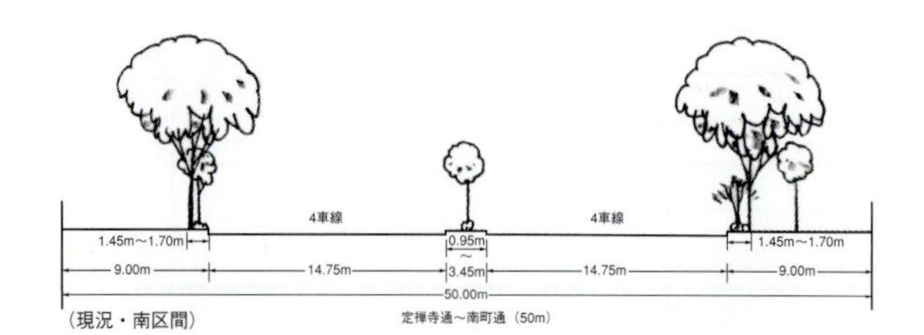

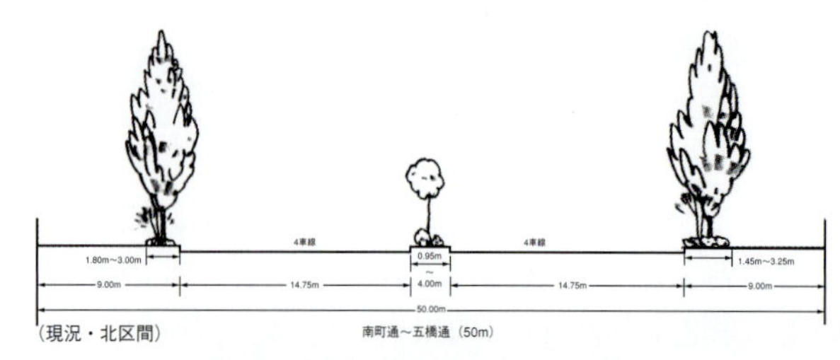

図2.8　戦災復興事業の幅員構成を継承しながら、側方分離帯を歩車道境界と中央帯に集約し、交差する骨格道路の格に合せた街路樹の整備を行っている。

写真2.7　勾当台公園にアテている東二番丁通

写真2.8
すっきりとした樹形のイチョウにより都市的な景観演出がなされているが、道路の幅員構成と街路植栽の緑量とのアンバランスが気になる現在の道路景観

4. 成果と課題

（1）成果―都市の骨格形成―

現在の仙台市中心部の市街地の緑豊かな空間は、市街地の道路が時代の流れのなかで利用形態に合わせながらも、地域の履歴を尊重して歴史的に一貫した方針をもってストックの活用を図り、都市の骨格を形成する街路整備を行ってきた成果である。また、ゆとりある幅員構成に支えられて緑地帯としての効果を発揮している街路植栽等の豊かな緑に囲まれた都市環境および景観の保全を図り、継承してきたことによって、自然に委ねた姿の成熟をみせる杜の都仙台の地域特性が強調された魅力のある生活空間が形成されている。

戦災復興後の仙台市は、広域的な高速交通網と体系的な道路整備を推進し、東北地方の中枢都市としての発展を遂げている。その中で、青葉通、定禅寺通、東二番丁通に限らず、広瀬通や（図2.10）、愛宕上杉通（図2.11）等の街路ネットワークが緑豊かな都市の骨格を形成し、安定して洗練された都市の景観を形成している。

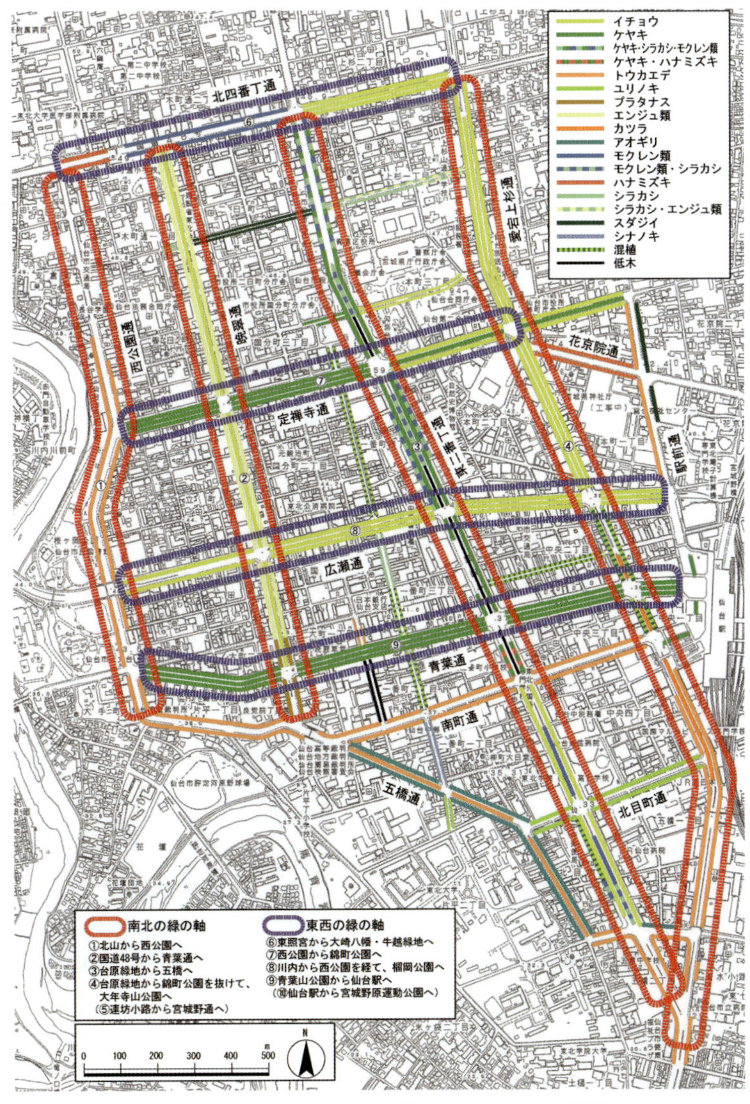

図2.9　仙台中心部の緑の軸と街路樹植栽の現状

写真2.9　仙台中心部の現況航空写真

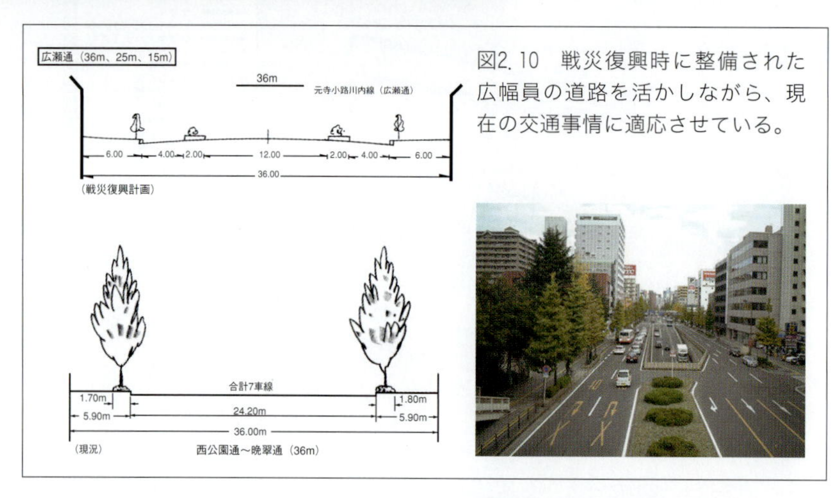

図2.10　戦災復興時に整備された広幅員の道路を活かしながら、現在の交通事情に適応させている。

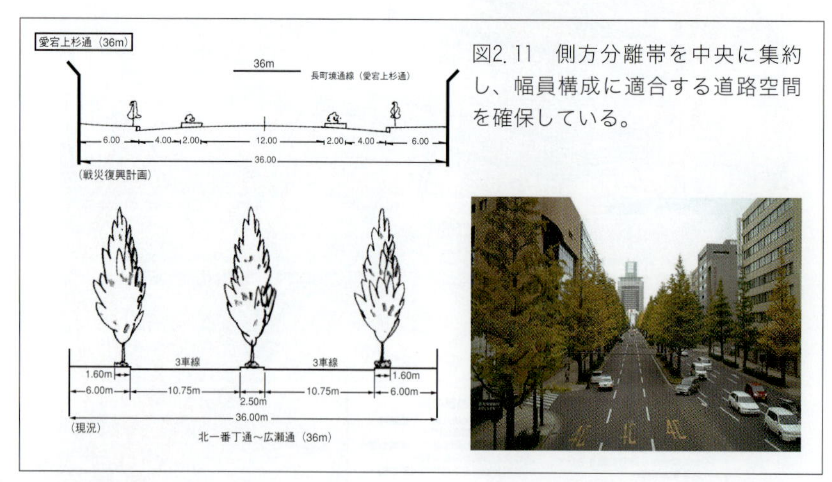

図2.11　側方分離帯を中央に集約し、幅員構成に適合する道路空間を確保している。

（2）都市づくりの展開

文化的都市・百年の杜をめざす都市づくり

仙台市は、戦災復興事業を都市づくりの礎に据え、新産業都市づくりを契機として東北の中枢都市としての位置づけを高めている。近年では、昭和52年度の市制施行80周年を記念して、芸術性と美に着目した彫刻のあるまちづくり事業による文化的な都市づくりや、都市供給処理施設の合理的な維持管理と安全性を確保するための仙台共同溝計画が推進されている。

また、これまでの杜の都の環境をつくる条例(昭和48年)や、都市緑化推進計画(昭和62年)、緑の基本計画（平成５年）による、都市内緑化の推進と全市域の緑地保全等のまちづくりの方針を総括して、緑の保全・創出・普及に関する緑の総合的な計画である仙台市の緑の基本計画・仙台グリーンプラン21を平成９年に策定した(図2.12)。これは、都市公園の整備、道路、河川等の水辺、学校等の公共施設の緑化を行うことで、地域特性を活かした美しく質の高い環境と景観の形成を図るものであり、自然と街がとけあう杜の都仙台を基本理念として、市民、事業者、行政の協働による、季節感のある、緑に包まれた新しい杜の都の構築を目指している。その中であげられた重点施策のうち、仙台市では緑の回廊づくりと100万本の森づくりとを百年の杜づくりの事業推進の両輪と位置づけて積極的に展開している。そのうち、街路の緑は、都市の緑を連携する骨格として位置づけられている。

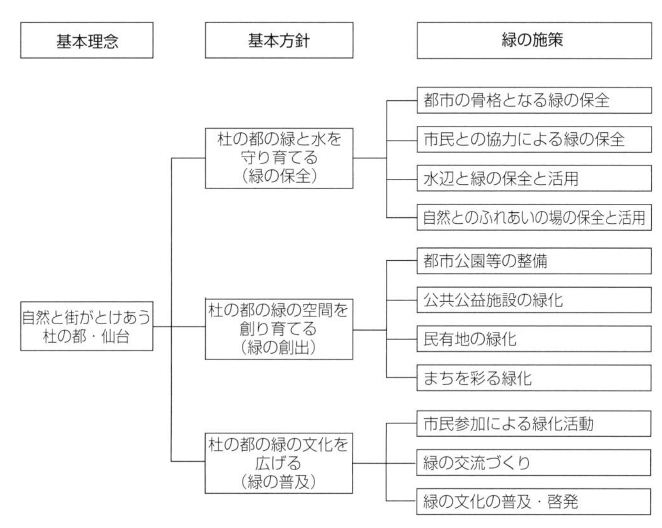

図2.12　仙台グリーンプラザ21　施策体系の骨格

新しいネットワークづくりに伴う整備

現在、仙台市内においては、確立された街路網のなかで都市の基幹空間となる交通の見直しを図り、歴史に育まれた都市景観のイメージを高めながら、地元住民と一体となって緑の創造による杜の都仙台のイメージの強調・向上を図り、地球環境への影響緩和を視野に入れながら、都市交通の機能性を充実させるための整備計画が推進されている。特に、自動車交通の需要拡大に伴う渋滞等の問題を解消するため、既に確立された道路網とあわせて都市の骨格を担う、新たな交通軸の確保を実践しようとしている。

具体的には、緑豊かな街並みを大幅に変化させることなく、都市内交通の利便性の向上、東北地方の中枢都市としての機能性の向上、大気汚染防止等の環境改善への貢献等の効果が期待できる地下鉄路線の増設計画が推進されている。この整備に伴う歩道や街路樹への影響は最小限に抑えるように計画され、杜の都として培われた地域景観の保全が図られている。また、地下鉄駅と連動したバス路線の走行環境を改善することにより、公共交通機関ネットワークの充実及び利用の促進を図っている。

その他、行政の取組みとしては、仙台駅周辺地区交通バリアフリー基本構想による人にやさしいまちづくりや、歴史性の高い杜の都を未来へ継承するための杜の都の風土を育む景観条例の制定、歴史的町名等活用推進事業の実施等、市民、事業者、市が一体となってまちづくりを推進するための基本姿勢が示されている。

3.

福島西道路

道路デザインを進めるにあたって、市民参画のもとで、地域に求められる道路の基本構造を確定した事例として、福島西道路におけるバイパス計画の一貫した検討プロセスを紹介する。

実践編との対応

第３章　地域特性による道路デザインの留意点
都市近郊地域における道路デザイン（３－５）
市街地における道路デザイン（３－６）
道路の性格に応じたデザイン（３－６－２）

第４章　構想・計画時のデザイン
道路デザイン方針の策定（４－１）
構想・計画時における道路デザインの重要性（４－２）
市街地の道路の計画（４－４）
地域資源・街割り・公共施設等の配置と道路の線形（４－４－１）
都市活動に対応した横断構成（４－４－２）
道路と沿道の一体整備（４－４－４）
他事業との連携（４－７）

第５章　設計・施工時のデザイン
車道・歩道及び分離帯の設計（５－５）
歩道空間の設計（５－５－２）
バス停留所等の配置（５－５－３）
環境施設帯の設計（５－９）
既存道路におけるその他の景観改善（５－15）
無電中化（５－15－２）

第６章　管理時のデザイン
維持管理（６－１）
景観の点検と地域との関わり（６－２）
関係者との協力体制の構築と支援（６－３）
植栽管理（６－４）

第７章　道路デザインのシステム
一貫性の確保（７－１）
デザイン方針の明確化（７－１－１）
検討体制の整備（７－１－２）
関係者の役割分担（７－１－３）

1.概　要

　福島西道路は、一般国道13号のバイパスとして福島市の新しい都市軸を形成すべく、福島市中心市街地の西部地区に計画された道路である。当初は地元住民の反対があったものの、事業の実施にあたっては、地域住民からの意見を積極的に取り入れ、官民一体となった取り組みがなされた。

　この道路では、住宅地、商業地、田園地域等、土地利用の異なるゾーンごとに街づくり、風景づくりのテーマを設け、沿道と一体的整備を図っている。またその中で、一部のゾーンでは、風景づくり検討委員会を設置し、地区協議会や懇談会をとおして、計画段階から地域住民の要望を反映させていることが特徴である。

　ここでは、このような沿道住民と一体となった取り組みが事業実施のプロセスの中で一貫してなされた点に注目して紹介する。

表3.1　福島西道路の諸元

事業区間	(自) 福島市大森 (至) 福島市南矢野目
事業経緯	昭和42年度　都市計画決定 　都市計画道・大森～矢野目線 (福島西部環状道路) 昭和57年度　都市計画変更 　道路幅員：25mから環境施設帯を備えた40mへ 昭和57年度　事業着手 昭和59年度　用地着手 昭和62年度　工事着手 昭和63年度以降順次供用開始 平成７年度　都市計画決定 (地区計画) 平成13年度　ボランティア・サポート・プログラム協定締結
総延長	7.7km
道路区分	第４種第１級
設計速度	60km/h
標準幅員	40.0m (環境施設帯片側10.0m、中央帯3.0m)

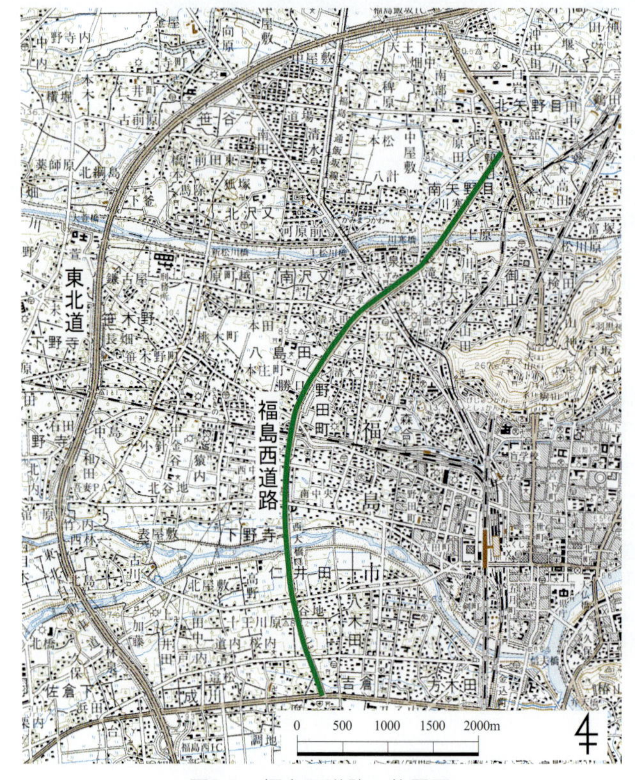

図3.1　福島西道路の位置図

2. 経　緯

福島西道路は、市街中心部の交通混雑緩和と市の西部地区開発を目的として、昭和42年に都市計画道・大森～北矢野目線（西部環状道路）として幅員25mで都市計画決定され、昭和57年に国直轄事業として採択された道路であるが、この間に沿道住宅地が開発され周辺住民も増加したことから、歩道や自転車道を設けるなど環境施設帯を備えた道路とするため、昭和58年には幅員を40mとする都市計画変更が行われた。これについては当初地域の住民より反対運動が起こったが、行政も精力的に地域住民、地権者との協議を重ねた結果、地権者側からも大筋で同意を得ることができた。

このことを踏まえて、道路整備にあたっては地域住民からの意見や要望を積極的に取り入れ、官民一体となった取り組みが行われるようになり、計画時における検討体制や合意形成手法の確立はもとより、現在では良好な道路空間を維持するためのボランティア・サポート・プログラム協定（平成13年）が締結されるまでに至っている。

これらは、地域住民の反対運動のエネルギーを、より良い道路整備へと昇華させた官民協力の成果であると考えられる。

3. 実　践

（1）対象区間の沿道状況と整備方法

「風景づくり検討委員会」に係わる地域は、図3.2に示す①、②の２つの異なる整備方法の区間に分かれている。

①の区間（1.3km）は、福島西土地区画整理事業と同時施行により整備を図った区間である。一方、②の区間（0.7km）は既成の市街地を斜めに横断したため、一筆買収によって用地を取得して、整備を図った区間（移転家屋約70戸）である。

（2）整備にあたっての合意形成手法

福島西道路の整備にあたっては、地域住民及び関係者の連携を図り、地域のニーズを活かすことができる体制を構築した（図3.3）。

学識経験者や専門家による「福島西道路沿道風景づくり検討委員会」のもと、地域代表者による地区協議会を設置し、住民と意見交換を行える組織作りを行った。また、多くの住民の意見を広く聞くため、児童・生徒・PTA、女性グループ、地域のホタル愛護団体などとの懇談会を設け、話し合いの場を幾度となく持ったことが特徴的である。

写真3.1　地区協議会及び懇談会の風景

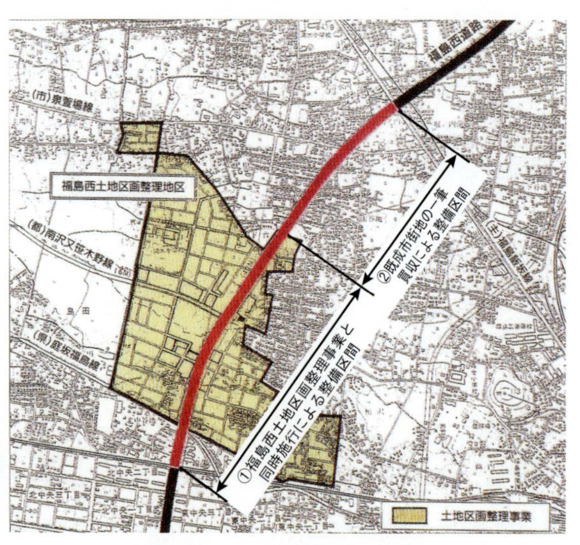

図3.2 「風景づくり検討委員会」の検討対象地域

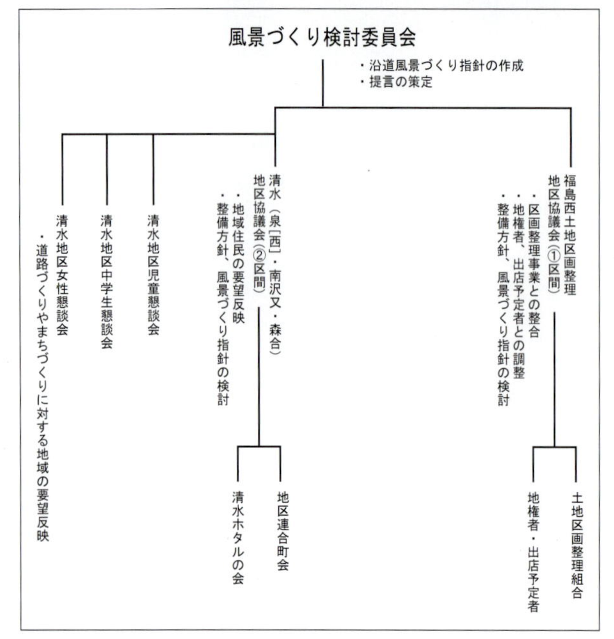

図3.3　風景づくり検討委員会と地区協議会

図3.4　計画段階における沿道整備のスケッチ

(3) 良好な街並みの誘導手法

土地区画整理事業との同時施行

福島西土地区画整理事業と同時施行による整備区間（図3.2①の区間）では、先行していた土地区画整理事業と連携しながら、前述3（2）の合意形成手法により住民意見を反映するとともに、大規模店舗の出店が予定されている福島西道路の沿道を中心に地区計画を策定して、沿道と道路が一体となった豊かな空間への誘導を図っている（表3.2、図3.5）。

表3.2　福島西土地区画整理事業と同時施行による整備区間（図3.2の①の区間）における地区計画の概要

土地利用 の方針	沿　道　街　区：沿道型商業･サービス施設の立地を適切に誘導する。 沿道街区以外の街区：低層住宅の立地を誘導し、住環境の維持推進を図る。
建築物等の整備 の方針	沿道街区の方針：建築物の用途、敷地面積の最低限度、高さの最高限度、壁面線の位置、建築物形態又は意匠、かき・さくの構造制限を行う。壁面後退による空地と歩道との一体的整備などを誘導する。
建築物の用途 の制限	建築してはならない建築物：ホテル、旅館、簡易宿泊所及び下宿、カラオケボックス、麻雀屋、パチンコ屋、ゲームセンター
建築物の敷地面積の最低限度	200m²
建築物の高さの最高限度	沿道街区：15m　住宅街区：10m
建築物の壁面線等の位置 の制限	沿道街区：３m(西道路の沿道街区)／２m(地区幹線道路の沿道街区) 住宅街区：１m以上　ただし物置等は0.6m以上
建築物等の形態又は意匠 の制限	ー建築物、工作物、屋外広告物の形態及び意匠は、周辺の環境と調和に十分配慮したものとする。 ー屋外広告物は蛍光色、刺激的な色彩や装飾は用いることができない。 ー工作物及び屋外広告物の高さは地表から15m以下とする。 ー屋外広告物等で設置できないもの。 建築物から独立した広告板等・掛け看板、突き出し広告等・立て看板

（H8.３月末都市計画決定）

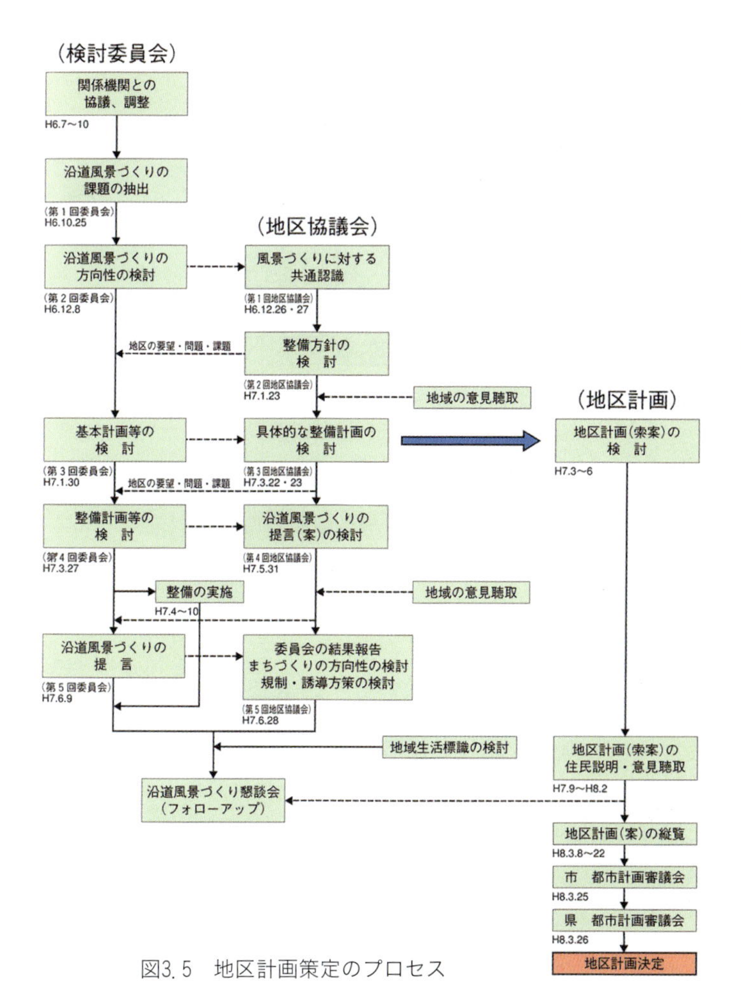

図3.5　地区計画策定のプロセス

写真3.2　地区計画による壁面後退の事例

一筆買収による用地取得地域の整備

既成市街地の一筆買収による整備区間（図3.2の②の区間）では、既成の市街地の街区を斜めに横切って道路建設が行われたため、特に沿道環境との調和が求められた。

既成市街地の環境整備を福島西道路整備と一体的に行うにあたっては、街並み・まちづくり総合支援事業（建設省補助事業：平成7年度に直轄事業関連としては全国第1号）の採択を受け、事業に着手した。具体的には、沿道に隣接した公園、集会場、広場の整備、隣接する地区内道路のグレードアップ、沿道地区内の水路整備、新たなホタルの生息空間の創出などを実施した。

さらに、既成市街地の沿道では道路用地取得に伴い発生した三角地の残地が連続したことから、これを道路用地に取り込んでゆとり空間として活用し、ポケットパーク等に利用している。

写真3.3　三角地の残地を利用したポケットパークの例

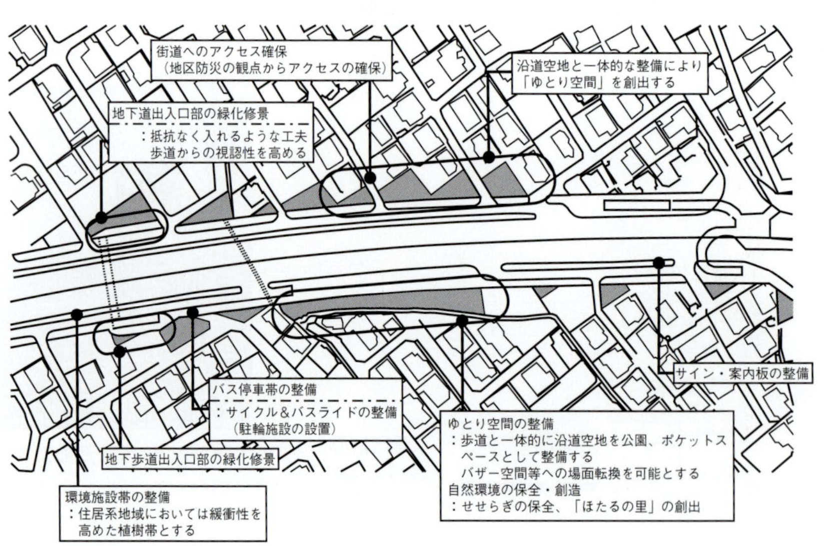

図3.6　用地取得にあって生じた不整形な土地を地域における「ゆとりの空間」として整備

（4）無電柱化

電線共同溝を歩道と一体的に整備し、無電柱化することですっきりとした道路空間となっている。時に、地上部に設置される制御ボックスが目立ってしまうと、無電柱化の効果は半減してしまうが、ここでは区画道路からの電力引き込みにより、制御ボックスの設置を回避している。

(5) 環境施設帯の整備

福島西道路は、両側に幅10mの環境施設帯を設置し、植樹帯、歩道、副道を図3.7に示すように整備している。

環境施設帯の効用は地域環境にやさしく、緑豊かで良好な道路空間を創出することはもちろんであるが、その他にも以下のような利点がある。

- 歩車道を分離することにより、防護柵等の人工物を最小化できる。
- 沿道からの交通を本線に分合流する場所を限定する。
- 沿道建築物が自ずと本線から離れるため、道路の内部景観が屋外広告物におかされにくくなる。
- 将来における道路の改修の自由度が高まる。

このように、環境施設帯をもつ広幅員の道路敷を確保することは非常に重要なことであり、福島西道路では一部橋梁・高架区間を除いてほぼ全線に渡ってこれを実現している。

写真3.4　環境施設帯の整備状況

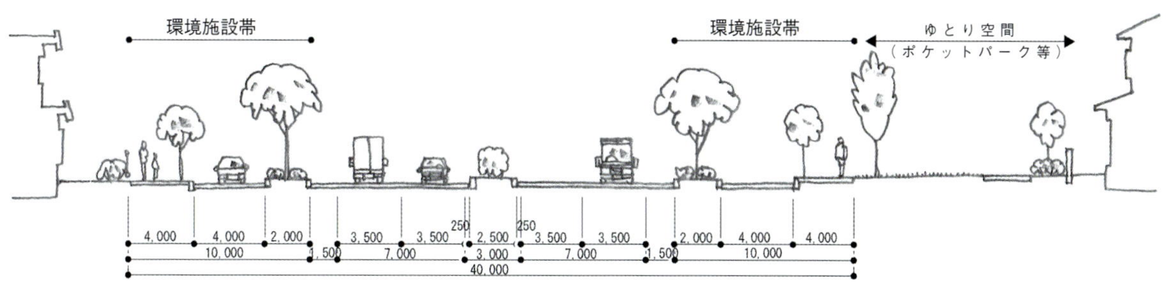

図3.7　福島西道路の横断構成

(6) 維持管理システムの構築

施設設備に関する維持管理手法

良好な道路環境を保全管理していくために、植栽帯の維持管理については沿道に湧き出る伏流水を活用した散水施設を設置している。また歩道のインターロッキングブロックや縁石のメンテナンスに備えて、一定量の材料を備蓄することとしている。

植栽管理

沿道に湧き出る伏流水を活用した植栽帯維持管理のための散水施設を設置するとともに、植栽帯の地表土の蒸散防水及び雑草萌芽抑制のために松の樹皮チップを活用している。

市民参画による環境整備

湧水を活用したホタルの生息環境整備にあたっては、地元に愛護団体が発足され、沿道のホタルの育成・保護などの活動を行っている。また、地下横断道は不衛生になりがちであるが、当該地域では、地域住民のボランティアにより地下歩道等の清掃活動が自主的に行われており、ゴミの収集は福島市が、清掃用具の支給は福島河川国道事務所が行う等、事業者と住民が協働する維持作業体制が作り上げられている。

写真3.5　地下横断歩道とボランティアによる清掃状況

4. 成果と課題

(1) 成果

福島西道路は、道路整備を進めるにあたって建設段階から積極的に地域住民の意見・要望を反映するシステムを構築し、一貫して官民一体となった検討プロセスを踏んでいることが特筆に値する。

また、環境施設帯や副道を含めた広幅員の道路敷を確保するとともに、住宅地や沿道商業施設の良好な景観を誘導すべく地区計画等の都市計画決定をしたことによって、道路の基盤が確定したことが成果である。

(2) 供用後の福島西道路

国土交通省福島工事事務所が、福島西道路の整備効果と課題について、平成14年7月の郵送による住民アンケート調査、及び平成15年1月の新聞広告掲載によるアンケート調査を実施した。その中から沿道環境等に関する意見を以下に示す。

沿道環境等に関する意見例（ホームページより）

- ・歩行者や自転車の横断が立体交差（地下道）になり、高齢者等交通弱者にとっては大変なので、これに配慮した道路整備をするべきである。
- ・分離帯の植栽が雑草等で汚いので、もう少し気をくばってほしい。
- ・沿道環境（騒音、排気ガス）を改善してほしい。
- ・景観への配慮（沿道建物の規制、道路の維持管理）をした方がよいと思う。
- ・暫定2車線区間は交通混雑がひどいことから、早く完成形にしてほしい

また全体的には歩道や沿道環境に対する意見が多く、これらへの関心が高くなっているが、その維持管理が難しいこともうかがえる。福島西道路は、早い段階から住民の道路に対する関心が高く、現在もボランティア活動等において、清掃が行われているにも関わらず、このような意見が出ていることは真摯に受け止めることが重要である。

4.

大手前通り

　都心部における交通需要の変化を受けて、目抜き通りの空間再構築を通じ、まちなかにおける歩行者回遊性の向上を図った事例として、姫路市の大手前通りについて紹介する。

実践編との対応
第３章　地域特性による道路デザインの留意点
　市街地における道路デザイン（３－６）
　　道路ネットワークと道路デザイン　（３－６－１）
　　道路の性格に応じたデザイン（３－６－２）

第４章　構想・計画時のデザイン
　道路デザイン方針の設定（４－１）
　構想・計画時における道路デザインの重要性（４－２）
　市街地の道路の計画（４－４）
　　地域資源・街割り・公共施設等の配置と道路の線形（４－４－１）
　　都市活動に対応した横断構成（４－４－２）
　　幅員構成の再構築（４－５）
　　他事業との連携（４－７）

第５章　設計・施工時のデザイン
　設計・施工にあたっての基本的な考え方（５－１）
　車道・歩道及び分離帯の設計（５－５）
　　車道・歩道の舗装（５－５－１）
　　歩道空間の設計（５－５－２）
　　バス停留所等の配置（５－５－３）
　　植樹帯の配置と植栽設計（５－５－４）
　道路附属物等の設計（５－10）
　　道路占用物件（５－10－３）
　植栽の設計（５－11）
　　植栽の景観的役割（５－11－１）
　　植栽形式と使用種の選定（５－11－２）
　　既存道路の改築時における樹木等の取り扱い（５－11－５）

第６章　管理時のデザイン
　維持管理（６－１）
　景観の点検と地域との関わり（６－２）
　関係者との協力体制の構築と支援（６－３）

第７章　道路デザインのシステム
　一貫性の確保（７－１）
　　デザイン方針の明確化（７－１－１）
　　検討体制の整備（７－１－２）
　　関係者の役割分担（７－１－３）

1.概　要

JR 姫路駅と世界文化遺産「姫路城」を結ぶ大手前通り周辺は、かつては城下町として栄え、現在も市の商業・業務の中心的役割を果たしているものの、昨今の社会・経済情勢を受け、回遊性の向上等、都心部にふさわしい賑わい創出のための施策が求められていた。そこで、JR 線の連続立体交差事業を契機として、姫路駅周辺の都市機能強化と歩行者回遊性の向上、地区の魅力向上を目的とした、大手前通りと駅前広場の一体的な再整備が行われた。

大手前通りでは駅前広場のリニューアルと併せ、道路空間の再構築による歩道拡幅とトランジットモール化を実施し、歩行者の安全確保と快適性・回遊性の向上、公共交通の利便性向上を図った。

また、駅前広場では、世界文化遺産「姫路城」を擁する城下町にふさわしい「城を望み、時を感じ人が交流するおもてなし広場」をデザインの基本コンセプトとした整備が行われた。

表4.1　大手前通りの諸元（駅前広場含む）

事業区間	（自）姫路市駅前町 （至）姫路市豆腐町
事業経緯	昭和62年度　都市計画決定 （姫路駅周辺地区新都市拠点整備事業） 平成17年度　「姫路市都心部まちづくり構想」策定 平成18年度　「キャスティ21整備プログラム」策定 平成19年度　姫路駅北駅前広場計画素案　策定 平成20年度　都市計画変更（駅前広場） 「姫路駅北駅前広場整備推進会議」設置（平成24年まで全17回開催） シャレットワークショップ実施 平成21年度　姫路市の顔づくりを勉強するセミナー、 市民フォーラム、専門家ワークショップなどの開催 平成22年度　大手前パレード等の実施 平成23年度　姫路駅前広場活用連絡会開催 トランジットモール社会実験　開催 平成24年度　着工 平成26年度　大手前通り供用開始 駅前広場供用開始
総延長	0.34km（大手前通り：0.16km、駅前広場0.18km）
道路区分	第４種第３級
設計速度	30km/h
標準幅員	50.0m

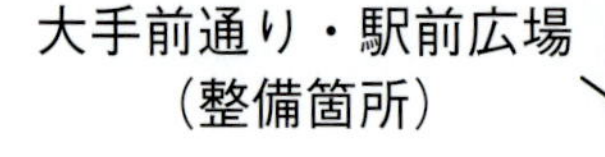

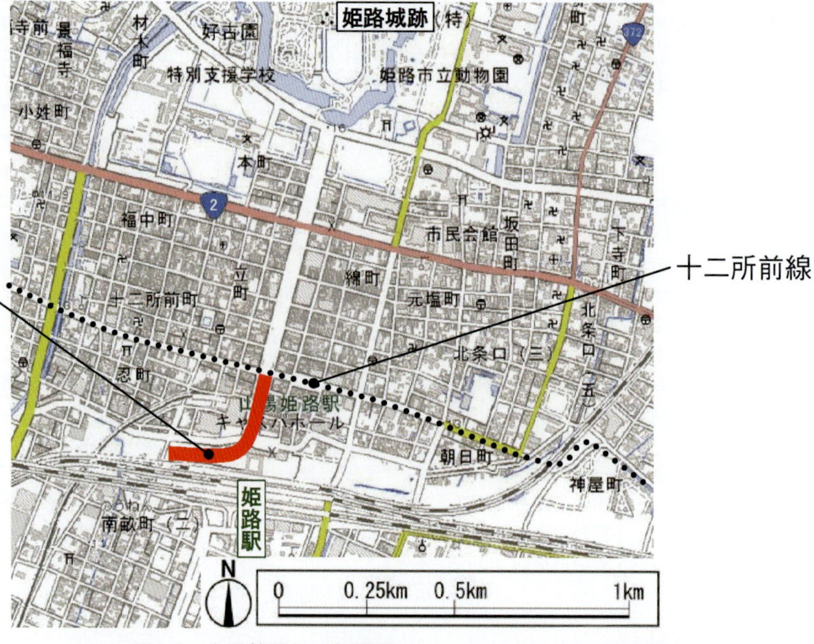

図4.1　大手前通りの位置図

2. 経　緯

姫路市では、明治22年に旧城下町を中心に市制が施行され、その後、鉄道等の整備により姫路城から姫路駅にかけて、商業・業務施設が集積する都心部が形成された。第二次大戦では、中心市街地は空襲により壊滅的な被害を受けるも、姫路城は奇跡的に難を逃れることができた。戦災復興区画整理事業による都心部の再建が進む中、姫路城と姫路駅を一直線に結ぶ幅員50m、延長約800m の大手前通りの整備が、戦災復興のシンボルとして、昭和30年に完成し、大手前通り周辺は、市の商業や交通の中心的役割を果たしてきたが、近年は社会情勢の変化等を受け、都心部にふさわしい賑わい創出のための施策が求められていた。

昭和40年台の高度経済成長に合わせ市街化が進む中、都心部を東西に横たわる鉄道施設によって南北交通が遮断され、都心部における一体的な市街地の発展が妨げられるとともに、慢性的な交通渋滞が発生していたことから、昭和48年に「国鉄高架化基本構想」を発表した。また、道路については、昭和52年に「播磨都市圏総合交通体系策定委員会」が設置され、姫路駅を中心に同心円上に広がる環状道路網の整備計画が策定された。

国鉄高架化基本構想の発表から事業化まで相当の時間を要したが、昭和62年に都市計画決定、平成元年に事業認可を取得し、(姫路駅を中心とする姫路駅周辺地区では、新たなまちづくりを進めるため)「姫路駅周辺総合整備事業（キャスティ21)」として、JR 山陽本線等立体交差事業、姫路駅周辺土地区画整理事業、関連道路事業等を一体的・総合的に取り組み、平成18年に JR 山陽本線の高架切り替え工事が完了する。同年、市は都心部におけるまちづくりの指針となる「姫路市都心部まちづくり構想」を策定するとともに、操作場跡地の土地利用高度化を図る「キャスティ21整備プログラム」を策定した。

平成19年に市は駅前広場の整備に向け（昭和62年の都市計画では JR 姫路駅の中央コンコースから姫路城が望むことができないため）駅前広場の形状を変更する都市計画決定の変更に着手した。(広場デザインに対する）議論の火付け役になったのが、市が公表した都市計画変更の素案のイメージ図（図4.2）である。交通機能の偏重、歩行者動線の阻害、滞留空間の欠如等（広すぎるバスプール、大手前通り・みゆき通りへの歩行者動線の阻害、滞留空間・広場空間が小さい、姫路城の眺望確保)、素案の内容に対する批判が相次ぐとともに、商工会議所や商店街連合会等、各種団体が独自の計画案（図4.3）を検討し、混乱した状況となった。

そこで、平成20年、市は関係する市民団体、交通事業者、広場の権利関係者、関係行政機関からなる「姫路駅北駅前広場整備推進会議」を設置し、多様な関係者間の合意形成に努めた。また、市民の側でも地元 NPO 法人や商店街連合会が中心となって、シャレットワークショップや市民フォーラム、公開専門家ワークショップ等を開催し、主体的な検討を進めた。その結果、十二所前線以南の大手前通りにおける一般車の通行制限、城への眺望確保、広場西側の一般街区の活用等、市民からの提案を取り入れる形で計画が進められていった。

図4.2　平成19年に市が公表した素案（平面図及びパース）

図4.3　各団体から提案された計画案

3. 実　践

（1）積極的な市民参加を通じた合意形成

平成19年度、駅前広場の整備について市の素案が提示されたが、交通機能を最優先し、駅前広場の大部分をロータリーが占めていたことや、駅から商店街への歩行者動線が確保されていなかったことから多くの批判が寄せられた。また、この計画案について各種団体がそれぞれ対案を提示し、事態は混乱を呈した。

（そのような状況の中）市の「姫路駅北駅前広場整備推進会議」の設置に並行し、商業者等からコーディネイトの相談を受けたNPO法人「スローソサエティ協会」は、新しい案を公募して更に広場の選択肢を拡張するのではなく、市民への状況周知と関係者の合意形成を図るため、ワークショップや市民フォーラム等を開催し、駅前広場と大手前通りの整備案や空間の活用方法等の議論を行い、合意形成を図った。

【姫路市による実践】

○姫路市姫路駅北駅前広場整備推進会議

駅前広場と大手前通りの再整備について構想を具現化するとともに、事業を円滑に推進することを目的として、姫路市が主体となり、各種団体、交通事業者、関係者など15団体の委員とアドバイザーからなる会議を設立した。市民の側から出された代替案の課題について整理した上で、駅前広場の利用計画、姫路城と駅前を結ぶ大手前通りの街路計画や景観形成のガイドライン等を考える場として機能し、関係者の合意形成を図る上で大きな役割を担った。

表4.2　姫路駅北駅前広場整備推進会議の委員の構成

	所属・役職名
関係各種団体が推薦する者	姫路商工会議所　理事
	姫路市商店街連合会　会長
	姫路駅西地区「まちづくり」協議会　会長
	特定非営利活動法人スローソサエティ協会　理事長
	大手前通りまちづくり協議会　会長
交通事業者が推薦する者	山陽電気鉄道株式会社　常務取締役
	神姫バス株式会社　常務取締役
	社団法人兵庫県タクシー協会　姫路部会　部会長
	西日本旅客鉄道株式会社　近畿統括本部企画課長
関係利権者	西日本旅客鉄道株式会社　創造本部　開発グループリーダー
	株式会社姫路駅ビル　代表取締役社長
	株式会社山陽百貨店　代表取締役社長
	株式会社しらさぎ　代表取締役社長
関係行政機関	兵庫県姫路警察署　交通官
	兵庫県中播磨県民局　姫路土木事務所長
アドバイザー	姫路市都市景観アドバイザー　等4名

○「姫路の顔づくり」を考える専門家会議

景観や都市デザイン、交通計画の専門家が参加し、基本レイアウトや各空間・施設のデザインをはじめ、駅前広場整備と大手前通りの道路空間のあり方について、複数案の比較検討等を踏まえた提言を行った。

○「姫路の顔づくり」を考える市民ワークショップ

駅前広場の空間の使い方と大手前通りのあり方について、市民によるグループワークを実施した。駅前広場について、各空間のイメージ、及び市民主体の運営方針について確認するとともに、道路空間（歩車道配分）のあり方等について意見をとりまとめた。

【市民による実践】

○シャレットワークショップ※

専門家・大学・学生が街の人々と連携し、新しいビジョンやその実現のためのシナリオを検討するシャレットワークショップを２度にわたって開催した。第１回は乱立していた複数案の比較を踏まえながら、グループ毎に検討した提案を公開発表会で提示し、市長や行政、商店主、交通事業者等、様々な関係者が現状の理解を深める上で大きな役割を果たした。第２回は、「姫路の顔づくりを考える10の提言」をまとめ、計画を考える際のポイントを言語化した。

写真4.1　シャレットワークショップ（平成20年）

姫路の顔づくりを考える10の提言
1．安全性と利便性を備えた新たな交通ジャンクションの創出
2．シンボルである姫路城への眺望の確保
3．歩行空間の連携による回遊性の向上
4．面的な広がりによる商業活動の振興
5．多様なイベントが可能な広場空間の創出
6．市民に親しまれる駅前空間の再構築
7．既存地下街の再生による重層的な魅力空間の創造
8．観光客や来街者に対するきめ細やかな配慮
9．歴史を考慮した姫路らしい街並み景観の構成
10．場の環境を形成する「緑」の適切な配置

図4.4　姫路の顔づくりを考える10の提言

※用語解説

「シャレットワークショップ」とは、アーバンデザインやまちづくりの検討において、建築や都市計画、ランドスケープ、行政関係等の様々な分野の専門家が集まり、短期間に集中して議論し、具体的な解決策を提案するものである。

○市民フォーラム

姫路駅北駅前広場の将来イメージについて、各種団体や市民から様々な提案が出されているため、関係団体が一堂に会し、「姫路の顔づくり」を考える市民フォーラムを開催した。広場西側にバスとタクシーのロータリーを集約する配置やトランジットモール化など、具体的な計画の方向性について各団体が意見を交わし、その後の合意形成の進展に大きな役割を果たした。

○公開専門家ワークショップ

姫路駅北駅前広場の基本レイアウトについて市が提示する３つの計画案（交通機能優先案、公共空間優先案、折衷案）について、交通計画や都市デザインの専門家が議論する公開ワークショップを開催した。市民が見守る中、専門家は各案の長所・短所を検討し、最終的に「公共空間優先案」を推薦した。この結果を踏まえ、翌月には市長が「公共空間優先案」を採用することを決定した。

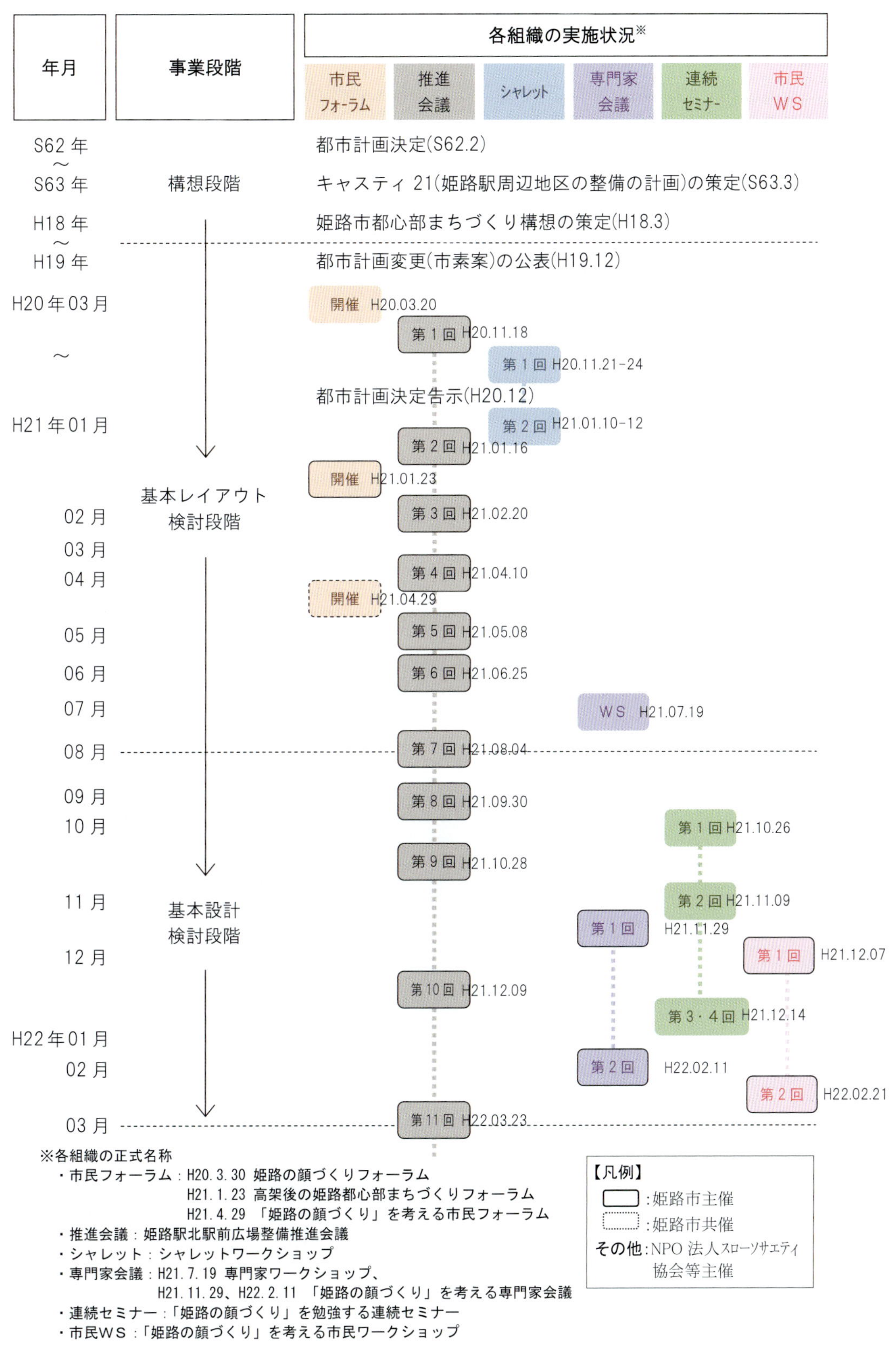

図4.5　都市デザイン決定プロセス（基本設計検討段階まで）

(2) 道路空間の再構築によるトランジットモール化・広場的な歩道空間の創出

JR線の連続立体交差事業により、かつて線路で分断されていた南北の市街地を結ぶ道路が増えるとともに、環状道路網が確保されたことで、都心部の交通需要が変化したことを受け、大手前通りの駅側一部区間（十二所前線以南）について、車道幅員を削減（片側3車線＋停車帯→1車線＋停車帯）し、歩道を拡幅することで、歩行者にやさしい道路空間を創出している(図4.6)。また、姫路市における公共交通の特徴として、姫路駅を基点として放射状にバス路線が形成されていたことから、大手前通りは路線バスの交通量が非常に多く、また主要観光施設(姫路城、美術館、書写山)が駅の北側にありタクシーの交通量も多い路線であることから、公共交通を除く一般車の通行を規制（トランジットモール化）するとともに、駅前広場一帯においても通過車両を排除し、通行は路線バス、タクシーといった公共交通に限定することで、交通結節機能の向上を図っている。

なお、当時の姫路駅周辺では、駅前整備の工事や駅ビルの建設工事が並行して進んでいたため、円滑な工事の進捗と安全性を考慮し、工事期間中の終日において、一般車両進入を制限していた。約2年半にわたる通行制限をトランジットモール化に向けた社会実験として捉え、周辺交通への影響や荷捌き等の課題を把握し、関係者と協議・対応を図るとともに、市民団体等と協働し情報提供や広報活動を展開することでトランジットモール化の実現に乗り出している。

バス・タクシーの乗降場を広場西側に集約し、乗り継ぎの利便性を高めるとともに、一般車による送迎のための乗降場を広場の東西両端に設置している。これにより、中央コンコースを出て姫路城や商店街へ向かう歩行者が、車道を横断することなく直接アクセスできるようになったため、歩行者の安全性、快適性、回遊性が飛躍的に向上している。

【整備前】

官民境界　官民境界
50.00
10.00　32.25　7.75
℄

【整備後】

官民境界　官民境界
50.00
18.75　12.50　18.75
2.50　2.50
0.50　3.25　3.25　0.50
℄

図4.6　整備前後の標準横断構成と現地写真

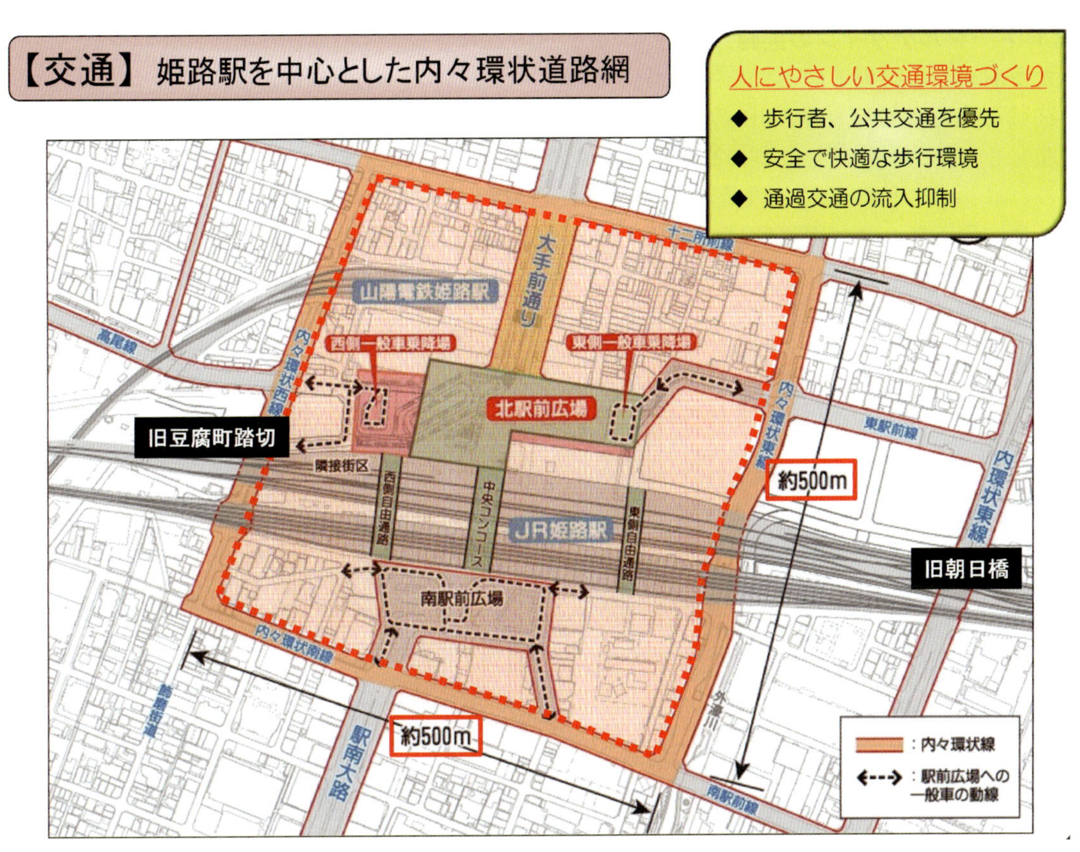

図4.7　歩行者中心のまちなか創出に向けた交通戦略

写真4.2　トランジットモール化した区間

写真4.3　拡幅されたゆとりのある歩道空間

(3) トータルデザインの実施

大手前通りの整備と併せ、芝生広場、サンクンガーデン、地下歩行空間、中央コンコース、姫路城を臨む眺望デッキ、JR新駅ビルとバスターミナル・山陽電鉄姫路駅を結ぶ歩行者デッキなどを一体的に整備し、質の高いトータルデザインを実現している。

これは事業の比較的早い段階からデザインの専門家が関与してきたことに加え、建築・景観・都市環境等、多分野におけるデザインの専門家から構成される「姫路駅北駅前広場整備等デザイン会議」の果たした役割も大きい。デザイン会議では、主要メンバーが定期的に現場へ出向き、複数の設計者や施工者とデザイン調整を行うとともに、重要な事項については市長を招いてのワークショップを開催し、デザインの検討を行った。

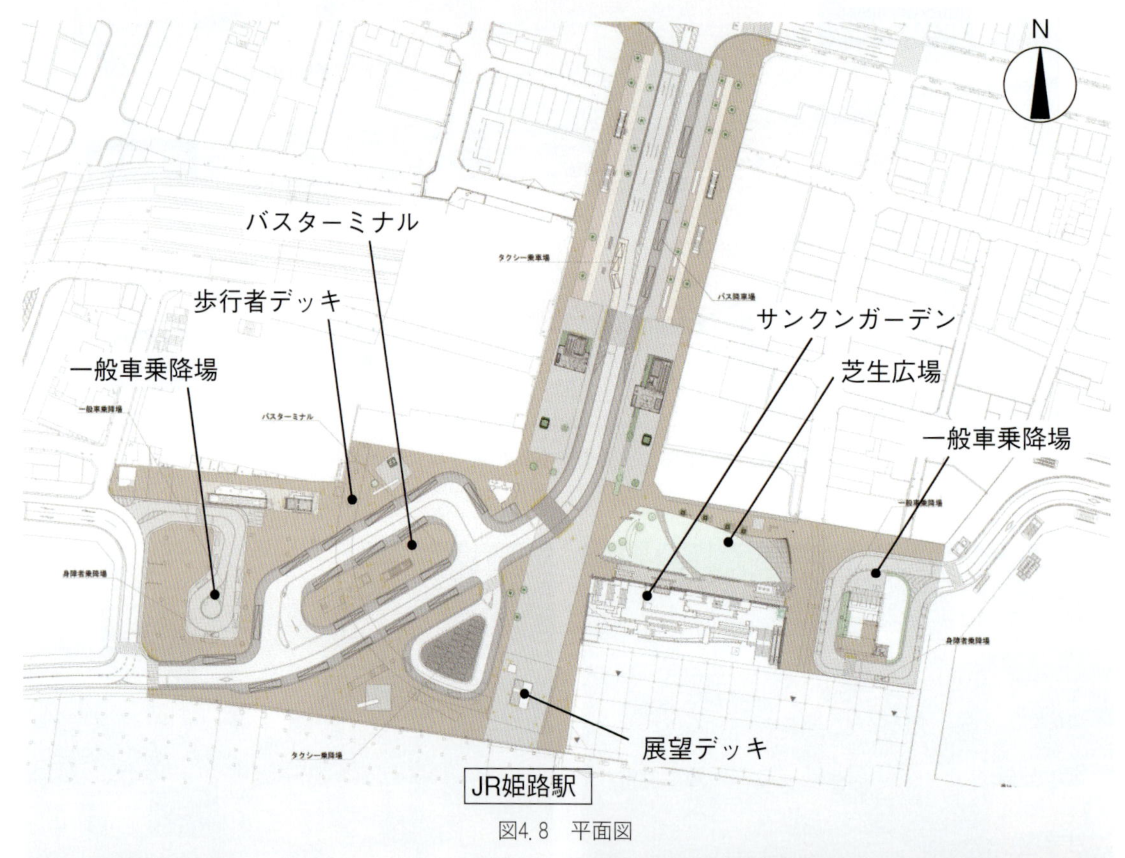

図4.8　平面図

写真4.4　サンクンガーデン

写真4.5　地下歩行空間

写真4.6　眺望デッキ

写真4.7　歩行者デッキ

（4）都市の顔に相応しいデザイン

大手前通りでは、世界文化遺産「姫路城」を正面に据えた、市のシンボルロードにふさわしい道路デザインを実践している。駅前と姫路城を結ぶビスタを強調するため、大手前通りの舗装パターンが駅前広場に向けて真っ直ぐ伸びる路面デザインとするとともに、十二所前線以北の2列植栽を南側へ引き込むような植栽の配列としている。

素材についても、姫路城を構成する石や木、鉄を用いることで、古来からの長い時間の流れを意識したデザインとしている。舗装については、路肩、縁石、歩道の一部を御影石で統一することで、通りとしての一体感を持たせている。なお、大手前通りは、バスが約2,700台／日以上通過する交通負荷の大きい路線であるため、車道部分の舗装については、工法検討や試験施工等、多くの調整を実施している。

写真4.8　姫路城へのヴィスタを強調したシンボルロードとしてのデザイン

写真4.9　御影石による車道舗装

写真4. 10　レンガと御影石を組み合わせた味わいのある歩道舗装

写真4. 11　城下町にふさわしいデザインの歩道照明

写真4. 12　洗練されたデザインのボラード

写真4. 13　素材の温もりの感じられる木製のベンチ

（5）駅前広場の利活用

駅前広場については、計画段階から多様なステークホルダーが参加する会議体を立ち上げ、供用後の広場の活用・運営・管理についての検討を行っている。平成25・26年度には先行的に利活用の社会実験を実施するとともに、本格供用後の平成27年度からは、「姫路駅北にぎわい交流広場条例」を制定し、官民が連携しながら広場のにぎわいの創出に取り組み、平成27年度は230件、平成28年度は309件のイベントが開催された。

〇姫路駅前広場活用連絡会

市民等による駅前広場の管理・利活用の機運が高まる中、平成23年に駅前広場の管理・運営体制の構築を目的として、地元市民団体、NPO 法人、専門家、行政関係者、民間事業者等が中心となった「姫路駅前広場活用連絡会」を設置した。

〇姫路駅前広場活用協議会

NPO 法人スローソサエティ協会のコーディネートのもと、「姫路駅前広場活用連絡会」を中心に検討を進め、その後、管理・利活用に重点を置いた組織として、姫路警察署や姫路市の産業・観光・道路等に関わる部局が参画した「姫路駅前広場活用協議会」を設立し、検討を進めた。

この協議会では、①イベント企画・②資金調達・③情報発信・④駅前交通(自転車対策等)・⑤官民連携の５つのワーキンググループが設置され、それぞれのテーマに沿った具体的な検討が行われた。

モデル事業終了後も、この協議会が中心となり、姫路駅前広場の管理・利活用（エリアマネジメント）の検討を進め、協議会で検討した取組やアイデア等を実際に企画・実施に移す実動組織として、「一般社団法人ひとネットワークひめじ」を平成24年10月に設立した。この一般社団法人の構成メンバーは、協議会メンバーのコアとなる少人数のメンバーから構成され、スローソサエティ協会の支援のもとに、迅速な意思決定や実行力を担保する組織として設立した。

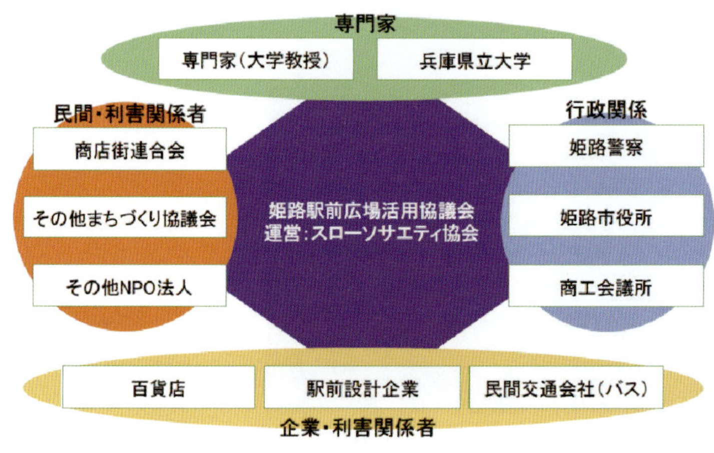

図4.9　姫路駅前広場活用連絡会構成メンバー

写真4.14　姫路駅前広場活用協議会

○姫路まちなかマネジメント協議会

駅前広場の完成後、駅前だけでなくまちなかへと議論の輪を広げる目的で、平成26年11月に「姫路駅前広場活用協議会」を「姫路まちなかマネジメント協議会」へと改組した。多様なステークホルダーが参加、またはオブザーバーとして関与しながら、公共空間の管理・活用に関する検討を行っている。イベント企画運営 WG、財源・調査 WG、自転車 WG、官民協働 WG、情報発信 WG の個別のワーキングに分かれて、具体的な議論を展開している。

①イベント企画運営WG

(1) 各種イベントを企画する機能
・賑わいを創出するイベント
・文化でおもてなしを実現するイベント
・防災意識の向上に資するイベント
・市民活動の発信に資するイベント
・その他エリアの特色を生かしたイベント
(2) 各種イベントを運営する機能（行政、警察協議を含む）
(3) 企業やアーティストなどの発信の場を提供する機能

②財源・調査WG

(1) 活動の財源確保する機能
(2) 調査機能
・まちのあるべき姿を調査し方向性を立案する機能
・利用者ニーズを把握する機能

③自転車WG

(1) 来街者にやさしい移動を実現する機能
・自転車対策（サイクルポスト管理、自転車修理など）を立案、実施する機能
・来街者の移動手段の提供（人力車、ベロタクシーなど）

⑤官民協働WG

行政と市民とが連携して、北駅前広場やサンクンガーデン、大手前通り歩道など公共空間の運営管理のかたちを考え、それを実現するために今後約２年間にわたり社会実験をおこなっていくことを目的としています。

④情報発信WG

(1) 情報発信機能
・エリア内の各種情報発信
・播磨地域全般を対象とした各種情報発信
・サテライトスタジオ、案内所、情報モニターの活用
(2) まちのコンシェルジュ機能
・観光客、買い物客、ビジネス客、市民それぞれへの情報発信と相談窓口

図4. 10　姫路まちなかマネジメント協議会の WG

写真4. 15　整備後に芝生広場で行われたイベントの様子

4. 成果と課題

（1）成果

駅前広場のリニューアルに伴い、姫路城へのアクセス道路となる大手前通りを一体的に整備することで、歩行者の安全性の確保と快適性・回遊性の向上、公共交通の利便性向上を実現している。大胆な道路空間の再構築とトランジットモール化が実現した背景には、人にやさしく、歩いて楽しい潤いのあるまちなかの創出を目標としながら、環状道路網の整備と鉄道の連続立体交差化を通じた交通需要の転換に努めたことが挙げられる。

また、官民が様々な形で合意形成に努めるとともに、事業の早い段階からデザインの専門家が関与したことで、市民のニーズに配慮した質の高いトータルデザインを実現することができた。世界文化遺産「姫路城」を擁する城下町の目抜き通りにふさわしい、道路景観を創出している。

姫路市総合計画に掲げる政策に対する市民の満足度や、市政に対する市民ニーズの把握を目的として市が実施している姫路市市民満足度調査（平成28年９月）の中で、「都心部の賑わいづくり」の施策について満足しているかどうかの５段階評価（１：不満、５：満足）について、満足度の平均が2.97（平成24年２月）から3.33（平成28年９月）と上昇しており、一連の事業の進捗と併せて満足度が向上していることが分かる。

また、参考までに、平成29年地価公示価格形成要因等の概要（国土交通省）によると、大手前通りを取り巻く姫路駅周辺地区では、商業新設の新設・増床やホテルの進出等により、地価が8.8％上昇し、前年上昇率の4.9％と比較しても上昇幅が拡大している。

（2）今後の展開

○大手前通り再整備計画

十二所前線以北、姫路城にかけての区間については、歩行環境・自転車通行環境の改善、道路附属物や舗装の老朽化が課題として挙げられており、現在整備が進められている。平成26年には「大手前通り再整備検討懇話会」が立ち上がり、再整備に向けた検討に着手している。平成27年には社会実験の形で道路空間利活用実験と交通実験を実施するとともに、利活用ワークショップを開催し、整備後の具体的な利活用のあり方について、官民一体で検討を行っている。

○継続的な整備効果の検証

駅前広場や歩行者空間の整備によって、姫路駅の利用者数が増加している。今後、利用者数の変化に加え、利用者の滞在時間や消費金額等といった整備効果を継続的に検証することが重要である。

参考資料

参考資料　役割と使い方

1．道路のデザインに係る参考図書※の活用方法

国土交通省では、所管する公共事業における景観検討の実施にあたり、事業の影響が及ぶ地域住民やその他関係者、学識経験者等の意見を聴取しつつ事業を実施するための手順と体制を確保するため、「国土交通省所管公共事業における景観検討の基本方針（案）」（以下「景観検討基本方針（案）」という。）を定め、平成19年４月から運用（平成21年４月改定）している。

道路のデザインに係る参考図書は、事業の規模等に関わらず、どのような事業であっても参照すべき内容として定めていることから、「景観検討基本方針（案）」の対象外となる事業も含め、計画・設計段階から施工・維持管理段階まで適用することが望ましい。

「景観検討基本方針（案）」の運用にあたっては、図１に示す通り①景観検討区分判断から⑥景観整備方針に基づく維持管理において「補訂版 道路のデザイン－道路デザイン指針（案）とその解説－」を活用し、③景観整備方針策定以降は「道路附属物等ガイドライン」を活用することが基本的な考え方である。

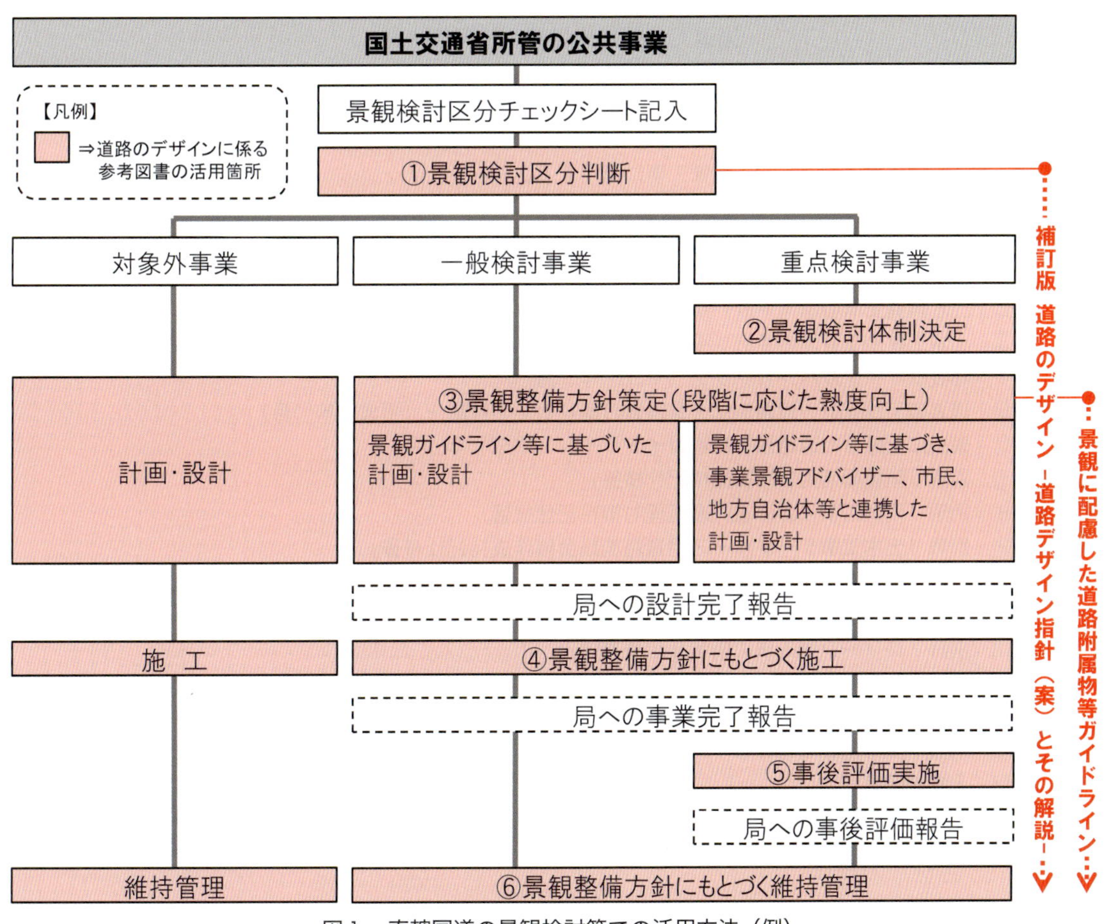

図１　直轄国道の景観検討等での活用方法（例）
（※上図は、国土交通省資料「公共事業における景観アセスメント（景観評価）システムの概要」を参考に作成）

※ここでは、「補訂版 道路のデザイン―道路デザイン指針（案）とその解説―」及び「道路附属物等ガイドライン」をあわせて、「道路のデザインに係る参考図書」とする。

2．道路のデザインに係る参考図書の周知・標準化

道路のデザインに係る参考図書は、各々の道路管理者が活用し、それを設計、工事等の発注において適用するものと明確に位置付けてこそ、良好な道路景観の形成に資することができる。

(1)特記仕様書等における適用基準への記載(例)

道路のデザインに係る参考図書の実効性を確保するためには、設計、工事等の発注図書（特記仕様書等）における適用基準として、道路のデザインに係る参考図書を記載することが効果的である。図2に工事での特記仕様書の記載（例）を示す。

【特記仕様書　記載例（工事編）】

国道○○号整備工事　特記仕様書

第○章　総　則

第1章　本特記仕様書は国道○○号整備工事に適用する。

第2章　本工事は設計図書及び本特記仕様書による外、各項によるものとする。

1．土木工事共通仕様書（平成○年○月）
2．土木請負工事必携（平成○年○月）
3．土木工事施工管理の手引（平成○年○月）
4．建設リサイクルハンドブック（平成○年○月）
5．道路のデザイン―道路デザイン指針（案）とその解説―（平成○年○月）
6．景観に配慮した道路附属物等ガイドライン（平成○年○月）
7．別添「新技術活用工事関係特記仕様書」
8．別添「現道工事における交通処理対策特記仕様書」
9．別添「土木工事データベース用道路施設台帳作成特記仕様書」
10．別添「地下埋設物件の事故防止に関する特記仕様書」
11．別添「架空線の事故防止に関する特記仕様書」
12．別添「グリーン購入法に関する留意事項」
13．別添「アスファルト混合物事前審査における品質管理基準」
14．別添「工事書類簡素化一覧表（案）」
15．別添「工事監督におけるワンデーレスポンス実施運用（案）」
16．入札説明書
17．その他関連資料
18．○○○○

第3章　○○○○

図2　特記仕様書（工事編）における記載（例）

［参考］

・国土交通省　土木設計業務等共通仕様書（案）（平成29年度版）「第１編共通編」における記載

> 第1201条　使用する技術基準等
> 　受注者は、業務の実施にあたって、最新の技術基準及び参考図書並びに特記仕様書に基づいて行うものとする。

主要技術基準及び参考図書

［３］道路関係

NO.	名称	編集又は発行所名	発行年月
113	防護柵の設置基準・同解説	日本道路協会	H28.11
・	・	・	・
・	・	・	・
・	・	・	・
126	道路のデザイン　道路デザイン指針（案）とその解説	道路環境研究所	H17.7
・	・	・	・
・	・	・	・
・	・	・	・

・国土交通省　土木工事共通仕様書（平成29年版）「第10編道路編」における記載

> 第14章　道路維持
> 第２節　適用すべき諸基準
> 　受注者は、設計図書において特に定めのない事項については、以下の基準類による。これにより難い場合には、監督職員の承諾を得なければならない。
> 　なお、基準類と設計図書に相違がある場合は、原則として設計図書の規定に従うものとし、疑義がある場合は監督職員と協議しなければならない。
> 　日本道路協会　道路維持修繕要綱　（昭和53年７月）
> 　・　・　・
> 　・　・　・
> 　・　・　・
> 　国土技術研究センター　景観に配慮した防護柵の整備ガイドライン（平成16年５月）
> 　・　・　・
> 　・　・　・
> 　・　・　・

(2)標準図集等の仕様への記載(例)

標準図集等において、図３に示す通り道路附属物等ガイドラインの内容を具体的な仕様として記載することや、色彩について具体的な色名称やマンセル値を指定することは、道路のデザインに係る参考図書の実効性の確保に効果的である。

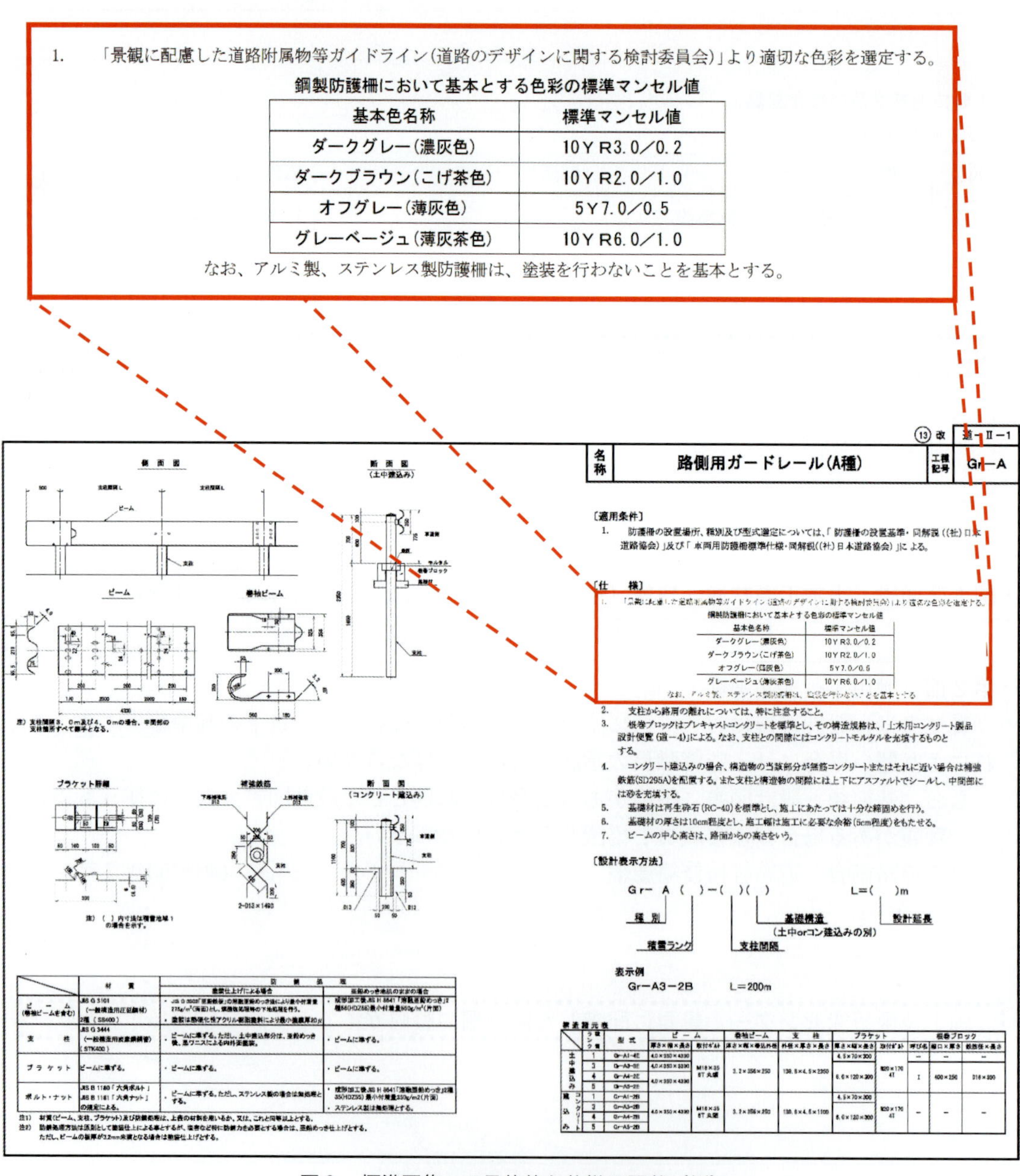

1.　「景観に配慮した道路附属物等ガイドライン(道路のデザインに関する検討委員会)」より適切な色彩を選定する。

鋼製防護柵において基本とする色彩の標準マンセル値

基本色名称	標準マンセル値
ダークグレー(濃灰色)	10ＹR3.0／0.2
ダークブラウン(こげ茶色)	10ＹR2.0／1.0
オフグレー(薄灰色)	5Ｙ7.0／0.5
グレーベージュ(薄灰茶色)	10ＹR6.0／1.0

なお、アルミ製、ステンレス製防護柵は、塗装を行わないことを基本とする。

図３　標準図集への具体的な仕様の記載（例）
（※上図は、北陸地方整備局の標準図集を参考に作成）

(3)道路附属物等に係るマスタープランの策定

道路附属物等の新設や更新は一貫した考えに基づいて行うことが基本であり、道路管理者による管内道路を対象とした道路附属物等に係るマスタープランを策定することが望ましい。

さらに、策定したマスタープランの特記仕様書への記載等により、その適用を標準化することは、良好な道路景観の形成を推進するための有力な手段となる。(「道路附属物等ガイドライン」第4章を参照)

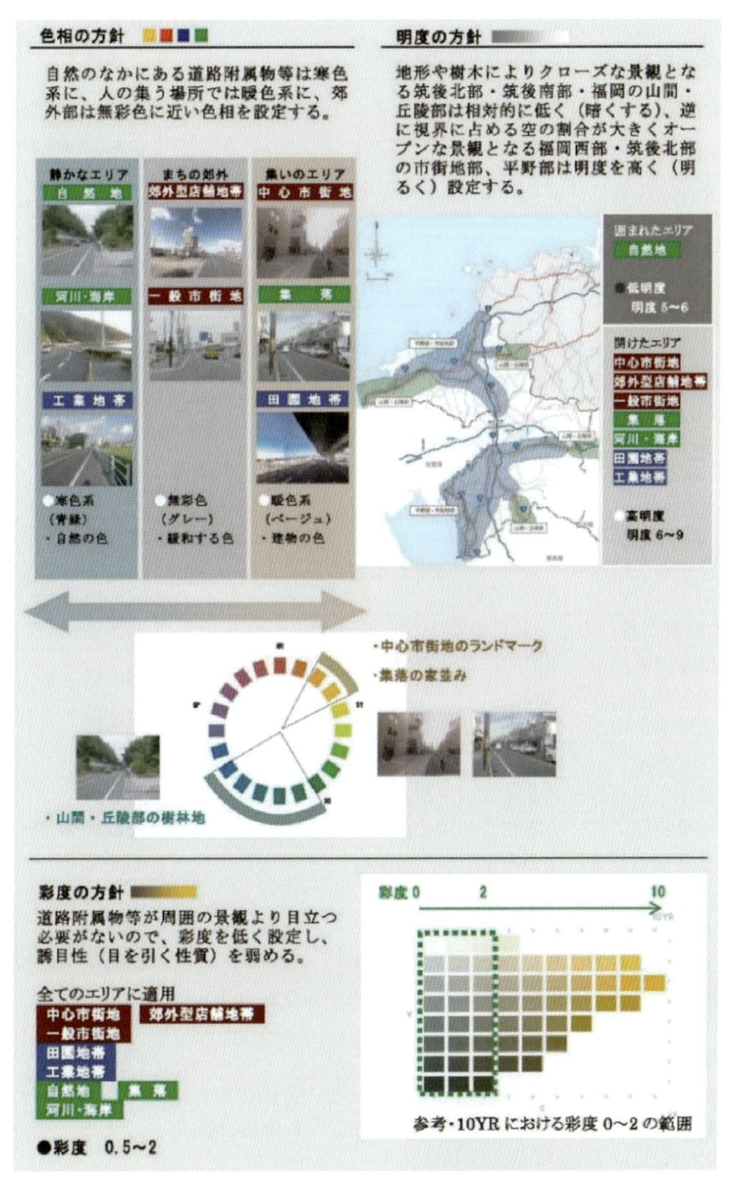

図4　マスタープランにおける基調色の設定方針(例)
※「ふくおか国道　色彩・デザイン指針(案)」(平成29年6月)より抜粋
※福岡国道事務所(国土交通省九州地方整備局)では、特記仕様書において、適用基準として記載

〈参考〉平成16年以降の道路景観関連の法律や施策等の動向

道路分野において景観検討を進めるにあたっては、道路のデザインに係る参考図書と合わせて道路景観に関連する法律や施策等を参照することが肝要である。

表１　平成16年以降の道路景観関連の法律や施策等の一覧

発行年月		法律・施策等	担当部署・編著等
年	月		
16	3	防護柵の設置基準通達の発出	道路局
16	4	無電柱化推進計画（平成16年度～20年度）の策定	道路局
16	5	景観に配慮した防護柵の整備ガイドラインの刊行	景観に配慮した防護柵推進検討委員会
16	6	景観法の成立	都市局
16	6	国土交通省所管公共事業における景観評価の基本方針（案）の通知	大臣官房技術調査課
17	4	道路デザイン指針（案）の通知	道路局
17	7	道路のデザイン一道路デザイン指針（案）とその解説ーの刊行	（財）道路環境研究所 （現（一財）日本みち研究所）
17	12	第１回日本風景街道戦略会議の開催	道路局
18	6	高齢者、障害者等の移動等の円滑化に関する法律（バリアフリー法）の成立	道路局
18	11	道路法施行令の改正による自転車利用の促進 （道路占用許可に係る工作物等に自転車駐車用の車止め装置等を追加）	道路局
18	12	観光立国推進基本法の成立	観光庁
19	3	国土交通省所管公共事業における景観検討の基本方針（案）の通知	大臣官房技術調査課
19	4	「日本風景街道」のルート指定開始	道路局
20	5	地域における歴史的風致の維持及び向上に関する法律（歴史まちづくり法）の成立	都市局、文化庁、農林水産省
20	7	国土交通省都市局公園緑地課が公園緑地・景観課に改組	都市局
20	10	観光庁が発足	観光庁
22	2	無電柱化に係るガイドライン（平成21年度～）の策定	道路局
22	5	公共建築物等における木材の利用の促進に関する法律の成立	大臣官房官庁営繕部整備課
24	3	観光立国推進基本計画の策定	観光庁
24	11	「安全で快適な自転車利用環境創出ガイドライン」の策定	道路局・警察庁
26	1	法定外表示等の設置指針の策定	警察庁
27	3	道路緑化技術基準の改正	道路局・都市局
27	6	広域観光周遊ルート形成促進事業によるルート認定（７ルート）	観光庁
28	4	道路協力団体制度の創設	道路局
28	4	公共建築物における木材の利用の促進のための計画の策定	大臣官房官庁営繕部整備課
28	6	広域観光周遊ルート形成促進事業によるルートの追加認定（４ルート）	観光庁
28	7	「安全で快適な自転車利用環境創出ガイドライン」の改定	道路局・警察庁
28	12	無電柱化の推進に関する法律の成立	道路局
28	12	自転車活用推進法の成立	道路局

（※この他の基準類等も検討対象等に応じて参照すること）

図版一覧

掲載頁	写真・図	名　称	所在地	撮影者(出典)
	第1章　思想			
3	写真(中扉)	知床国道（国道334号）	北海道	松崎喬
4	写真左上	終戦直後の日本の道路交通の状況		文献 No.69
4	写真右上	終戦直後の日本の道路交通の状況		文献 No.69
4	写真左下	芦ノ湖スカイライン	静岡県	松崎喬
4	写真右下	けやき通り	新潟県新潟市	文献 No.70
5	写真	輪中堤	岐阜県輪之内町	佐々木葉
7	写真左上	大分自動車道（由布岳）	大分県	松崎喬
7	写真右上	開陽川北線（道々975号）	北海道	松崎喬
7	写真左下	一番街通	埼玉県川越市	文献 No.70
7	写真右下	志賀草津高原ルート（国道292号）	長野県山ノ内町志賀高原	高松治
8	写真左	ポロト橋（道央自動車道）	北海道白老町（苫小牧西 IC～白老 IC）	高楊裕幸
8	写真右	大泉アンダーパス	東京都練馬区	黒島直一
9	写真左上	やまなみハイウェイ	大分県別府～熊本県一の宮	松崎喬
9	写真右上	哲学の道	京都府京都市	文献 No.70
9	写真左下	定禅寺通（市道定禅寺通線）	宮城県仙台市	国土交通省
9	写真右下	汽車道	神奈川県横浜市みなとみらい21	谷島菜甲
10	写真左	小川集落の花桃	岐阜県郡上市	亀田きよみ
10	写真右	国道13号	秋田県	文献 No.70
11	写真左上	牛深ハイヤ大橋	熊本県牛深市	高楊裕幸
11	写真右上	定山渓国道（国道230号）	北海道札幌市	高楊裕幸
11	写真左下	日光宇都宮道路	栃木県宇都宮市・日光市	鹿島昭治
11	写真右下	県道仙ノ台桧山線	秋田県能代市	文献 No.70
	第2章　知識			
13	写真(中扉)	千葉東金道路	千葉県	松崎喬
14	写真左上	東北自動車道（西那須野塩原 IC 付近）内部景観	栃木県（鹿沼 IC～那須高原 IC）	松崎喬
14	写真右上	東北自動車道	栃木県（鹿沼 IC～那須高原 IC）	松崎喬
14	写真左下	金町高架橋（国道6号）内部景観	東京都葛飾区	原隆士
14	写真右下	金町高架橋（国道6号）外部景観	東京都葛飾区	原隆士
15	図左上	パラシュート図		文献 No.25
15	写真右上	図面の見方		高楊裕幸
15	写真5葉	富士山スカイラインシークエンス景観	静岡県	松崎喬
16	図	ルビンの壺		文献 No.85
16	写真左上	シオン高架橋	スイス（ジェノバ湖）	佐々木葉
16	写真右上	モエザ川のアーチ橋	スイス（セント・ベルナディーノ）	佐々木葉
16	写真左下	箱根スカイライン	静岡県	松崎喬
16	写真右下	球磨川のアーチ橋	熊本県	佐々木葉
17	写真左	名古屋環状2号線（国道302号）	愛知県名古屋市	佐々木葉
17	写真中	関内駅南口モール	神奈川県横浜市中区	佐々木葉
17	写真右	やまなみハイウェイ	大分県別府～熊本県一の宮	松崎喬
18	絵	名所江戸百景する賀てふ	東京都中央区	
18	写真左	おはらい町通	三重県伊勢市	佐々木葉
18	写真中	半田山車祭り	愛知県半田市	佐々木葉
18	写真右	中央自動車道	山梨県（上野原 IC～大月 IC）	高楊裕幸
18	図	道路利用と景観の説明図		松崎喬
19	写真左外	聖徳記念絵画館前区道（春）	東京都港区	松崎喬
19	写真左内	聖徳記念絵画館前区道（夏）	東京都港区	松崎喬
19	写真右内	聖徳記念絵画館前区道（秋）	東京都港区	松崎喬
19	写真右外	聖徳記念絵画館前区道（冬）	東京都港区	松崎喬
19	写真下	定山渓国道（国道230号）の石積擁壁端部処理）	北海道札幌市	高楊裕幸
20	絵左上	東京府下第一大区尾張街道通煉化石造商法繁盛之図（明治6年）	東京都中央区	
20	絵右上	東京銀座通煉化石造真図（明治21年）	東京都中央区	
20	写真左下	銀座中央通り	東京都中央区	文献 No.71
20	写真右下	銀座中央通り	東京都中央区	高楊裕幸
	第3章　技術			
21	写真(中扉)	志賀草津高原ルート（292号）	長野県山ノ内町志賀高原	景観デザイン研究会
22	写真	ドルシュ氏の設計指導の様子		岩間滋
23	図左	東京湾アクアライン換気塔スケッチ（三次曲面）		田村幸久

掲載頁	写真・図	名　称	所在地	撮影者(出典)
23	図中	東京湾アクアライン換気塔スケッチ（二次曲面）		田村幸久
23	図右	東京湾アクアライン換気塔スケッチ（立体曲面板）		田村幸久
23	図左	大縮尺の検討図面		田村幸久
23	図右	小縮尺の検討図面		田村幸久
24	写真	橋梁の構造形式比較事例6葉		高楊裕幸
25	写真4葉	国道17号：新大宮バイパス（首都高速道路埼玉大宮線）	埼玉県戸田市	鹿島昭治
26	写真左上	現地踏査の様子1		岩間滋
26	写真右上	現地踏査の様子2		岩間滋
26	写真左下	1号町屋橋デザインワークショップ	三重県桑名市・朝日町	荒瀬美喜夫
26	写真右下	1号町屋橋デザインワークショップ	三重県桑名市・朝日町	荒瀬美喜夫
27	図左上	CGによる形状把握		鹿島昭治
27	図右上	CGによる将来景観予測		鹿島昭治
27	写真左下	形態スタディ模型		米田徳彦
27	写真右下	シルエット確認のための構造物模型		道路計画
	第4章　実践のイメージ			
29	写真(中扉)	県道萩秋芳線	山口県	松崎喬
32	図スケッチ	道路整備の要請区間の現況と整備目的		松崎喬・友森千春
32	図スケッチ	道路整備計画素案と道路デザインの課題		松崎喬・友森千春
33	図スケッチ	道路デザインの検討		松崎喬・友森千春
33	図スケッチ	道路デザインの更なる検討		松崎喬・友森千春
34	図スケッチ	道路デザインの成果		松崎喬・友森千春

■実践編

掲載頁	写真・図	名　称	所在地	撮影者(出典)
	第1章　道路デザインの目的と方向性			
37	写真(中扉)	富士山スカイライン	静岡県	松崎喬
38	写真1.1.1	唐津街道（国道202号）	佐賀県	松崎喬
42	写真1.3.1	駅前グリーンロード（市道緑町神田線）	滋賀県八日市市	松崎喬
42	写真1.3.2	県道橿原神宮公苑線	奈良県	松崎喬
42	写真1.3.3	行幸通り	東京都千代田区	伊藤登
	第2章　道路デザインの進め方			
45	写真(中扉)	道央自動車道	北海道（和寒IC～士別・剣淵IC）	岩間滋
46	図2.1.1	東海道五十三次之内由井	静岡県	
46	図2.1.2	東名高速道路フォトモンタージュ（由比PA付近）	静岡県由比町	文献No.21
46	写真2.1.1	東名高速道路（由比PA付近）	静岡県由比町	松崎喬
47	図2.1.3 写真2.1.2	道央自動車道（現地踏査・平面図及び写真）	北海道（和寒IC～士別・剣淵IC）	㈱道路計画・岩間滋
50	図2.3.1	市街地道路ラフスケッチ		松崎喬
50	図2.3.2	跨道橋の透視図		文献No.27
51	写真2.3.1	橋脚スタディ模型		大日本コンサルタント㈱
51	写真2.3.2	橋台スタディ模型		大日本コンサルタント㈱
51	写真2.3.3	大規模スタディ模型		黒島直一
51	写真2.3.4	CG動画による道路線形の確認		鹿島昭治
52	写真2.3.5	VRCG		国土交通省近畿地方整備局琵琶湖河川事務所
52	写真2.3.6	植樹帯スタディ模型		池田大樹
52	写真2.3.7	高架橋フォトモンタージュ		鹿島昭治
	第3章　地域特性による道路デザインの留意点			
53	写真(中扉)	中央自動車道	山梨県（勝沼IC～甲府昭和IC）	松崎造園設計
55	写真3.1.1	月山花笠ライン（国道112号）	山形県	岩瀬泉
55	写真3.1.2	月山花笠ライン（国道112号）	山形県	松崎喬
55	図3.1.1	平面線形変更	栃木県	松崎喬
55	写真3.1.3	日光宇都宮道路（線形変更）	栃木県	松崎喬
55	図3.1.2	平面線形・縦断線形変更	栃木県	松崎喬
55	写真3.1.4	日光宇都宮道路（線形変更）	栃木県	松崎喬
56	図3.1.3	道路構造による自然改変への影響	栃木県	松崎喬
57	写真3.1.5	箱根スカイライン	静岡県	松崎喬
57	写真3.1.6	山形自動車道（鹿名子山）	宮城県（笹谷IC～宮城川崎IC）	松崎造園設計
59	写真3.2.1	大分自動車道(由布岳)	大分県（湯布院IC～別府IC）	松崎喬
59	写真3.2.2	やまなみハイウェイ	大分県玖珠郡九重町	持田治郎
60	写真3.2.3	東北自動車道	青森県（大鰐IC～浪岡IC）	松崎喬
60	写真3.2.4	中央自動車道(八ヶ岳)	山梨県（韮崎IC～岡谷JCT）	松崎喬
61	写真3.2.5	白樺街道（道々十勝岳温泉美瑛線）	北海道美瑛町	堀一博
61	写真3.2.6	開陽川北線（道々975号）	北海道	松崎喬
61	写真3.2.7	知床国道（国道334号）	北海道	松崎喬
62	写真3.3.1	横浜ベイブリッジ（首都高速道路・横浜高速湾岸線）	神奈川県横浜市	松崎造園設計
62	図3.3.1	小山状地形の切飛ばし		松崎喬

掲載頁	写真・図	名　称	所在地	撮影者(出典)
63	写真3. 3. 2	四万十道路（国道381号）	高知県西土佐村半家	高楊裕幸
63	写真3. 3. 3	鶴見橋	広島県広島市中区	藤塚光政
64	写真3. 4. 1	北陸自動車道	滋賀県（木之本IC～今庄IC）	松崎喬
65	写真3. 4. 2	千葉東金道路	千葉県（山武IC付近）	松崎喬
66	写真3. 5. 1	諫早北バイパス（国道34号）	長崎県	松崎喬
66	写真3. 5. 2	国道246号	神奈川県厚木市	プランニングネットワーク
66	写真3. 5. 3	国道246号	神奈川県厚木市	プランニングネットワーク
69	図3. 6. 1	道路のプロポーション模式図		松崎喬
70	図3. 6. 2	道路のプロポーション実例①～⑥		松崎喬
72	写真3. 6. 1	大手前通り（市道幹第1号線）	兵庫県姫路市	日本みち研究所
72	写真3. 6. 2	旧一番町通	岐阜県美濃市	岩間滋
72	写真3. 6. 3	広小路通（市道広小路1号線）	愛知県豊橋市	松崎喬
72	写真3. 6. 4	甲州街道（国道20号）	東京都世田谷区	松崎喬
	第4章　構想・計画時のデザイン			
73	写真(中扉)	東名高速道路（浜名湖付近）	静岡県（浜松西IC～三ケ日IC）	松崎喬
77	写真4. 2. 1	大手前通り（市道幹第1号線）	兵庫県姫路市	姫路市街路建設課
77	写真4. 2. 2	やまなみハイウェイ	熊本県別府市～熊本県一の宮市	松崎喬
77	図4. 2. 1	バイパス計画ラフスケッチ①～③		松崎喬
78	図4. 3. 1	東名高速道路	神奈川県（大井松田IC～御殿場IC）	文献No.72
80	写真4. 3. 1	県道青山公園線	三重県	松崎喬
80	写真4. 3. 2	東名高速道路	静岡県（相良牧之原IC付近）	文献No.72
81	写真4. 3. 3	東名高速道路	静岡県（蒲原TN付近）	松崎喬
82	写真4. 3. 4	道央自動車道	北海道（千歳IC～苫小牧東IC）	松崎喬
82	写真4. 3. 5	学園東大通（県道土浦筑波線）	茨城県つくば市	松崎喬
83	図4. 3. 2	往復車道高低分離の模式図		㈱道路計画
83	写真4. 3. 6	道央自動車道	北海道（和寒IC～士別・剣淵IC）	田村幸久
83	写真4. 3. 7	中央自動車道	山梨県（上野原IC～大月IC）	高楊裕幸
83	写真4. 3. 8	東名高速道路（酒匂川橋）	神奈川県（大井松田IC～御殿場IC）	野中康弘
85	写真4. 3. 9 2葉	ダム湖検討模型及びモデルスコープ写真		高楊裕幸
86	写真4. 3. 10 上	東名高速道路（浜名湖橋）高架橋	静岡県浜松市	文献No.27
86	写真4. 3. 10 中	東名高速道路（浜名湖橋）盛土案	静岡県浜松市	文献No.27
86	写真4. 3. 10 下	東名高速道路（浜名湖橋）	静岡県浜松市	野中康弘
88	写真4. 4. 1	聖徳記念絵画館前区道	東京都港区	松崎喬
88	写真4. 4. 2	内外苑連絡道路（都道414号四谷角筈線）	東京都渋谷区	伊藤登
88	写真4. 4. 3	若宮大路	神奈川県鎌倉市	石田貴志
88	写真4. 4. 4	八幡坂	北海道函館市	佐々木葉
89	写真4. 4. 5	御堂筋（国道25号）	大阪府大阪市	大日本コンサルタント㈱
89	写真4. 4. 6	東茶屋街	石川県金沢市	黒島直一
90	写真4. 4. 7	官庁街通線	青森県十和田市	国土交通省
90	写真4. 4. 8	東京外郭環状道路	埼玉県和光市	㈱道路計画
90	写真4. 4. 9	福島西道路(国道13号)	福島県福島市	石田貴志
91	写真4. 4. 10	首都高速道路(横羽線)	神奈川県横浜市中区（みなとみらいIC～石川町JCT）	佐々木葉
91	写真4. 4. 11	永代橋（都道10号）	東京都中央区・江東区	池田大樹
91	写真4. 4. 12	日本橋（首都高速道路・都心環状線）	東京都中央区（江戸橋JCT～呉服橋JCT）	高楊裕幸
93	写真4. 4. 13	丸の内仲通り	東京都千代田区	伊藤登
93	写真4. 4. 14	弘前駅前地区土地区画整理事業	青森県弘前市	国土交通省
95	図4. 5. 1	道路空間の再構築の例		持田治郎
95	写真4. 5. 1	大手前通り	兵庫県姫路市	日本みち研究所
95	写真4. 5. 2	松山ロープウェイ通り	愛媛県松山市	日本みち研究所
96	写真4. 6. 1 左上	都道環状6号線住吉町交差点	東京都新宿区	東京都
96	写真4. 6. 1 右上	都道環状6号線住吉町交差点	東京都新宿区	石田貴志
96	写真4. 6. 1 左下・右下	都道放射環状6号線住吉町交差点	東京都新宿区	岩間滋
98	写真4. 7. 1	柏の葉キャンパス駅西口駅前線	千葉県柏市	友森千春
98	写真4. 7. 2	女川駅前エリアのプロムナード	宮城県牡鹿郡女川町	伊藤登
99	図4. 7. 1	路面高計画図（平泉バイパス）(a) ～ (d)	岩手県西磐井郡平泉町	文献No.84
99	写真4. 7. 3	平泉バイパス（国道4号）	岩手県西磐井郡平泉町	持田治郎

掲載頁	写真・図	名　称	所在地	撮影者(出典)
	第５章　設計・施工時のデザイン			
101	写真(中扉)	表参道（都道赤坂杉並線）	東京都渋谷区	松崎喬
102	写真5. 1. 1	青葉通(市道青葉通線)	宮城県仙台市青葉区	松崎喬
102	写真5. 1. 2	中央自動車道（談合坂SA）	山梨県	松崎喬
104	写真5. 2. 1	山形自動車道	山形県（関沢 IC～山形蔵王 IC）	松崎喬
104	写真5. 2. 2	千葉東金道路	千葉県（山武 IC 付近）	松崎喬
106	図5. 2. 1	切土のり面のアースデザイン		松崎喬
107	図5. 2. 2	横断ラウンディングのイメージ図		松崎喬
107	図5. 2. 3	縦断ラウンディングの模式図		松崎喬
107	図5. 2. 4	横断ラウンディングの交角説明図		景観デザイン研究会
107	図5. 2. 5	縦断ラウンディングの交角説明図		景観デザイン研究会
108	写真5. 2. 3	東名高速道路	静岡県（浜名湖SA付近）	松崎喬
108	写真5. 2. 4	東名高速道路　2葉(当初・現在)	静岡県（浜名湖付近）	岩間滋
108	図5. 2. 6	ラウンディングのり面経年変化イメージ図		松崎喬
108	写真5. 2. 5	東名高速道路（木村カット）	神奈川県（厚木IC～秦野中井IC）	松崎喬
108	図5. 2. 7	横断図（木村カット）	神奈川県	景観デザイン研究会
109	図5. 2. 8	元谷造成の模式図		松崎喬
110	図5. 2. 9	天倒しの模式図		松崎喬
110	図5. 2. 10	隅落しの模式図		松崎喬
110	図5. 2. 11	天倒し・隅落しのイメージ図		松崎喬
111	写真5. 2. 6	月山花笠ライン（国道112号）	山形県	松崎喬
111	写真5. 2. 7	国道230号	北海道	畑山義人
111	図5. 2. 12	県道岩崎西目屋弘前線(平面図・スケッチ図)	青森県	松崎喬・友森千春
112	図5. 2. 13	擁壁効果模式図		松崎喬
113	写真5. 2. 8	塩原もみじライン	栃木県	松崎喬
113	写真5. 2. 9	赤坂サカス	東京都港区	持田治郎
114	写真5. 2. 10	日光宇都宮道路	栃木県	松崎喬
114	写真5. 2. 11	日光宇都宮道路	栃木県	松崎喬
115	写真5. 2. 12	定山渓国道（国道230号）	北海道	高楊裕幸
117	写真5. 3. 1	西海橋	長崎県佐世保市西彼町	鹿島昭治
118	写真5. 3. 2	祖山橋	富山県平村	大日本コンサルタント㈱
118	写真5. 3. 3	山間のトラス橋	宮城県	高楊裕幸
118	写真5. 3. 4	サルギナトーベル橋	スイス	松井幹雄
118	写真5. 3. 5	葛飾ハープ橋	東京都葛飾区	高楊裕幸
119	写真5. 3. 6	因島大橋	広島県因島～向島	高楊裕幸
120	写真5. 3. 7	東北自動車道の高架橋	宮城県	高楊裕幸
120	写真5. 3. 8	南本牧大橋	神奈川県横浜市	高楊裕幸
120	図5. 3. 1	断面デザインの留意点		徳永貴士
122	写真5. 3. 9	鮎の瀬大橋	熊本県矢部町	鹿島昭治
122	図5. 3. 2	かけ違い処理の留意点		徳永貴士
123	写真5. 3. 10	国道221号	熊本県	松崎喬
123	写真5. 3. 11	山形自動車道	山形県（関沢 IC～山形蔵王 IC）	浅見邦和
123	図5. 3. 3	橋梁基盤の埋戻しと植栽整備		松崎喬
125	写真5. 3. 12	鴨池高架橋	神奈川県横浜市	谷島菜甲
125	写真5. 3. 13	首都高速道路	東京都	金井一郎
126	写真5. 3. 14	渋谷歩道橋（ブリッジ渋谷21）	東京都渋谷区	松井幹雄
127	写真5. 3. 15	常磐自動車道を跨ぐ跨道橋	茨城県土浦市	高楊裕幸
127	写真5. 3. 16	常磐自動車道を跨ぐ跨道橋	茨城県土浦市	高楊裕幸
127	写真5. 3. 17	アウトバーンの跨道橋	ドイツ	松井幹雄
128	図5. 4. 1	坑口形式による景観の違い		松崎喬
129	写真5. 4. 1	赤根トンネル	群馬県	高楊裕幸
129	写真5. 4. 2	保土坂トンネル（東北自動車道）	岩手県安比町	鹿島昭治
129	写真5. 4. 3	不二川橋トンネル	北海道	高楊裕幸
129	写真5. 4. 4	日本坂トンネル（東名高速道路）	静岡県（静岡 IC～焼津 IC）	松井幹雄
130	写真5. 4. 5	大泉アンダーパス	東京都練馬区	黒島直一
131	写真5. 4. 6	湾岸道路（羽田空港側坑口）	東京都大田区羽田空港	松井幹雄
131	写真5. 4. 7	名古屋環状２号線	愛知県名古屋市	佐々木葉
132	写真5. 4. 8	西嶺洞門（国道１号）	神奈川県箱根町	鹿島昭治
132	写真5. 4. 9	薄別回廊(定山渓国道)	北海道札幌市	松井幹雄
132	写真5. 4. 10 2葉	仙境覆道内部及び外部(定山渓国道)	北海道札幌市	高楊裕幸
133	写真5. 5. 1	熊本駅城山線	熊本県熊本市	持田治郎
134	写真5. 5. 2	中尊寺通り（県道平泉停車場中尊寺線）	岩手県西磐井郡平泉町	持田治郎
135	写真5. 5. 3	丸の内仲通り	東京都千代田区	持田治郎
135	写真5. 5. 4	平和大通（市道比治山庚午線）	広島県広島市	松崎喬
135	写真5. 5. 5	国道42号・かもめの散歩道	三重県鳥羽市	佐々木葉
136	写真5. 5. 6	放置自転車	千葉県浦安市	佐々木葉
137	写真5. 5. 7	青葉通(市道青葉通線)	宮城県仙台市	松崎喬
137	写真5. 5. 8	県道浜松環状線	静岡県浜松市	松崎喬

掲載頁	写真・図	名　称	所在地	撮影者(出典)
138	写真5.5.9	区道千歳通	東京都世田谷区	松崎喬
139	写真5.6.1	松山ロープウェイ通り(市道一番町東雲線)	愛媛県松山市	持田治郎
141	図5.7.1	シルクセンター交差点変化図		文献 No.73
141	写真5.7.1左	開港広場	神奈川県横浜市	岩間滋
141	写真5.7.1右	開港広場	神奈川県横浜市	佐々木葉
142	写真5.7.2	御殿山ガーデンシティ	東京都品川区	持田治郎
142	写真5.7.3	県道116号線・ひんぷんのガジュマル	沖縄県名護市	松崎喬
142	写真5.7.4	一ノ関駅・駅前公共地下道	岩手県一関市	持田治郎
144	写真5.7.5	母袋高架橋	長野県	松井幹雄
144	写真5.7.6	都道環状７号線（若林陸橋アンダーパス）	東京都世田谷区	徳永貴士
144	写真5.7.7	東名高速道路（菊川IC）	静岡県	松崎喬
145	写真5.7.8	東北自動車道（福島西IC）	福島県	松崎喬
146	写真5.8.1	106号線	ドイツ(シェピタール)	松崎喬
146	写真5.8.2	中央自動車道（諏訪湖SA）	長野県	松崎喬
147	写真5.8.3	宍道湖夕日スポット(国道９号)	島根県松江市	持田治郎
147	写真5.8.4	中央自動車道（談合坂SA）	山梨県上野原市	松崎喬
148	写真5.9.1	辰巳高架橋３葉（首都高速道路）	東京都	岩瀬泉・松崎喬
150	写真5.10.1	防護柵 CG		(一社) 日本アルミニウム協会
150	写真5.10.2	月山花笠ライン（国道112号)	山形県	神鋼建材工業㈱
151	写真5.10.3	透光遮音壁(京葉道路)	千葉県千葉市	松井幹雄
151	写真5.10.4	透光遮音壁（東名高速道路)	神奈川県(厚木IC〜秦野中井IC)	松崎喬
152	写真5.10.5	元町通	神奈川県横浜市中区	佐々木葉
152	写真5.10.6	新虎通り(環状２号線)	東京都港区	持田治郎
153	写真5.11.1	道道673号線	北海道	松崎喬
153	写真5.11.2	東北自動車道（前沢PA)	岩手県	松崎喬
155	写真5.11.3	学園西大通	茨城県つくば市	松崎喬
155	写真5.11.4	青葉通(市道青葉通線)	宮城県仙台市	プランニングネットワーク
155	写真5.11.5	中央自動車道	東京都（調布IC〜八王子IC)	松崎喬
155	図5.11.1	スクリーン植栽模式図		松崎喬
155	図5.11.2	景観向上を図る植栽の模式図		松崎喬
156	写真5.11.6	県道岩崎西目屋弘前線	青森県	松崎喬
156	写真5.11.7	日光街道（国道119号)	栃木県	松崎喬

掲載頁	写真・図	名　称	所在地	撮影者(出典)
158	写真5.11.8	二十間道路（町道桜並木通線)	北海道静内町	静内町商工観光課
158	写真5.11.9	青葉通(市道青葉通線)	宮城県仙台市	松崎喬
159	写真5.11.10	青葉通(市道青葉通線)	宮城県仙台市	松崎喬
159	写真5.11.11	聖徳記念絵画館前区道	東京都港区	松崎喬
160	写真5.11.12	水道道路	東京都世田谷区	松崎喬
161	写真5.11.13	道央自動車道	北海道（千歳IC〜苫小牧東IC)	松崎喬
161	写真5.11.14	東北自動車道（佐野SA)	栃木県	松崎喬
161	写真5.11.15	東名高速道路（掛川IC)	静岡県	松崎喬
162	写真5.11.16	日光宇都宮道路	栃木県	永山力
163	写真5.11.17	東海道（国道１号)	神奈川県大磯町	松崎喬
163	写真5.11.18	本郷通り（都道本郷赤羽線)	東京都文京区	松崎喬
163	写真5.11.19	市道満願寺第16号線(満願寺ハサギ並木)	新潟県	松崎喬
164	写真5.12.1２葉	１号町屋橋色彩検討	三重県桑名市・朝日町	高野光史
166	図5.13.1	暫定時の車線位置		文献 No.24
167	図5.13.2	既存林保存の模式図		㈱道路計画
168	写真5.13.1	船木橋（近畿自動車道尾鷲勢和線)	三重県大宮町	松井幹雄
168	写真5.13.2	母袋高架橋	長野県	松井幹雄
168	写真5.13.3	山陽自動車道のオーバーブリッジ	岡山県	高楊裕幸
171	写真5.15.1	四谷見附橋（移設前)	東京都新宿区	高楊裕幸
171	写真5.15.2	四谷見附橋(架替え後)	東京都新宿区	高楊裕幸
172	写真5.15.3	長池見附橋	東京都八王子市	黒島直一
173	写真5.15.4	本郷通（東大横)	東京都文京区	高楊裕幸
173	写真5.15.5	花見小路通	京都市東山区祇園	佐々木葉
	第６章　管理時のデザイン			
175	写真(中扉)	竹富島の街並み	沖縄県竹富島	佐々木葉
176	写真6.1.1	道路ポイント清掃	群馬県沼田市	国土交通省
176	写真6.1.2	防護柵の清掃	群馬県沼田市	国土交通省
179	写真6.3.1	ボランティアサポートプログラム	群馬県渋川市	国土交通省
180	写真6.4.1	世田谷通り（都道　世田谷町田線)	東京都世田谷区	松崎喬
	第７章　道路デザインのシステム			
183	写真(中扉)	淀屋橋・大江橋意匠設計競技１等案		
188	図7.3.1	景観法対象地域イメージ図		国土交通省
190	図7.3.2	景観法枠組み図（一部修正)		国土交通省

■事例編

掲載頁	写真・図	名　称	所在地	撮影者(出典)
	1．日光宇都宮道路			
197	写真(中扉)	日光宇都宮道路・外部景観	栃木県	松崎喬
196	図1.1	位置図	栃木県	文献 No.83
197	図1.2	計画検討対象ルート	栃木県	文献 No.83
197	図1.3	南側案と北側案の比較	栃木県	文献 No.83
198	図1.4	十石坂をコントロールポイントとした詳細な比較検討案	栃木県	文献 No.83
198	写真1.1	日光宇都宮道路と旧街道（杉並木）との関係	栃木県	松崎喬
199	写真1.2	快適な走行景観	栃木県	松崎喬
199	写真1.3	道路と地域の関係	栃木県	松崎喬
199	写真1.4	残地の活用	栃木県	松崎喬
199	図1.5	残地の取込みと自然復元	栃木県	松崎喬
200	図1.6	平面線形変更	栃木県	松崎喬
200	写真1.5	平面線形変更２葉	栃木県	松崎喬
201	図1.7	平面線形・縦断線形変更	栃木県	松崎喬
201	写真1.6	平面線形・縦断線形変更	栃木県	松崎喬
201	写真1.7	日光連山への山アテ	栃木県	松崎喬
202	写真1.8	道路構造の代替（トンネル・高架橋）	栃木県	松崎喬
202	図1.8	道路構造の代替（トンネル・高架橋）	栃木県	松崎喬
203	図1.9	土工の工夫による既存林の保全	栃木県	松崎喬
204	写真1.9	表土の確保	栃木県	松崎喬
204	写真1.10	表土の復元	栃木県	松崎喬
204	写真1.11	表土による自然植生の復元	栃木県	松崎喬
204	写真1.12	既存林の保全	栃木県	松崎喬
205	写真1.13	路傍植栽	栃木県	松崎喬
205	写真1.14	盛土のり面への植栽	栃木県	松崎喬
205	写真1.15	道路敷外への移植２葉（整備当初・現在）	栃木県	松崎喬
205	写真1.16	外部景観（自然環境へのおさまり）	栃木県	松崎喬
206	写真1.17	橋台のセットバック	栃木県	松崎喬
206	写真1.18	生態系の保全（モリアオガエルの産卵池）	栃木県	松崎喬
206	写真1.19	生態系の保全・けもの道２葉（整備当初・現在）	栃木県	松崎喬
207	写真1.20	侵入防止柵２葉（整備当初・現在）	栃木県	松崎喬
207	写真1.21	生物の移動経路の確保２葉（整備当初・現在）	栃木県	松崎喬
207	写真1.22	道路排水の集水桝２葉（整備当初・現在）	栃木県	松崎喬
	2．仙台の大通り			
209	写真(中扉)	青葉通	宮城県仙台市	松崎喬
210	図2.1	骨格道路の位置図	宮城県仙台市	プランニングネットワーク
211	図2.2左	仙台中心部における区画の比較（左：安政補正改革仙府絵図）	宮城県仙台市	文献 No.74
211	図2.2右	仙台中心部における区画の比較（右：昭和58年）	宮城県仙台市	文献 No.75
212	表2.2	復興事業の都市計画街路16幹線	宮城県仙台市	文献 No.76
213	写真2.1	街路整備の様子（昭和26年以前）	宮城県仙台市	文献 No.77
214	写真2.2	青葉通の築造工事（昭和25、26年頃）	宮城県仙台市	文献 No.75
215	図2.3上	青葉通における幅員構成の見直し	宮城県仙台市	文献 No.78
215	図2.3下	青葉通における幅員構成の見直し	宮城県仙台市	プランニングネットワーク
215	写真2.3左	ゆとりある道路幅員が確保された青葉通（整備当初）	宮城県仙台市	文献 No.77
215	写真2.3右	ゆとりある道路幅員が確保された青葉通（現在）	宮城県仙台市	松崎喬
216	図2.4上	定禅寺通における幅員構成の継承	宮城県仙台市	文献 No.78
216	図2.4下	定禅寺通における幅員構成の継承	宮城県仙台市	プランニングネットワーク
216	写真2.4	整備当初の定禅寺通	宮城県仙台市	文献 No.75
216	写真2.5	現在の定禅寺通	宮城県仙台市	国土交通省
217	図2.5	定禅寺通におけるまちづくりの取組み	宮城県仙台市	文献 No.79
217	写真2.6	イベント利用時の定禅寺通	宮城県仙台市	国土交通省
218	表2.3	定禅寺通地区計画の内容	宮城県仙台市	文献 No.79
219	図2.6	定禅寺通・広告物美観維持基準（抜粋）	宮城県仙台市	文献 No.79
219	図2.7	幹線街路配置図	宮城県仙台市	文献 No.76
220	図2.8上	東二番丁通における幅員構成の見直し	宮城県仙台市	文献 No.78
220	図2.8下	東二番丁通における幅員構成の見直し	宮城県仙台市	プランニングネットワーク
220	写真2.7	勾当台公園にアテている東二番丁通	宮城県仙台市	文献 No.80
220	写真2.8	現在の東二番丁通	宮城県仙台市	内藤充彦
221	図2.9	仙台中心部の緑の軸と街路樹植栽の現状	宮城県仙台市	松崎喬・内藤充彦
222	写真2.9	仙台中心部の現況航空写真	宮城県仙台市	文献 No.82
222	図2.10上	広瀬通における幅員構成の見直し	宮城県仙台市	文献 No.78
222	図2.10下	広瀬通における幅員構成の見直し	宮城県仙台市	プランニングネットワーク
222	図2.11上	愛宕上杉通における幅員構成の見直し	宮城県仙台市	文献 No.78
222	図2.11下	愛宕上杉通における幅員構成の見直し	宮城県仙台市	プランニングネットワーク

掲載頁	写真・図	名　称	所在地	撮影者(出典)
223	図2.12	仙台グリーンプラン21施策体系の骨格	宮城県仙台市	文献 No.81
	3．福島西道路			
225	写真(中扉)	福島西道路(国道13号)	福島県福島市	国土交通省・福島市
226	図3.1	福島西道路の位置図	福島県福島市	道路計画
228	写真3.1	地区協議会および懇談会の風景２葉	福島県福島市	国土交通省・福島市
228	図3.2	福島西道路の沿道土地利用状況	福島県福島市	国土交通省・福島市
228	図3.3	風景づくり検討委員会と地区協議会の検討体制	福島県福島市	国土交通省・福島市
228	図3.4	地域の要望による沿道整備のスケッチ	福島県福島市	国土交通省・福島市
229	図3.5	地区計画策定のプロセス	福島県福島市	国土交通省・福島市
229	写真3.2	地区計画による壁面後退の事例	福島県福島市	国土交通省・福島市
230	写真3.3	残地を利用したポケットパーク整備事例	福島県福島市	国土交通省・福島市
230	図3.6	用地取得に伴う「ゆとり空間」の整備	福島県福島市	国土交通省・福島市
231	写真3.4左	環境施設帯の整備状況	福島県福島市	石田貴志
231	写真3.4右	環境施設帯の整備状況(鳥瞰図)	福島県福島市	国土交通省・福島市
231	図3.7	福島西道路の横断構成	福島県福島市	福島市
232	写真3.5	地価横断歩道とボランティアによる清掃状況２葉	福島県福島市	国土交通省・福島市
	4．大手前通り			
235	写真(中扉)	大手前通り	兵庫県姫路市	姫路市
236	図4.1	大手前通りの位置図	兵庫県姫路市	国土技術政策総合研究所
237	図4.2	平成19年に市が公表した素案（平面図・パース）	兵庫県姫路市	姫路市
238	図4.3	各団体から提案された計画案	兵庫県姫路市	姫路市
240	写真4.1	シャレットワークシップ（平成20年）	兵庫県姫路市	姫路市
240	図4.4	姫路の顔づくりを考える10の提言（NPO法人まちづくりデザインサポートHP掲載資料を参考に作成）	兵庫県姫路市	日本みち研究所
241	図4.5	都市デザインの決定プロセス（姫路市HP掲載資料を参考に作成）	兵庫県姫路市	日本みち研究所
242	図4.6	整備前後の標準横断構成と現地写真	兵庫県姫路市	国土技術政策総合研究所
243	図4.7	歩行者中心のまちなか創出に向けた交通戦略	兵庫県姫路市	姫路市
243	写真4.2	トランジットモール化した区間	兵庫県姫路市	国土技術政策総合研究所
243	写真4.3	拡幅されたゆとりのある歩道空間	兵庫県姫路市	国土技術政策総合研究所
244	図4.8	平面図	兵庫県姫路市	国土技術政策総合研究所
244	写真4.4	サンクンガーデン	兵庫県姫路市	国土技術政策総合研究所
244	写真4.5	地下歩行空間	兵庫県姫路市	国土技術政策総合研究所
245	写真4.6	眺望デッキ	兵庫県姫路市	国土技術政策総合研究所
245	写真4.7	歩行者デッキ	兵庫県姫路市	国土技術政策総合研究所
245	写真4.8	姫路城へのヴィスタを強調したシンボルロードとしてのデザイン	兵庫県姫路市	姫路市
245	写真4.9	御影石による車道舗装	兵庫県姫路市	姫路市
246	写真4.10	レンガと御影石を組み合わせた味わいのある歩道舗装	兵庫県姫路市	姫路市
246	写真4.11	城下町にふさわしいデザインの歩道照明	兵庫県姫路市	国土技術政策総合研究所
246	写真4.12	洗練されたデザインのボラード	兵庫県姫路市	国土技術政策総合研究所
246	写真4.13	素材の温もりを感じられる木製のベンチ	兵庫県姫路市	国土技術政策総合研究所
247	図4.9	姫路駅前広場活用連絡会議構成メンバー	兵庫県姫路市	(一社）ひとネットワークひめじ
247	写真4.14	姫路駅前広場活用協議会	兵庫県姫路市	姫路市
248	図4.10	姫路まちなかマネジメント協議会のWG（姫路まちなかマネジメント協議会HPを参考に作成）	兵庫県姫路市	国土技術政策総合研究所
248	写真4.15	整備後に芝生広場で行われたイベントの様子	兵庫県姫路市	姫路市

参考文献一覧

以下に道路デザインを学ぶ際に参考となる代表的な基礎的参考文献、および本書に図版等を引用した文献をあげる。基本的に入手可能な和文文献から選定したが、特に価値が高いと思われるものについては絶版等により入手が困難なものもあげている。

文献 No.	文献名	編著者等	出版社・発行所	発行年
景観・デザイン基礎				
1	風景学・実践編	中村良夫	中央公論新社	2001
2	風景を創る　－環境美学への道	中村良夫	NHK ライブラリー	2004
3	景観用語事典	篠原修編・景観デザイン研究会著	彰国社	1998
4	土木デザイン論　－新たな風景の創出をめざして	篠原修	東大出版会	2003
5	日本人はどのように国土をつくったか　－地文学事始	上田篤・中村良夫・樋口忠彦	学芸出版社	2005
6	シビックデザイン　－自然・都市・人々の暮らし	建設省中部地方整備局シビックデザイン検討委員会編	大成出版社	1996
7	公共空間のデザイン　－シビックデザインの試み	建設省中部地方整備局シビックデザイン検討委員会編	大成出版社	1994
8	景観と意匠の歴史的展開　－土木構造物・都市・ランドスケープ	馬場俊介監修著・佐々木葉他著	信山社サイテック	1998
9	ランドスケープの新しい波	現代ランドスケープ研究会編	メイプルプレス	1999
10	ヨーロッパのインフラストラクチャー	土木学会編	丸善	1997
道路基礎				
11	道のはなし　Ⅰ・Ⅱ	武部健一	技報堂出版	1992
12	道	内山一男	ダイゴ	2000
13	高速道路　－草創期の舗装の記録	登芳久	技報堂出版	1993
14	道との出会い　－道を歩き道を考える	佐藤清	山海堂	1991
15	北の道づくり	北海道新聞社編	北海道新聞社	2004
16	人間に学ぶ道づくり	鈴木忠義	道路緑化保全協会	2005
17	道　－古代エジプトから現代まで	鈴木敏	技報堂出版	1998
18	はじめての挑戦　－高速道路づくりの物語	日本道路公団監修	高速道路技術センター	2000
19	国土と都市の造形	クリストファー・ターナード／ボリス・プシュカレフ著	鹿島出版会	1966
道路各論				
20	大橋慶三郎　道づくりのすべて	大橋慶三郎	全国林業改良普及協会	2001
21	庭と道　－住環境の屋外空間	岡田威海	鹿島出版会	1987
22	新しい交通まちづくりの思想　－コミュニティからのアプローチ	太田勝敏編著・豊田敏交通研究所監修	鹿島出版会	1998
23	欧米の道づくりとパブリック・インボルブメント　－海外事例に学ぶ道づくりの合意形成	合意形成手法に関する研究会編	ぎょうせい	2001
道路各論				
24	道路構造令の解説と運用	日本道路協会	丸善	2015
25	道路の線形と環境設計	ハンス・ローレンツ著	鹿島出版会	1976
26	交通工学シリーズ16　道路の線形設計	大塚勝美・木倉正美	技術書院	1971
27	交通工学シリーズ17　道路設計における透視図法	岩間滋・七宮大	技術書院	1966
28	交通工学シリーズ22　サービス施設と道路景観工学	鈴木忠義・中村良夫・田村幸久	技術書院	1973
29	自動車道路のランドスケープ計画　－環境と景観の立場からみた道路づくり	三沢彰・松崎喬・宮下修一編	ソフトサイエンス社	1994
30	日本のグッドロードガイド　－優れた道路づくりを目指して	道路緑化保全協会編	日本道路公団	2001
31	自然になじむ山岳道路　－ダム付替道路の事例より考える	国土開発技術研究センター編	山海堂	1996
32	道と緑のキーワード事典	道路緑化保全協会編	技報堂出版	2002
33	道路景観整備マニュアル（案）	建設省道路局企画課道路環境対策室監修／道路環境研究所・道路景観研究会編	大成出版社	1988
34	道路景観整備マニュアル（案）　Ⅱ	建設省道路局企画課道路環境対策室監修／道路環境研究所編	大成出版社	1993
35	景観に配慮した道路附属物等ガイドライン	道路のデザインに関する検討会編著	大成出版社	2017

文献 No.	文献名	編著者等	出版社・発行所	発行年
36	道と小川のビオトープづくり　ー生きものの新たな生息域	バイエルン州内務省建設局編	集文社	1993
37	バイオエンジニアリングを用いた緑の道路設計　ードイツの道路構造指針	ドイツ道路・交通研究協会編	集文社	1996
38	エコロード　ー生き物にやさしい道づくり	亀山章編	ソフトサイエンス社	1997
39	エコロードブック　ー生き物と共生する道路づくり海外事例集	海外エコロード事例調査団	道路緑化保全協会	1999
街路				
40	街路の景観設計	土木学会編	技報堂出版	1985
41	街並みの美学	芦原義信	岩波書店	1979
42	続・街並みの美学	芦原義信	岩波書店	1983
43	街並をつくる道路	ジム・マクラスキー著	鹿島出版会	1984
44	舗装と下水道の文化	岡並木	論創社	1985
45	トランジットモールの計画	トランジットモール研究会編	技報堂出版	1988
46	人と車［おりあい］の道づくり	住区内街路研究会	鹿島出版会	1989
47	日本伝統の町　重要伝統的建築物群保存地区62	河合敦監修	東京書籍	2004
48	日本の風景計画　ー都市の景観コントロール到達点と将来展望	西村幸夫・町並み研究会編著	学芸出版社	2003
49	日本の都市環境デザイン 1 北海道・東北・関東編	都市環境デザイン会議編著	建築資料研究社	2003
50	日本の都市環境デザイン 2 北陸・中部・関西編	都市環境デザイン会議編著	建築資料研究社	2003
51	日本の都市環境デザイン 3 中国・四国・九州・沖縄編	都市環境デザイン会議編著	建築資料研究社	2003
植栽				
52	道路と造景　ー並木と植栽	佐藤昌著	都市計画研究所	1969
53	造園の事典	田畑貞寿、樋渡達也編集	朝倉書店	1995
54	「街路樹」デザイン新時代	渡辺達三	裳華房	2000
55	道・緑・景	道路緑化保全協会編	道路緑化保全協会	1992
56	緑化・植栽マニュアル	中島宏	経済調査会	2004
橋				
57	美しい橋のデザインマニュアル	土木学会構造工学委員会　橋の景観とその形態および色彩に関する研究小委員会	土木学会	1982
58	美しい橋のデザインマニュアル　第2集	土木学会出版委員会　美しい橋のデザインマニュアル編集小委員会	土木学会	1993
59	橋の美Ⅲ　橋梁デザインノート	橋梁委員会・総括小委員会・道路橋景観便覧分科会・(株) メディアギルド	日本道路協会	1992
60	これからの歩道橋　ー付・人にやさしい歩道橋計画設計指針	日本鋼構造協会編	技報堂出版	1998
61	橋の造形学	杉山和雄	朝倉書店	2001
62	ブリュッケン	フリッツ・レオンハルト著	メイセイ出版	1998
歴史的構造物				
63	土木造形家（エンジニア・アーキテクト）百年の仕事　ー近代土木遺産を訪ねて	篠原修	新潮社	1999
64	建物の見方・調べ方	文化庁歴史的建造物調査研究会編著	ぎょうせい	1998
65	日本の近代土木遺産　ー現存する重要な木構造物2000選	土木学会土木史研究委員会編著	丸善	2001
本書で引用した文献				
66	高速道路八十八景	高速道路調査会		
67	地形になじむ道路デザイン	景観デザイン研究会道路計画と自然部会	（非売品）	1998
68	山岳地形を読み込んだ道路線形	景観デザイン研究会道路計画と自然部会	（非売品）	2001
69	景観デザインレポート vol. 2	景観デザイン研究会	（非売品）	2003
70	ワトキンス調査団名古屋・神戸高速道路調査報告書	ワトキンス・レポート45周年記念委員会編	勁草書房	2001
71	ニッポンの道・街並みの洗練に向けて	国土交通省道路局監修／日本の道と街並みを考える会編	国土技術研究センター	2004
72	街・明治大正昭和ー絵葉書にみる見本近代都市の歩み　1902-1941　関東編	都市研究会（尾形光彦）	都市研究会	1980
73	東名高速道路建設誌	日本道路公団編	日本道路公団	1970

文献 No.	文献名	編著者等	出版社・発行所	発行年
74	快適で魅力ある道路づくり―道路のアメニティをめざして―（第33・34回交通工学講習会テキスト）	新谷洋二	（非売品）	1984
75	城下町仙台を歩く　―歴史的町名ハンドブック	歴史的町名等活用推進委員会編	仙台市市民局市民部区政課	2002
76	目で見る復興　まちの今昔	仙台市開発局編	仙台市開発局	1983
77	仙台市史続編　第1巻	仙台市史続編編纂委員会	（非売品）	1969
78	ちょっと前の仙台	仙台なつかしクラブ編	仙台なつかしクラブ	2002
79	仙台市戦災復興誌	仙台市開発局編	仙台市開発局	1981
80	定禅寺通［景観形成地区］［広告物モデル地区］	仙台市都市整備局計画部都市景観室	（非売品）	1993
81	昭和史とともに　仙台市電	仙台市交通局編	宝文堂	1976
82	仙台グリーンプラン21	仙台市建設局百年の杜推進部緑化推進課	（非売品）	1997
83	2000年仙台市垂直航空写真集	マップ・システム・カンパニー	マップ・システム・カンパニー	1999
84	日光宇都宮道路の自然環境保全―計画から施工までの一事例	日本道路公団編	（非売品）	1983
85	平泉の歴史・環境と調和した地域景観をめざして	平泉・高館環境検討委員会（東北地方整備局岩手工事事務所）	（非売品）	
86	感覚・知覚ハンドブック	和田陽平・大山正・今井省吾編	誠信書房	1969

平成17年５月および同年７月に作成された「道路デザイン指針（案）」と「道路のデザイン―道路デザイン指針（案）とその解説―」の検討を行った「道路デザイン指針（仮称）検討委員会」の委員名簿を以下に示す。

道路デザイン指針（仮称）検討委員会

委　員　名　簿

顧　　問	中村　良夫	東京工業大学名誉教授
顧　　問	篠原　　修	東京大学教授
委 員 長	天野　光一	日本大学教授
委　　員	川﨑　雅史	京都大学大学院助教授
委　　員	齋藤　　潮	東京工業大学大学院教授
委員兼幹事長	佐々木　葉	早稲田大学教授
委　　員	下村　彰男	東京大学大学院教授
委　　員	中井　検裕	東京工業大学教授
委　　員	藤本　英子	京都市立芸術大学助教授
委　　員	大西　博文	国土技術政策総合研究所道路研究部長
幹　　事	中井　　祐	東京大学大学院助教授
幹　　事	平野　勝也	東北大学大学院専任講師
幹　　事	真野　洋介	東京工業大学大学院助教授
幹　　事	村木　美貴	千葉大学助教授
幹　　事	藤原　宣夫	愛知県建設部公園監
幹　　事	松江　正彦	国土技術政策総合研究所緑化生態研究室長
幹　　事	森　　　望	国土技術政策総合研究所道路空間高度化研究室長

（平成17年７月時点・委員の所属・役職は委嘱当時のもの）

写真および資料提供

松崎喬氏
佐々木葉氏
高松治氏
高楊裕幸氏
黒島直一氏
松井幹雄氏
持田治郎氏
浅見邦和氏
谷島菜甲氏
亀田きよみ氏
荒瀬美喜夫氏
鹿島昭治氏
原隆士氏
田村幸久氏
岩間滋氏
米田徳彦氏
伊藤登氏
友森千春氏
池田大樹氏
堀一博氏
藤塚光政氏
野中康弘氏
石田貴志氏
畑山義人氏

徳永貴士氏
金井一郎氏
内藤充彦氏
岩瀬泉氏
新谷洋二氏
永山力氏
高野光史氏
(株)鹿島出版会
(株)技術書院
(株)勁草書房
(株)誠信書房
大日本コンサルタント(株)
神鋼建材工業(株)
(株)プランニングネットワーク
(株)マップ・システム・カンパニー
(株)道路計画
(株)松崎造園設計事務所
景観デザイン研究会
仙台なつかしクラブ
(公社)日本道路協会
(一社)日本アルミニューム協会
(一財)国土技術研究センター
(一財)日本みち研究所

東京都庁
仙台市役所
福島市役所
姫路市役所
静内町役場（現：新ひだか町）
(旧)日本道路公団
国土交通省道路局
国土交通省都市・地域整備局（現：都市局）
北海道開発局
東北地方整備局
関東地方整備局
北陸地方整備局
中部地方整備局
近畿地方整備局
中国地方整備局
四国地方整備局
九州地方整備局
沖縄総合事務局
国土技術政策総合研究所
国土地理院

（順不同）

本書収録の写真・図版等資料の提供にあたり、以上の方々にご協力をいただきました。
ここに、厚く御礼申し上げます。
なお、写真・資料等の出典に関しましては、可能な限り調査致しましたが、一部どうしても不明のものがございました。つきましては、掲載の写真・資料等についてお心当たりのある方がおいでになりましたら、㈱大成出版社までご連絡賜わりますようお願い申し上げます。

補訂版 道路のデザイン

—道路デザイン指針(案)とその解説—

2005年７月20日　第１版第１刷発行
2017年11月20日　第１版第１刷発行

編　著　道路のデザインに関する検討委員会
発　行　一般財団法人　日本みち研究所
URL http : //www.rirs.or.jp/

〒135-0042　東京都江東区木場２-15-12
MAビル３階
TEL 03-5621-3111（代表）

発　　売　株式会社大成出版社

〒156-0042　東京都世田谷区羽根木１-７-11
TEL 03-3321-4131（代表）
http : //www.taisei-shuppan.co.jp/

印刷　亜細亜印刷

ISBN978-4-8028-3313-4